# 环境岩土工程学概论

缪林昌　刘松玉　编著

中国建材工业出版社

图书在版编目（CIP）数据

环境岩土工程学概论/缪林昌　刘松玉编著．-北京：中国建材
工业出版社，2005.3（2019.1 重印）
ISBN 978-7-80159-500-3

Ⅰ．环…　Ⅱ．①缪…　②刘…　Ⅲ．环境工程：岩土工程
Ⅳ．TU4

中国版本图书馆 CIP 数据核字（2005）第 007521 号

## 内 容 提 要

环境岩土工程学是岩土工程学与环境工程学等学科紧密结合而发展起来的一门新兴学科。本书较详细地介绍了环境岩土工程学的主要研究内容、方法、新技术和发展趋势，融纳、集成了国内外学者的最新研究成果，也包括了作者和合作者的部分研究成果，反映了环境岩土工程学领域的最新发展和技术水平。本书主要内容包括：城市固体废物（MSW）的污染及其工程性质、地下水污染运移模型、场地调查与评价、城市固体废物的传统处置方法、现代卫生填埋场的设计与计算、放射性有害废料的处置、人类工程活动造成的环境岩土工程问题、大环境岩土工程问题、废物利用研究等。

本书可供从事土木、交通、水利、地质勘察和环境工程等领域的科研技术人员和工程管理人员，以及相关专业的高校师生作为参考用书，也可作为相关专业研究生的教材或高年级本科生选修课教材。

**环境岩土工程学概论**

缪林昌　刘松玉　编著

出版发行：中国建材工业出版社
地　　址：北京市海淀区三里河路 1 号
邮　　编：100044
经　　销：全国各地新华书店
印　　刷：北京鑫正大印刷有限公司
开　　本：787mm×1092mm　1/16
印　　张：13.75
字　　数：337 千字
版　　次：2005 年 3 月第一版
印　　次：2019 年 1 月第五次
定　　价：39.00 元

本社网址：www.jccbs.com.cn
本书如出现印装质量问题，由我社发行部负责调换。联系电话：（010）88386906

# 前　言

　　清风、明月、绿水，是大自然赋予人类的宝贵财富；高山、平原、大海是大自然为人类创作的美丽图画。随着经济的迅速发展，人类自身的活动使自然赋予人类的宝贵财富受到损失，使美丽的图画受到损害，从而造成对环境的负面影响——环境污染和生态破坏，人类赖以生存的地球生态环境正受到日益严重的破坏，保护环境任务日趋严峻。20 世纪 80 年代，西方发达国家的废物、污染治理和环境保护已成为环境治理的重要内容之一，经过 20 多年的努力，环境污染和生态破坏已基本得到控制。我国在这方面起步较晚，其发展水平与世界许多国家相比还有不小差距。国内不少有识之士一再呼吁加强环境保护，实施绿色 GDP 计划，将环境影响因素计入 GDP 的统计中。环境岩土工程学是岩土工程学与环境工程学等学科紧密结合而发展起来的一门新兴学科，它主要应用岩土工程学的方法、技术为治理环境、保护环境服务。日趋强烈的环保要求，为环境岩土工程学的发展提供了新的契机。目前环境岩土工程学所涉及的问题主要有两大类：一是人类与自然环境之间的共同作用引起的问题，其动因主要是自然力的作用，如地震、洪水、山体滑坡、泥石流、土壤退化、沙漠化、沙尘暴、海啸和温室效应等自然灾害；二是人类自身发展过程中的生活、生产和工程活动与环境之间产生的相互作用问题，其动因是人类自身，如城市各种工业、商业和生活垃圾，废水、废液、废渣等化学有毒有害物质对环境和生态的危害，工程建设活动产生的挤土、振动、噪声等对周围居住环境的影响，深基坑开挖时降水、边坡位移，地下隧道掘进时对地面建筑物的影响，过量抽汲地下水引起的地面沉降等等。

　　根据环境岩土工程学科研和教学的实际需要，为促进环境岩土工程学的发展，作者学习、总结国内外有关这方面的理论研究成果、工程实践经验并结合近几年作者的教学实践，编写了这本《环境岩土工程学概论》。本书在注重全书系统性的同时，针对环境岩土工程的实际需要，对如何更有效地研究预测污染影响程度作了进一步探讨，以便及时采取必要的预防措施。同时本书还对地下水污染运移模型和填埋场的调查与评价作了适当介绍。全书共分为十章：第一章　绪论；第二章　城市固体废物的工程性质及其污染形式；第三章　地下水污染运移模型；第四章　填埋场的调查与评价；第五章　城市固体废物的传统处置方法；第六章　现代卫生填埋场的设计与计算；第七章　放射性有害废物的处置；第八章　人类工程活动造成的环境岩土工程问题；第九章大环境岩土工程问题；第十章　固体废物利用研究。

　　全书由缪林昌主编、执笔，刘松玉参编了第一章、第四章，石名磊编写了第十章第二节、粉煤灰的利用。本书承蒙河海大学殷宗泽教授主审，并提出了不少中肯意见，作者在此表示衷心的感谢。同样也感谢东南大学研究生院和交通学院的领导在本书编写过程中给予的支持。本书引用了许多国内外同行的研究成果，对他们的辛勤劳动亦表示感谢。

　　由于作者水平有限，书中难免有错误和不当之处，敬请同行批评指正。

缪林昌

2004 年 8 月于东南大学

# 土木工程专业研究生系列教材编委会名单

# 目　录

# 1 绪 论

## 1.1 环境岩土工程学的发展

### 1.1.1 概述

随着经济、工业的迅速发展，人们越来越意识到人类活动对环境产生的两个负面影响：环境污染和生态破坏。在科学领域中应运而生一门新兴学科——环境岩土工程学。它既是一门应用性的工程学，又是一门社会学。它是把技术和政治、经济和文化相结合的跨学科的新型学科。它的产生是社会发展的必然结果。

约在 20 世纪 70 年代，美国、欧洲核电工业垃圾废物的安全处置问题和纽约 Love 河的污染问题引起了人们的强烈关注，而岩土工程师们在处理这些问题时起到了决定性作用。到了 20 世纪 80 年代，随着社会的发展，人们普遍感到原来的"土力学与基础工程"这一学科范围已不能满足社会的要求，随着各种各样地基处理手段的出现，土力学基础工程领域有所扩大，形成了岩土工程新学科。

地球为人类生存营造了一个栖息环境，随着人类的进步和社会的发展，人们不断地采用各种各样的方法和手段改造自然，使生存的环境变得更美好。但是，由于人类对自然认识水平的限制，在改造自然的过程中，不可避免地存在着很大的盲目性和破坏性。自 20 世纪 60 年代开始，人们逐渐感到有一种自我毁灭的潜在危机正悄悄威胁着人类的命运。随着人类对自然认识水平的提高，人们对工程活动的评价标准也在不断提高。在当今的社会中，如果工程活动评价标准还停留在局部利益的基础上，可能会得到适得其反的结果。人们从中非但得不到任何好处，反而损害了自身的利益。例如，盲目地砍伐森林、破坏草地，造成水土流失、气候失调、土地毒化等，给人类自身带来更多的灾难。据瑞典国际开发署和联合国机构调查，由于环境恶化，在原有的居住环境中无法生存而不得不迁徙的"环境难民"全球达 2 500 万之多。由于城市工业用水大量抽汲地下水、修建高层建筑（群）等造成地面沉降，据统计（2004 年 7 月 23 日中国日报）我国已有 50 多个城市由于过量的抽汲地下水造成 48 655km$^2$ 的地面沉降，单在北京就有 50 处之多，面积达 1 800km$^2$，最大沉降量达 722mm。因此，现代社会对人类工程活动的评价标准已经冲破了国界线。增加环境意识，共同思考人类赖以生存的地球环境状况，携手保护环境已是目前面临的迫切问题。

当今世界的环境，可归纳为十大问题：①大气污染；②温室效应加剧；③地球臭氧层减少；④土地退化和沙漠化；⑤水资源短缺；⑥海洋环境污染恶化；⑦"绿色屏障"锐减；⑧生物种类不断减少；⑨垃圾成灾；⑩人口增长过快等。由于环境条件的变化，迫使人类意识到自我毁灭的危险，对人类活动的评价标准也随之不断扩展，所以新的学科也就不断地出现，老的学科不断地组合。环境岩土工程学就是在这样的前提下发展起来的。

追溯本学科发展的历史，1925 年太沙基（K.Terzaghi）发表了第一本土力学经典著作，

1

开始把力学和地质科学结合起来，解决了许多工程实际问题；直到 20 世纪 50 年代，才形成了土力学与基础工程这门学科。到 20 世纪 80 年代，随着社会的发展，人们普遍感觉到原来的学科范围已不能满足社会的要求，随着各种各样地基处理手段的出现，土力学基础工程领域有所扩大，形成了岩土工程新学科。进入 20 世纪 90 年代，设计师考虑的问题不再仅仅是工程本身的技术问题，而是以环境为制约条件。因此不仅是岩土工程学科，包括其他学科，如力学、化学、生物学、土壤学、医学等各自都感到力不从心了。例如大型水利建设必须考虑到上下游生态环境的变化，上游边坡的坍塌、地震的诱发等等。又如采矿和冶炼工业的尾矿库，它的淋滤液有可能造成地下水的污染，引起人畜和动物的中毒；大量工业及生活废弃物的处置，城市的改造，人们居住环境的改善等等，需考虑的问题不再是孤立的而是综合的，不再是局部的而是全面的。因此岩土工程师面对的不单单是解决工程本身的技术问题，而必须考虑到工程对环境的影响问题，所以它必然要吸收其他学科，如化学，土壤学、生物学、土质学、卫生工程、环境工程、水文地质、采矿工程及农业工程等学科中的许多内容来充实自己，使之成为一门综合性和适应性更强的学科，这就是环境岩土工程新学科形成的前提。

国际上，从 20 世纪 50~60 年代公害事件的显现，人们就在不断探索、反思这个问题，并已取得了基本认识。目前，国外对环境岩土工程的研究主要集中于垃圾土、污染土的性质、理论与控制等方面，而国内则在此基础上有较大的扩展，目前就涉及的问题来分，可以归纳为两大类：第一类是人类与自然环境之间的共同作用问题。这类问题的动因主要是由自然灾害引起的，如地震灾害、土壤退化、洪水灾害、温室效应等。这些问题通常称为大环境问题。第二类是人类的生活、生产和工程活动与环境之间的共同作用问题。它的动因主要是人类自身。例如，城市垃圾，工业生产中的废水、废液、废渣等有毒有害废弃物对生态环境的危害；工程建设活动如打桩、强夯、基坑开挖和盾构施工等对周围环境的影响；过量抽汲地下水引起的地面沉降等等。有关这方面的问题，统称为小环境问题。

环境问题已从 20 世纪 50~60 年代的公害事件显现，发展到两类环境问题严重或等价的新的发展阶段，这就是传统的"环境污染与生态破坏问题"和新的"环境岩土工程问题"。作为环境工程中一个重要组成部分的环境岩土工程学，随着 20 世纪 80~90 年代以来大规模岩土工程建设的发展，它对参与解决环境问题的必要性和迫切性也日益显露出来，这促使环境岩土工程的发展和两类环境问题概念的出现，使之成为环境岩土工程的中心内涵。

环境岩土工程学是一门综合性交叉学科，它涉及岩土力学与岩土工程、卫生工程、环境工程、土壤学、土质学、水文地质、地球物理、地球化学、工程地质、采矿工程及农业工程学等学科。而就环境本身而言，它是自然客体与人类客体相互联系的系统，有自然环境和社会环境两部分组成。环境问题则是人类活动引发环境产生的不利于人类生存的变化。环境和人类活动具有复杂性、多样性。而人类社会是不断发展的，所以，环境问题也必然具有多样性、综合性和发展性的特点。

从环境岩土工程学的研究内涵来看，在对特殊土（黄土、盐渍土、红黏土、膨胀土、冻土）的研究基础上，需进一步开展垃圾土、污染土、海洋土及工业废料、废渣工程利用的研究；此外，受施工扰动土体的工程性质问题仍应成为研究的重点。废弃物处置设计中，要对垃圾土的取样方法、试验标准与方法、物理力学参数、甚至本构关系进行研究，而我们在这方面的研究是极为初步的。对垃圾土、污染土和各种废料处置等问题，国内外的学者也已意识到对污染运移机理研究的重要性，这方面相对垃圾填埋技术的发展而言，应该说投入的人力和研究成果的应用等还不能满足实际的需要。

### 1.1.2　国内外发展现状

**1. 国外**

20 世纪 60、70 年代，像美国、德国、英国、日本等这些工业发达国家在这一时期就先后开展了固体废物及其污染情况的调查、治理等工作。在这个基础上制定了固体废物污染控制、治理的法律和法规，特别是还制定了许多技术标准。自 20 世纪 70 年代以后，一些发展中国家，如墨西哥、马来西亚、新加坡、印度尼西亚和我国的香港也相继立法，这些国家和地区到 20 世纪 90 年代后基本形成了比较完善的固体废物污染预防和治理的法规体系，其中也包括技术标准。

上述这些国家和地区对固体废物管理立法的目的就是要保护人的健康、植物界和动物界以及环境介质水、土壤和空气。如日本的《废弃物处理及清扫法》，其立法的目的就是"对废弃物的恰当处理和为生活环境的保洁做出规定，以达到保护生活环境和改善公共卫生的目的"。1980 年美国制定的《固体废弃物处置法》的目的，其一是通过采取各种方法，增进人体健康，促进环境保护；其二是控制和防止产生固体废物污染，促进对固体废物的再利用。另外，美国还制定了《资源保护和回收法》，其目的是通过法律开展有关改善美国固体废物管理、资源回收、资源保护系统的建设和应用，从固体废物中回收有价值的原料和能源物质。德国为了保护环境，针对固体废物也制定了许多法律法规和标准，最早在 1972 年 6 月颁发了《废物安全填埋法》，该法中规定在每一个大区域城市中必须要建立足够数量的固体废物中心填埋场。德国的《废弃物消除和管理法》规定，通过消除和减少废弃物产生量的原则和制度，回收利用固体废弃物中有价值的资源和能源。另外德国于 1991 年制定的《废物技术导则（TA ABFALL）》和于 1993 年制定的《居民废物技术导则（TASi）》两个文件，都是针对填埋场的安全性提出了更高要求，作出了全面规定。

除了上述介绍的各发达国家为加强对固体废物管理制定了各种各样的法律法规外，这些国家固体废物的安全填埋技术也有了更深入的发展，特别是围绕"填埋场的安全性"问题，各国相继投入了许多高新技术。为了保证位于地面的固体废物填埋场的安全而发展了"多屏障密封技术体系"，20 世纪 90 年代德国在填埋场基础和表面密封技术方面又出现了许多新技术和新材料。对填埋场的排水、排气和表面复垦技术也有了新发展，至目前为止技术上还存在的问题仍是渗滤液的处理技术尚有一定难度，达不到理想的处理效果。

近年来德国和其他发达国家为了确保环境领域安全，免受固体废物的任何污染，不给子孙后代留下隐患，发展了固体废物的地下安全填埋技术，特别是对工业危险性废物和放射性废物采取地下填埋的方法，使它们远离生物圈，与生物圈不发生任何联系，使环境安全无后顾之忧。地下填埋就是利用以往煤、矿石和岩盐矿床开采留下的地下空间，把固体废物经过一定预处理后堆填到地下。另一种方法就是将垃圾焚烧灰、高炉灰、粉煤灰、尾矿和矸石类材料在地表通过专门设备加工成膏状的充填材料，把它们输送到地下，充入采煤工作面的采空区内。这种方法既处理了废物，又防止了地表沉降，是具有采矿和环境保护双重效益的最理想的技术措施。在将来采矿的目的也可能不仅只是为了获得资源，更重要的是出于环保目的，就是要在地下为得到足够的堆填废物的空间而开采矿产。

## 2. 国内

20 世纪 80 年代之前，我国对固体废物的管理基本处于无序状态，到处乱堆乱放，环境污染十分严重。20 世纪 80 年代末和 90 年代初以来，我国政府和有关部门才着手对固体废物安全处理、处置技术进行研究，在"八五"期间立项了"有害废物安全填埋处理、处置技术研究"的国家科技攻关课题，至 1995 年取得了一些研究成果。在此之后，我国对固体废物的研究机构和学者逐渐多了起来。一些大城市，如北京、上海、杭州、沈阳和吉林先后建设了一批垃圾卫生填埋场或工业废物填埋场，但这些填埋场均未达到足够的安全程度，对环境存在着不同程度的潜在危害，有的已经造成对地下水的污染。北京六里屯的垃圾填埋场，如果按国外技术标准评价，也只能算作一个准安全填埋场，笔者认为迄今为止我国仍没有一座较高标准的固体废物安全填埋场，所以我国当前对固体废物安全处理、处置技术的研究、工程的建设等方面任务十分艰巨，是一个需要很长时间才能解决的大问题。

在 1995 年 10 月 30 日通过，1996 年 4 月 1 日施行的《中华人民共和国固体废物污染环境防治法》，使我国也有了自己的为了防治固体废物污染环境，保障人体健康，促进社会与经济发展的对固体废物加强管理的法律。

据国家环保总局的统计资料显示，我国每年产生的固体废物数量巨大，种类繁多，性质复杂，由固体废物造成的环境污染相当严重。

据统计，1993 年全国工业固体废物产生量达 6.2 亿 t，排放量 2 000 万 t，其中排入江、海的 1 000 万 t。当前全国工业固体废物累计堆存量已达 59.2 亿 t，占地 5.5 万 $km^2$，其中占用农田 3 700$km^2$。城市生活垃圾产生量以每年 6% ~ 7% 的速度增长。据 1993 年统计，全国城市生活垃圾清运量为 1.2 亿 t/d，目前全国已有 2/3 的城市陷入垃圾包围之中。

当前我国因受技术、资金、管理水平等因素制约，对固体废物的处理、处置仍处在低水平阶段，大多数填埋场或其他处理措施都没有达到环境保护法所要求的安全、无害化的处理和处置，每年都发生固体废物污染环境的事故，仅 1990 年就发生了 103 起，造成严重的损失。据不完全统计，每年造成的经济损失都近 100 亿元，每年当作废物处理的可回收利用的废物资源价值已超过 250 亿元，这又造成了极大的浪费。面对当前固体废物污染环境的严峻局面，国家和地方正在采取一系列管理措施，建立健全法律、法规、规章制度和技术标准。

目前我国在防治固体废物污染环境方面存在的问题主要表现在以下几方面，希望国家和地方、科研机构和大专院校全力研究和解决。

（1）《固体废物污染环境防治法》出台之后，缺乏使该法能切实得到实施的一系列配套的法规、标准，故仍急需加强防治固体废物污染环境的立法工作。

（2）在我国改革开放的过程中，乡镇企业和个体企业的生产工艺落后，粗放式经营，靠牺牲环境来获取利润，所以废物的产生量大，又不投入治理污染的资金，缺乏先进的污染治理与防治技术。"谁污染、谁治理"的原则，在我国当前仍没有相应的法律和法规约束和限制，致使那些污染环境的大户企业仍然继续经营和存在。

（3）固体废物排污费的征收面小，标准低，收缴上来的排污费也没有利用在治理污染上。据统计，征收上来的固体废物排污费仅占全国排污总征收额的 1%，这与污染造成的损失极不相符。在这种情况下，处置固体废物的工程设施的巨额资金无处筹集，也无人投入，致使造成污染的企业也无治理压力。

4

（4）固体废物环境管理体制尚不完备。我国固体废物的种类多、产生量大、来源广，涉及的部门多，管理上不协调，有漏洞。例如同是固体废物，城市生活垃圾归城市建设部门管，而工业废物则归环保局管理。因此环保部门统一监督管理的职能没有发挥，管理机构混乱、水平低、管理人员不足且素质不高。

（5）固体废物安全处理、处置技术落后，措施不得当。根据我国固体废物的特点来采取适当的处理措施，这才能既保证环境领域的安全，又能节约大量资金投入。

## 1.2 环境岩土工程学的基本概念

环境岩土工程学的视野是十分宽广的，它所要处理的问题又是综合性的。因此，了解和研究这门新的学科，必须具备以下的基本观念：

观念1：地球本质上是一个封闭的循环系统。

地球是由大气圈、水圈、生物圈和岩石圈四部分组成的整体，在变化的条件下，任何一部分都在不断地改变。一部分控制着另一部分，它们是相互制约、相互调整的，相互之间共同作用，任何一部分的改变量和发生的频率都会影响其他部分，每一部分称为"环境单元"。例如，由于火山爆发，火山气体的释放，影响到大气圈，从而引起区域性的雨量猛增，造成局部地区洪水泛滥或者干旱，变化了的环境又有可能影响到生物圈的改变。水土流失造成滑坡，泥砂被洪水搬运，在下游沉积形成岩石。在系统内部各部分相互作用的变化，不是偶然的，因此，我们仔细观察一个环境单元如何影响到另一个环境单元是十分重要的。

地球（环境）不是静止的而是不断运动的，每一个环境单元又是开放的，它不存在一个明确的物质边界或能量边界。自然界物质循环是无休止的以及有一定的时间的，表1.1列出了某些物质在自然循环中滞留的时间，可以看出各种物质在不同的环境单元内滞留的时间少则几天，多则几亿年。表1.2列出了在岩石圈内地质循环的速率，这些资料都为我们提供了证据。

**表1.1 某些物质在自然循环中滞留的时间**

| 地球物质 | 滞留时间 | 地球物质 | 滞留时间 |
|---|---|---|---|
| 大气圈 | | 生物圈 | |
| 水蒸气 | 10天（低气层下） | 水 | 2 000 000年 |
| 二氧化碳 | 5～10天 | 氧 | 2 000年 |
| 烟雾颗粒 | 数月至数年 | 二氧化碳 | 300年 |
| 同温层 | | | |
| 对流层 | 一周到几周 | 海水组成要素 | |
| 水圈 | | 水 | 44 000年 |
| 大西洋表面 | 10年 | 盐类 | 22 000 000年 |
| 大西洋深水 | 600年 | 钙离子 | 1 200 000年 |
| 太平洋表面 | 25年 | 硫酸盐离子 | 11 000 000年 |
| 太平洋深水 | 1 300年 | 钠离子 | 260 000 000年 |
| 陆上地下水 | 150年（760m以上） | 氯离子 | 无限 |

注：本表来源于 The Earth and Human Affairs by the National Academy Copy right 1972 by the National Academy of Sceience.U.S.A.

**表 1.2 自 然 循 环 速 率**

| 自然循环分类 | | 循环速率 |
|---|---|---|
| 地表侵蚀 | | |
| | 美国平均流失率 | 6.1cm/1 000 年 |
| | 柯罗拉多河流域 | 16.5cm/1 000 年 |
| | 密西西比河流域 | 5.1cm/1 000 年 |
| | 北大西洋沿岸 | 4.8cm/1 000 年 |
| | 太平洋沿岸（加利福尼亚） | 9.1cm/1 000 年 |
| 沉积 | | |
| | 柯罗拉多河 | 28.1亿 t/年 |
| | 密西西比河 | 43.1亿 t/年 |
| | 北大西洋沿岸 | 4.8亿 t/年 |
| | 太平洋沿岸（加利福尼亚） | 7.6亿 t/年 |
| 地质构造 | 海底延伸<br>北大西洋<br>东太平洋 | 2.5cm/年<br>7～10cm/年 |
| | 断层产生<br>圣·恩特来斯（加利福尼亚） | 1.3cm/年 |
| | 山脉上升<br>加利福尼亚山脉 | 1.0cm/年 |

注：本表来源同表 1.1。

观念 2：地球是人类合适的栖息地，但它能提供的资源是有限的。

关于这个问题至少应从两方面理解，首先地球上的资源并非很丰富；其次是人口的不断增长使人类面临严重的资源危机。造成资源危机的原因：第一是人的寿命延长，无计划生育等造成人口爆炸；第二是不切实际地盲目增加生产造成资源浪费；第三是地球矿产的开采接近极限；第四是环境不可逆的破坏造成的风险越来越大，开采的多，有用的少。

观念 3：物质演变过程是通贯整个地质年代的，而且它正在改变我们的未来，然而演变进程的量和频率又受自然和人为的诱发变化支配。

这个概念的意思是要我们明白现在的演变进程正在塑造和改变我们的未来。简言之，了解目前的状态关键在于过去。举例说明，如果我们已经研究了目前存在的高山冰河以及侵蚀和沉积地质构造的特点，然后可以推断目前虽不存在冰河期，但地质构造却与其相似的山谷，在同一冰河期的情况。

这一概念的另一意思是要让人们懂得我们现在正在做的事情，不能光图眼前的利益，要有可持续发展的战略眼光，要为我们的子孙后代负责。我们的活动稍不注意，就可能会给后代带来灾难。

人类的活动有时对全球范围的影响虽然很小，但对局部的影响却很大。例如，大量无计划地破坏植被，造成土地一年的侵蚀量可能数十倍于被破坏的森林或农作物覆盖的土地。如果我们都有保护环境的意识，合理计划用地，保护绿化将具有重大意义。

观念 4：自然在不断地演化，而且经常危害着人类，但是，这些灾害是可以认识和可能躲避的。对这种威胁生存的灾害，人类必须研究其规律和提出防范措施，设法使灾害降低到最低限度。

大自然的演变如果在接近地球表面起作用的，称为"外成的"；如果在地壳以下内部起作用的，称为"内成的"。危害人类的外成灾害包括：水流、风、冰等动因引起的风化、物质消融、侵蚀和沉积；火山活动和地壳运动等属于内成演变。对人类具有强烈作用的主要是外成演变，然而某些内成演变如地震等同样能造成很大的威胁。

许多持续的灾变造成人类生命和财产的巨大损失。如海洋入浸、洪水泛滥、滑坡、泥石流、地震、火山活动等。这些灾变的发生，它的规模和频率依赖于气候、地质条件和植被等因素。例如水流对侵蚀或沉积演变的影响依赖于降水量的强度、暴雨的频率、雨水进入岩石或土中的数量和速度、水蒸发和迁移到大气圈中的速率等。彼得（L.C.Peltier）通过计算，水流造成的侵蚀在全球范围内可以分成三个区（图1.1）：①降雨量小的中纬度沙漠；②雨量少的北极和北极圈附近；③有丰富植被覆盖的热带。图1.2、图1.3、图1.4相应标出了水流侵蚀强度、风化强度和物质消融强度的区域。这些图虽然不够精确，但根据降雨量和气温的因素可以大致推断出发生灾变的范围。

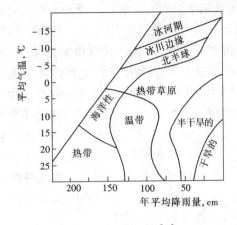

图 1.1　地域形态[13]

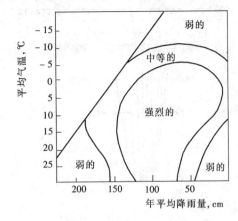

图 1.2　水流侵蚀强度[13]

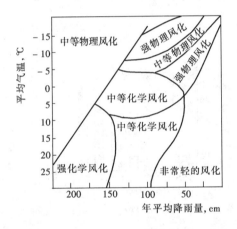

图 1.3　风化强度[13]

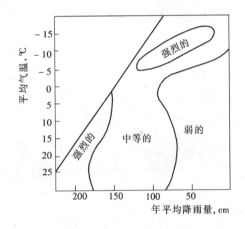

图 1.4　物质消融强度[13]

　　观念 5：土地和水的资源一定要有计划地合理利用，无论从经济上的得益还是实际变化造成的损失，两者之间应力求达到平衡。

　　要得到一个最佳的平衡条件通常是非常困难的，它必须依赖于两方面的比较。其一要充分考虑部分与部分之间的经济利害关系，要照顾互利；其二是要科学地利用资源。据美国一研究机构分析，目前全世界每 15 人中就有 1 人生活在用水紧张或水荒环境中，到 2025 年，就会有三分之一的人可能遭受淡水危机。所以，合理利用资源是当今世界面临的非常严峻的问题。

　　观念 6：人类人口无计划地增长也是个环境问题。人类的活动应对环境保护负有责任，但人口无计划的增长对环境的影响是十分明显的。人口大量增长，人类的居住空间急剧膨胀，对自然界的索取也越来越多。

　　图 1.5 表示近 200 年来，世界人口增长示意图。若以 1830 年为基数，到 1930 年的 100 年间，世界人口增长了一倍；尔后时隔 30 年，世界人口又增长了一倍；根据目前增长率计算，世界人口在不到 30 年的时间内又将增长一倍。由于人口增长过速，耕地面积缩小，森

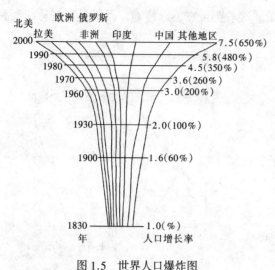

图 1.5　世界人口爆炸图

林遭到大量砍伐，能源大量消耗，工业污染，水土流失，动植物物种受到威胁。图1.6展示了世界人口增长与物种消亡之间的趋势。两者之间具有惊人的一致性。特别是近年来，由于施肥不当和滥用杀虫剂，使许多动植物的生存空间遭到破坏。据德国图片报报道，全世界每天有160种动物和植物物种遭灭绝。目前德国的273种飞禽中已有72种濒临灭绝。在人类历史发展过程中，一些不负责任的掠夺和战争，常会造成对环境的严重破坏。例如，叙利亚的北部，从前十分繁荣，出口橄榄油和酒类到罗马，自从波斯人和阿拉伯人入侵以后，大片农业土地被毁坏，森林消失，生态环境遭到毁灭性的破坏，其后果是：土地普遍缺乏植被、水和土壤，变成了荒凉的沙漠。

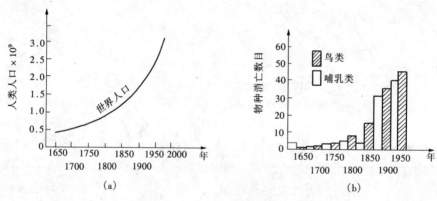

图 1.6　人口增长与物种消亡[18]

(a) 人口增长；(b) 物种消亡

## 1.3　环境岩土工程学研究的内容和分类

环境岩土工程学是研究应用岩土工程的概念进行环境保护的一门学科。这是一门跨学科的边缘科学，涉及面很广，包括：气象、水文、地质、农业、化学、医学、工程学等等。

环境岩土工程学研究的内容大致可以分成三大类。

第一类称为环境工程。它主要是指用岩土工程的方法来抵御由于天灾引起的环境问题。例如：抗沙漠化、洪水、滑坡、泥石流、地震、海啸等等。这些问题通常泛指为大环境问题。

第二类称为环境卫生工程。这一类主要是指用岩土工程的方法抵御由各种化学污染引起的环境问题。例如：城市各种废弃物的处理、污泥的处理等等。

第三类是指由人类工程活动引起的一些环境问题。例如：在密集的建筑群中打桩时，由于挤土、振动、噪声等对周围居住环境的影响；深基坑开挖时，降水和边坡位移；地下隧道掘进时对地面建筑物的影响等等。

其中第二类的环境卫生工程是环境岩土工程学的一个重要方面，其研究内容包括：污染的机理、最终处置的方法和设计以及环境监测等。其他两类亦可泛称为小环境岩土工程问题。

表1.3具体列出了环境岩土工程学研究的内容及分类，从表中可以看出，大环境和小环境之间相互是有联系的，例如，大环境中的水土流失、洪水灾害等问题，也可能是由于人类不负责任的生产或工程活动破坏生态环境造成的；人类的水利建设也可能会诱发地震等等。这就是观念1所阐明的道理（各环境单元之间共同作用造成的）。

从表1.3中还可以看出，环境岩土工程问题要比单纯的技术问题复杂得多，许多标准涉及方方面面。例如，对有毒有害物质的污染问题，医疗卫生部门应提出对人体健康产生危害的标准，生物学家应提出对动植物产生危害的标准，材料分析专家应考虑对建筑物保护的标准等等，从而制定出一系列的法律和法令。例如，美国目前对废弃物的填埋场处理有一整套严密的法律限制。对于淋滤液的泄漏，气味的散发，运行过程中鸟类和动物的繁殖等等都有明确的法律规定。许多不符合标准的填埋场和填埋物都得修理、关闭，甚至重新挖出处理。

**表1.3    环境岩土工程学内容及分类**

| 环境岩土工程学研究的内容 | 大环境问题 | 内成的 | 地震灾害<br>火山灾害 |
|---|---|---|---|
| | | 外成的 | 洪水灾害<br>水土流失<br>沙漠化<br>盐碱化<br>区域性滑坡 |
| | 小环境问题 | 生产活动引起的 | 采矿造成采空区坍塌<br>尾矿淋滤污染<br>工业有毒有害废弃物污染<br>过量抽汲地下水引起地面沉降<br>…… |
| | | 工程活动引起的 | 在密集建筑群中打桩造成挤土、振动、噪声对居住环境的影响<br>地下工程引起的地层移动<br>…… |

## 1.4  环境岩土工程学的研究现状

20世纪50～60年代公害事件的显现，人们不断探索，反思这个问题，并已取得了基本共识。目前，国外对环境岩土工程的研究主要集中于垃圾土、污染土的性质、理论与控制等方面，而国内则在此基础上有较大的扩展，就目前涉及的问题来分，可以归纳为两大类：第一类是人类与自然环境之间的共同作用问题。这类问题的动因主要是由自然灾变引起的。如地震灾害、土壤退化、洪水灾害、温室效应等。这些问题通常称为大环境问题。第二类是人类的生活、生产和工程活动与环境之间的共同作用问题。它的动因主要是人类自身。例如，城市垃圾、工业生产中的废水、废液、废渣等有毒有害废弃物对生态环境的危害；工程建设活动如打桩、强夯、基坑开挖和盾构施工等对周围环境的影响；过量抽汲地下水引起的地面沉降等等。有关这方面的问题，统称为小环境问题。

### 1.4.1 大环境岩土工程中的主要问题

多年来，用岩土工程方法抵御自然灾变对人类所造成的危害方面已经积累了丰富的经验。

**1. 地震灾害**

地震是一种危害性很大的自然灾害，由于地震的作用，不仅使地表产生一系列地质现象，如地表隆起、山崩滑坡等，而且还引起各类工程结构物的破坏，如房屋开裂倒塌、桥孔掉梁、墩台倾斜歪倒等。

因其灾害的严重性，地震已成为许多科学工作者的研究对象。研究重点主要包括作为防震设计依据的地震烈度的研究、工程地质条件对地震烈度的影响、不同地震烈度下建筑场地的选择以及地震对各类工程建筑物的影响等，从而能够为不同的地震烈度区的建筑物规划及建筑物的防震设计提供依据。

**2. 土壤退化**

土壤退化目前存在的主要问题有荒漠化和盐渍化。荒漠化严重破坏交通、水利等生产基础设施，制约经济腾飞。我国荒漠化地区铁路总长 3 254km，发生沙害地段 1 367km，占42%，其中危害严重地段 10 825km。交通线路因荒漠化危害而发生阻塞、中断、停运、误点等事故时有发生，荒漠化使许多道路的造价和养护费用增加，通行能力减弱。荒漠化还常常对水利设施造成严重破坏，如泥沙侵入水库、埋压灌渠等。此外荒漠化还对输电线路、通讯线路和输油（气）管线等产生严重威胁，有时甚至危及人身安全，造成重大事故。

盐渍土是指地表以下 1m 以内、易溶盐含量大于 0.5% 的土。土中含盐量超过这个标准时，土的物理力学性质产生较大变化，其含盐量越高，对土的性质影响越大。盐渍土中所含盐类主要是氯盐、硫酸盐和碳酸盐。盐渍土会侵蚀道路、桥梁、房屋等建筑物的地基，引起地基开裂或破坏。

**3. 洪水灾害**

由于特殊的自然条件和现实因素，我国是全球受洪水威胁最严重的国家之一。在 21 世纪的头 30～40 年间，我国防洪事务面临空前严峻的挑战。据水利部 1997 年公布的"全国水利发展'九五'计划"和"2010 年远景目标规划"，我国主要江河只能防御常遇洪水，并且平原河道淤积严重，洪涝灾害加剧，难以防御建国以来曾发生过的大洪水。在经济相对发达的珠江流域，除北江大堤及三角洲五大堤围外，沿江各市县的设防标准很低，一般为 5～10 年一遇标准，不少城镇未设防。在长江等大江大河的主要支流地区，防洪标准普遍要低于干流 5～10 年以上的标准。

**4. 温室效应**

温室效应使海平面和沿海地区地下水位不断上升，土体中有效应力降低，从而导致液化及震陷现象加剧、地基承载力降低等一系列岩土工程问题。河川水位上升，又使堤防标准降低，浸透破坏加剧。大气降雨的增加，台风的加大，使风暴、洪涝灾害加重，引发地滑、山崩、泥石流等环境问题。

**5. 水土流失**

水土流失作为一种高频低能的地貌灾害事件，在世界各地均有存在，而我国水土流失现象尤为严重。一方面，在工程建设中，应尽量避免引发水土流失；另一方面，要采取工程措施，对水土流失进行防治。

京广线乐昌峡段的改线隧道改造工程，几年间就向河床弃土 1 亿 $m^3$，导致大量泥沙冲刷流失；连云港市连云区由于开山筑路取土，发生了几处山体滑坡事件，滑坡总长度 1 200m，体积达 35 105$m^3$，造成公路、沟涧堵塞，损失巨大。

工程技术措施主要是指以各种工程技术对径流、泥沙进行拦蓄、截流、疏导，减轻径流冲刷等。例如，对陡坡的开挖工程，采用沟埂保护工程，起截流撇水作用，逐级蓄水拦沙的沟埂梯地、谷坊工程、坡地梯田工程等等。工程技术措施较适用小范围、小面积的水土流失防治，同时也可以配合生物工程技术措施在大面积水土流失防治中发挥作用。

## 1.4.2　小环境岩土工程中的主要问题

**1. 过量抽汲地下水引起的地面沉降**

许多地区不合理开采地下水引起的地面沉降，造成大面积建筑物开裂、地面塌陷、地下管线设施损坏、城市排水系统失效，从而造成巨大损失。地面沉降主要与无计划抽汲地下水有关。地下水的开采地区、开采层次、开采时间过于集中。集中过量地抽取地下水，使地下水的开采量大于补给量，导致地下水位不断下降，漏斗范围亦相应地扩大。开采设计上的错误或由于工业、厂矿布局不合理，水源地过分集中，也常导致地下水位的过大和持续下降。据上海的观测，由于地下水位下降引起的最大沉降量已达 2.63m；天津市最大累计沉降量达 2.69m，降幅大于 2m 的区域面积达 10km$^2$。

除了人为开采外，另外许多因素也引起地下水位的降低，并可能诱发一系列环境问题。例如，对河流进行人工改道；上游修建水库，筑坝截流或上游地区新建或扩建水源地，截夺了下游地下水的补给量；矿床疏干、排水疏干、改良土壤等都能使地下水位下降。另外，如降水工程、施工排水等工程活动也能造成局部地下水位下降。

通常采用压缩用水量和回灌地下水等措施来克服地下水位的下降问题，但随着时间的推移，人工回灌地下水的作用将会逐渐减弱，到目前为止，还没有找到一个满意的解决办法。

**2. 各类工程活动引起的若干环境岩土工程问题**

伴随着 21 世纪的到来，城市化人口激增和城市基础设施相对落后的矛盾日益加剧，城市道路交通、房屋等基础设施需要不断更新和改善，我国大城市的工程建设进入了大发展时期。在城市特别是在大中城市，楼群密集，人口众多，各类建筑、市政工程及地下结构的施工，如深基坑开挖、打桩、施工降水、强夯、注浆、各种施工方法的土性改良、回填以及隧道与地下洞室的掘进，都可以对周围土体稳定性造成重大影响。例如，由施工引起的地面和地层运动、大量抽汲地下水引起地表沉降，将影响到地面周围建筑物和道路等设施的安全，致使附近建筑物倾斜、开裂，甚至破坏，或者引起基础下陷，不能正常使用，更为严重的是，由此引起给水管、污水管、煤气管及通讯电力电缆等地下管线的断裂和损坏，造成给排水系统中断、煤气泄漏及通讯线路中断等等，给工程建设、人民生活及国家财产带来巨大损失，并产生不良的社会影响。事故的主要原因之一是对受施工扰动引起周围土体性质的改变和在施工中结构与土体介质的变形、失稳、破坏的发展过程认识不足，或者虽对此有所认识，但没有更好的理论和方法去解决。由于施工扰动的方式是千变万化、错综复杂的，而施工扰动影响到周围土体工程性质的变化程度也不相同，如土的应力状态和应力路径的改变，密实度和孔隙比的变化，土体抗剪强度的降低和提高以及土体变形特性的改变等等。以往人们很少系统地研究上述受施工扰动影响土体的工程性质变化及周围环境特性的改变。人们仅仅是利用传统的土力学理论和方法，以天然状态的原状土为研究对象，进行有关物理力学特性的研究，并将其结果直接用于上述受施工扰动影响的土体强度、变形和稳定性问题，显然不符合由施工过程所引起的周围土体的应力状态改变、结构的变化、土体的变形、失稳和破坏的发展过程，从而造成许多岩土工程的失稳和破坏，给工程建设和周围环境带来很大危害。因而在确保工程安全的同时，如何顾及周围土体介质和构筑物的稳定，已经引起人们的重视，这些问题属于环境岩土工程的范畴。

**3. 采矿对环境的影响**

矿山的开采、挖掘是直接在岩土圈中进行的，因此它必然导致矿山区域内各种类型的岩土环境负效应问题。这种负效应的程度和类型不但取决于岩土环境自身参数，而且取决于矿山开采的形式、规模以及不同的开采方法等。从我国目前矿山的实际情况分析，岩土环境负效应有如下几种类型：

(1) 地面沉降和地表耕地沼泽化

在我国大多数地下矿山，由于在地底下进行大面积开采、挖掘，往往形成较大的采空区。一旦采空区放顶后，在采空区上部的岩层便形成冒落带、裂隙带和变形带等，并不断向上发展，造成地面沉降，地表形成低洼地。由于地表潜水位较浅，在沉降低洼处，地下水位接近或高出地表，于是在地表形成沼泽区或积水池。

(2) 地面塌陷、河流断流和建筑物地基破坏

由于矿山开采的深度较小，开采放顶后冒落带直接发展到地面，使得地面产生塌落。如遇到地面恰为建筑物时，就会破坏建筑物的地基基础，使建筑物墙梁产生拉剪破坏甚至陷入地下。遇到地表河流时，使全部河水涌入井下，从而在地表形成断流。

(3) 尾矿库及尘土污染

所有矿山的开采都伴随着尾矿排放问题。这种矿山特有的固体废料往往被就地堆放，不仅占用大量的可耕地，而且经常可以看到来自尾矿库的尘土飞扬。这不但污染大气，更重要的是，这些扬尘含一定量的有害元素，如铅、钚、铍等。当它们随风飘到矿区附近的土地上时，可造成矿区土地大面积的重金属污染。例如，地处河西走廊中段巴丹吉林沙漠边缘的金川公司老尾矿库占地 300 万 $m^2$，选址周围为居民区，由于经常尘土弥漫，严重地影响了居民生活。

(4) 露天矿坑的滑坡问题

由于露天矿坑的开采、挖掘，排土场的堆积常常形成数十米甚至几百米高的人工边坡，这些边坡往往存在着极大的不稳定性，应采用削坡减载、坡脚支撑、降压疏干、边坡控制爆破等防治措施对边坡稳定问题进行防治。

### 1.4.3 国内外城市固体废物填埋场的研究现状

城市固体废弃物一般包括生产垃圾、商业垃圾和生活垃圾。随着经济发展和都市规模的扩大，城市固体废弃物的产量逐年增加。以我国为例，1995 年全国工业产生固体废弃物 6.5 亿 t（不含乡镇企业），它的历年累计堆存量 66.41 亿 t，占地 55 085ha，比 1994 年有上升趋势。另外，随着我国城市人口的增加和居住生活水平的提高，城市垃圾的产生量以每年 8% ~ 10% 的速度递增，全国城市垃圾产生量已达 1.0 亿 t/d，人均日产量超过 1kg。因此，面对数量这么庞大的固体废弃物，为了减少对环境的危害和利用有限的土地资源，必须建立现代化的卫生填埋场，使城市固体废弃物达到无害化的最终归宿。卫生填埋，是最终处置固体废弃物的一种方法，其实质是将固体废物铺成有一定厚度的薄层，加以压实，并覆盖土壤。一个规划、设计、运行和维护均很合理的现代卫生填埋工程，必须具备合适的水文、地质和环境条件，并要进行专门的规划、设计，严格施工和加强管理。它能严格防止对周围环境、大气和地下水源的再污染。

目前，卫生填埋方法在国外各发达国家应用非常广泛，例如英国 1978 年、1979 年占废物处置量的 89%，原西德 1979 年占 62%，日本是以谋求废物能源化为目标的国家，但填埋处置量在 1979 年仍占 52%。在美国，美国环保局（EPA）和很多州详细制定了关于填埋场选址、设计、施工、运行、水气监测、环境美化、封闭性监测以及 30 年内维护的有关法规，有关文献作了部分介绍。现代化填埋场无论在设计概念、原则、标准和方法上，所采用的防渗、排水材料都与传统填埋场有本质区别。目前，工业发达国家在设计填埋场时，多采用多重屏障的概念，利用天然和人工屏障，尽量使所处置的废物与生态环境相隔离，不但注意淋洗液的末端处理，更强调首端控制，力求减少淋洗液量，提高废物的稳定性和填埋场的长期安全性，尽量降低填埋场操作和封闭后的费用。

我国自 20 世纪 60 年代以来，特别是近年来，固体废弃物填埋技术有了很大进展，固体废弃物的处置方法从简单的倾倒、分散的堆放向集中处置、卫生填埋方向发展。部分城市建成了卫生和安全的填埋场，如杭州天子岭垃圾填埋场、北京阿苏卫垃圾填埋场、深圳危险废物填埋场、上海的老港填埋场和江镇堆场、佛山市五峰山卫生填埋场等。其中阿苏卫填埋场是 1995 年北京市利用世行贷款在昌平县建成的国内首座符合国际标准的卫生填埋场，它占地 60ha，深 4.8m，上面是 5m 深的防渗黏土层，并有 88 根管道排除垃圾中产生的沼气，还设有气、水污染检测设备。

但总的看来，国内大部分已建的填埋场在理论和设计方面仍然欠缺，在高性能防渗和排水材料的开发方面与国外有较大差距，设计人员对填埋场设计缺乏足够的知识和经验，也无设计标准可参考，所设计的填埋场不仅耗资大，而且直接影响其长期安全性能。因此，我国科研人员对填埋场的科研工作有待进一步开展。

**1. 填埋场衬垫系统**

（1）衬垫系统的发展

固体废弃物填埋时，由于降水过滤和固体废弃物压榨产生的液体称为填埋场淋洗液。为防止未收集到的淋洗液对场地周围地下水产生污染，衬垫系统隔离层是必不可少的组成部分，它是一种水力隔离措施，是发挥填埋场封闭系统正常功能的关键部位。衬垫系统在设计时必须具备以下几个条件：低渗透性、与所填废物的长期相容性、高吸附力和低的传输系数。衬垫系统的发展经历了几个阶段，表1.4给出了美国衬垫系统的发展过程。

**表1.4 美国衬垫系统的发展过程**

| 衬垫系统类型 | 使用时间 | 淋洗液收集和排除系统 | 首层隔离材料（P‑FML） | 渗漏液监测和排除系统 | 次层隔离材料（S‑FML） |
|---|---|---|---|---|---|
| 单层黏土 | 1982年以前 | 砾石和多孔管 | 黏土 | 无 | 无 |
| 单层土工膜 | 1982 | 砾石和多孔管 | 土工膜 | 无 | 无 |
| 双层土工膜 | 1983 | 砾石和多孔管 | 土工膜 | 砾石和多孔管 | 土工膜 |
| 单层土工膜，单层复合衬垫 | 1984 | 砾石和多孔管 | 土工膜 | 砾石和多孔管 | 土工膜和黏土 |
| 单层土工膜，单层带土工网的复合衬垫 | 1985 | 砾石和多孔管 | 土工膜 | 土工网 | 土工膜和黏土 |
| 带土工网的双层复合衬垫 | 1987 | 砾石和多孔管 | 土工膜和黏土 | 土工织物和土工网 | 土工膜和黏土 |
| 带土工网和土工复合材料的双层复合衬垫 | 1987年以后 | 土工网和土工复合材料 | 土工膜和黏土 | 土工织物（或土工膜）和土工网 | 土工膜和黏土 |

由表1.4可知衬垫系统根据其发展可分为以下几类（图1.7）：

1）单层压实黏土衬垫（CCL）；

2）单层土工膜衬垫；

3）双层土工膜衬垫；

4）单层复合衬垫；

5）双层复合衬垫。所谓复合衬垫，是指土工合成材料复合衬垫。土工膜、土工网和土工织物是用于复合衬垫的三种主要的土工合成材料。土工膜用作不透水隔离以防止废物污染土壤和地下水；土工网用作侧向排水层来排除淋洗液；土工织物的作用是反滤和隔离，放在土工网和土之间或土工网与土工膜之间；

6）用土工合成材料黏土衬垫（GCL）来代替黏土层的复合衬垫，这是最近几年广泛应用于美国固体废弃物填埋场的衬垫系统。GCL是在工厂制造的一种土工合成材料，它有两种类型，一种是土工织物间夹上干燥的膨润土层，另一种是一层干燥的膨润土层贴上一层土工膜。GCL的应用可以减小衬垫系统总的厚度，从而增加废弃物填埋量。

世界上其他国家所用的衬垫系统也不尽相同，与美国的区别在于：美国所用的衬垫系统尽量同天然土层隔离开，而欧洲国家则尽量利用天然土层作为天然的衬垫系统。但各国固体废弃物填埋场封闭系统的发展都是趋向于复合型。

（2）土质衬垫与土工合成材料复合衬垫的比较

①渗透性。复合衬垫可以克服单层土工膜衬垫偶尔存在的破洞、接缝等缺陷，也可克服渗流在土质衬垫整个面上发生，从而减小渗漏量。

②与废弃物淋洗液的相容性。土质衬垫易受强酸、强碱和有机化学制剂的作用，从而影响渗透性；而复合衬垫黏土上面的土工膜可延缓淋洗液与黏土的直接接触，从而减少或避免了淋洗液与黏土的相容性问题。

③淋洗液排除。复合衬垫中的排水层促使淋洗液从排水层流向收集管，从而减少作用在

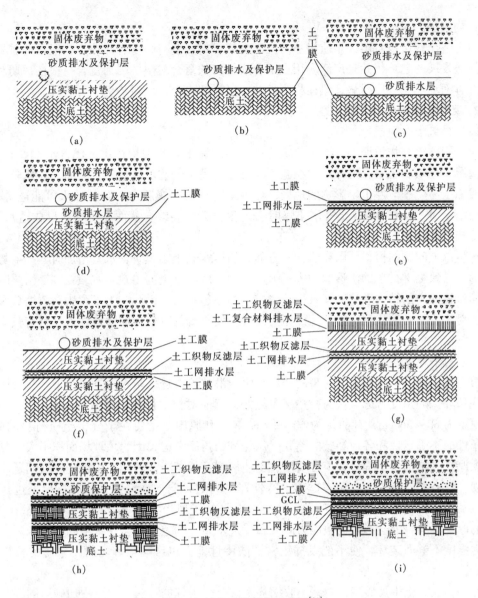

图 1.7 衬垫系统分类示意图[24]

(a) 单层黏土衬垫；(b) 单层土工膜衬垫；(c) 双层土工膜衬垫；(d) 单层土工膜，单层复合衬垫；(e) 单层土工膜，单层带土工网的复合衬垫；(f) 带土工网的双层复合衬垫；(g) 带土工网和土工复合材料的双层复合衬垫；(h) 典型的双层复合衬垫系统；(i) 带 GCL 的双层复合衬垫系统

衬垫上的淋洗液；而黏土衬垫却没这个功能。

④上覆压力的影响。压实黏土衬垫上部由上覆黏土、土体或固体废弃物引起的有效应力增加时，衬垫中相对大的孔隙逐渐变得紧密，从而降低渗透性，而复合衬垫中的土工膜没这个优点。

⑤耐久性。土质衬垫可以维持几千年，但复合衬垫中的土工合成材料的耐久性还没办法实际验证。

⑥易破性。当废弃物中有坚硬的异物时，土质衬垫不易被刺破，而复合衬垫中的土工膜

易被异物刺破。

由上述比较可以看出，土质衬垫与土工合成材料复合衬垫各有优缺点，但总的看来，填埋场衬垫发展的趋势仍然是广泛应用土工合成材料的复合衬垫，因为复合衬垫在短期和长期稳定性方面均优于土质衬垫，但在相当长的一段时期内，土质衬垫仍不可替代。

**2. 填埋场设计中存在的问题**

（1）衬垫干裂问题

对于固体废弃物填埋场，用于填筑防渗衬垫的黏土，通常均在比最优含水率（$W_{op}$）稍湿的情况下堆填和压实，这样可以在施工时使压实黏土的透水性最低。然而，在比较干旱的地区或黏土易受季节性干旱影响的地区，如果未将衬垫干燥脱水，则其效果可能适得其反。因为在湿于 $W_{op}$ 时压实的黏土失水干燥时会产生更大的裂缝，从而在衬垫内形成透水通道，衬垫不能发挥正常的防渗功能。

产生以上问题的根本原因在于：一方面，当压实黏土的填筑含水量增加时其收缩势也同时增加，导致黏土衬垫的渗透性增大；另一方面，压实黏土的填筑含水量比 $W_{op}$ 稍湿时，根据前面所述的土的结构理论，又可以获得较小的渗透系数。因此，为了解决高收缩势和低渗透性这对矛盾，必须找到一种合适的压实途径，使土既具有较低的渗透性，又具有较小的收缩势。

（2）衬垫厚度问题

填埋场工程中，压实黏土衬垫的作用是阻止淋洗液渗透，防止地下水污染。在美国，法律往往从环保的角度考虑，认为衬垫越厚越好，然而对衬垫厚度的适宜值一直也没个定论，有的规定为 60～360cm，有的认为 60～150cm。究其原因，主要在于分析土质衬垫的时候，施工条件的不确定性和各地经验的差异。从经济的角度考虑，因为填埋场面积很大，黏土衬垫若太厚，既增加了工程量和工程费用，也使填埋容量减小。因此，填埋场厚度问题应该得到重视。已有的研究表明，用考虑水力特性在空间的各向异性而建立的随机模型进行分析时，压实黏土衬垫的最小厚度为 60～90cm。但是，在相当大的填埋场废弃物重量作用下，衬垫的厚度不同可能会影响衬垫应力的分布，地基条件的差异也会导致不同的影响。一旦衬垫因为强度不够而破坏，便不能发挥正常的防渗性能，也影响填埋场封闭系统的长期稳定性。

另外，在黏土中加砂后，对减小收缩势也许是个很好的方法，但土中加砂后的混合土料其抗拉强度必然降低，对衬垫的厚度有影响。因此，更有必要分析衬垫的厚度，以验证黏土中加砂的可行性。

（3）填埋场的稳定性计算分析

当衬垫处于边坡位置时，如处置不当，很可能发生各种形式的稳定破坏，由于衬垫系统的复杂性，应研究适合填埋场边坡稳定特点的稳定性计算分析方法。

此外，填埋场的沉降问题，由于填埋场中的废料沉降问题具有不可预测性，而填埋场的保护系统如覆盖系统、污染控制屏障、排水系统的设计会受到填埋场沉降的影响，若沉降过大会引起覆盖系统和排水系统开裂，影响填埋场正常使用。因此，对此必须深入研究。

### 1.4.4　放射性有害物质的处治

有害物质通常是指有毒、有害的化学物质和有放射性的物质，对人体产生危害或对环境造成污染的物质。有毒、有害的化学物质通过控制源头的排放或进行适当的解毒处理，处理达到排放标准后，可以进行有效控制，相对来说处治比较容易。对于放射性物质污染的处治难度较大，因为技术要求高。这里主要介绍放射性有害物质的处治现状。对人类来说，放射性物质既是一种前景广阔的有用物质，又是一种潜在的有害物质，因而引起了人们的普遍关注，已成为核科学和环境科学研究的重要对象。

关于放射性物质及其辐射性在地球形成之初就已存在于地球上了，只是因其看不见，摸不着，人们对它们的认识要比对其他自然科学现象及其规律的认识晚得多。19世纪末至20世纪初，人们对宇宙射线的研究和天然放射性核素的发现可认为是对环境放射性的最早探索。1895年，英国物理学家汤姆逊对大气电离离子进行了研究。同年德国物理学家伦琴发现了X射线。1896年法国科学家贝克勒尔发现铀具有放射性。1898年，居里夫人又发现了钍的放射性。同年居里夫妇用放射化学分离和放射性测量方法从沥青油矿渣中相续发现了天然放射性元素镭和钋。1901年德国科学家埃斯特和盖特尔发现山洞中空气的电导性异常强，后来确认是由氡及其衰变子体引起的。此后，环境中天然放射性核素不断被发现，并很快在各方面得到了广泛的应用。与此同时，科学家们已开始注意辐射的生物效应和生物体对天然放射性核素的蓄积作用。但是，受到当时测量手段的限制，对环境放射性的研究进展还相当缓慢。

1939年德国物理学家哈恩等在用中子照射铀的研究中发现了原子核裂变现象。1942年，在费米的领导下，美国建立了世界上第一座核反应堆，实现了受控链式核裂变反应，由此开创了原子能时代。此后，由于核工业的发展和核武器试验，人们对此引起的环境放射性污染给予了极大的关注。首先是美国，因原子弹研制工程（曼哈顿计划）的需要，1943年成立了应用渔业实验室，其主要职责是研究汉福特核设施对哥伦比亚河中生物群落的影响。此后，其研究任务又扩大到核试验现场监测，重点考察放射性核素对生物体的外照射损伤和对内部组织的危害。关于环境放射性研究主要以美国和前苏联在大气层中进行核武器试验所造成的环境污染为中心，对核试验放射性污染水平和环境天然辐射情况进行了大量的调查，建立了一系列环境放射性监测方法，促进了环境放射性分析和检测技术的发展。20世纪60年代，放射性沉降物（落下灰）进一步增加。与此同时，由于核工业的迅速发展，排入环境的放射性污染物也有所增加，促使人们加强了对环境放射性污染的监控。

实践表明，环境放射性污染的控制只停留在污染监测和放射性废物的治理上是远远不够的，更重要的是要探索放射性污染的产生及其在环境中的物理、化学和生物学行为，摸清放射性污染物在环境中的运动过程及其规律，才能有效地控制和消除放射性流出物排放对环境的污染，减轻和防治环境放射性对生态特别是对人类的危害。20世纪70年代，高放射性物质最终处置的安全性成为影响核电事业进一步发展的关键，迫使科学家们从放射性物质及环境物质的物理、化学特征出发，进一步探索放射性核素在环境中的行为，特别是放射性核素与环境物质之间的相互作用及其迁移规律和最终归宿。

### 1.4.5 环境岩土工程的发展展望

**1. 环境土质学与土力学**

在原有特殊土（黄土、盐渍土、红黏土、膨胀土、冻土）的研究基础上，需进一步开展垃圾土、污染土、海洋土及工业废料、废渣工程利用的研究；此外，受施工扰动土体的工程性质问题仍应成为研究的重点。废弃物处置设计中，要对垃圾土的取样方法、试验标准与方法、物理力学参数、甚至本构关系进行研究，而我们在这方面的研究是极为初步的。对于工矿区而言，污染土的特性研究是很重要的。由于污染源多种多样，岩土的物理力学性质又各不相同，目前对污染土的研究还很不够，而工程中已有因岩土受污染而导致工程事故的例子。如贵州某厂赤泥尾矿，由于浸出液的 pH 值大于 12，坝基土因强碱废水入侵强度降低而最终导致决口。21 世纪是海洋的世纪，海洋工程、港口建设将会出现新的局面，而我们对于海洋的认识还刚刚起步，伴随工程建设的需要，应加强这方面的研究。工业废料、废渣的工程利用是保护环境的一大举措，实践中，粉煤灰已经得到广泛应用，钢渣也在地基处理中有一定应用，赤泥也可被用于做筑路材料和水泥。同时在研究工业废渣工程特性的基础上，拓宽废渣应用范围并开发新的废渣资源。地铁、隧道等即将在我国多个大中城市兴建，受施工扰动土体的工程性质问题则是小环境岩土工程问题中至关重要的一个环节。只有基于对土性的真正把握，才能实现工程控制进而保护周边环境。

对这方面的研究，笔者想强调土体细观力学行为研究的重要性。这应该是土力学发展的一个方向，对于环境土质学与土力学来说，尤其如此。只有深刻了解土体的微观结构、物质组成、物理力学性质的形成与变化规律，才能从宏观上真正把握土体的工程性质。因此，有必要在细微观与宏观表现之间架设桥梁，以便做更多更深入地努力。

**2. 研究理论和方法**

在传统土力学研究理论和方法的基础上，环境岩土工程需要有所创新并有所借鉴。方晓阳教授曾指出，"土力学并没有从原理和理论上分析各种环境条件下的各类土壤。由于土壤常常发生许多早期破坏和渐进破坏，这些破坏大多数不能由现有的原理和方法来解释清楚。例如，Terzaghi 统一理论仅仅考虑了荷载，而其他因素，如化学的、物理化学的和微生物的因素，这一理论则没有包括，也不能做出评定。大多数岩土工程项目设计都是视荷载条件而定，往往忽略了控制所有土木工程结构总体稳定性的一个重要因素——环境因素。地面土壤是随当地环境条件波动的因变量。地面污染向现有土力学原理提出挑战。目前，岩土工程课题正处在十字路口，一条路仍固执按照 Terzaghi 提出的经典理论，另一条路则为了分析在变化的环境下的土壤性能，向这些原理和方法提出挑战，因为它已经不能有力地说明现代社会中存在的所有土壤、水、环境现象和土壤结构是如何相互作用的"。同时粒子能量场理论的提出，也为环境岩土工程突破传统土力学方法进行研究开辟了一条新的道路。

在环境岩土工程研究中，应注意新技术手段的采用。例如，采用扫描电镜对岩土介质工程性质、地基加固机理等进行研究；采用 CT 技术研究冻土、黄土等的岩土材料内部结构及在各种荷载作用下结构的变化过程；采用土工离心模型试验技术对实际工程进行模拟；用探地雷达技术对地下掩埋垃圾场进行调查，确定年代久远垃圾场的位置及评价有害物质对地下水造成的污染程度，查明滑坡成因，圈定滑坡范围，探测和维护古建筑物结构；采用遥感（Remote Sensing；RS）、地理信息系统（Geogaphic Information System；GIS）、全球定位系统（Global Positioning System；GPS）合称"3S"技术作为新兴的地球空间信息科学的核心。这些技术在环境岩土工程中有着广泛的应用，如对环境变化进行监测等等。

近年来，环境岩土工程领域学科交叉与渗透日益广泛，逐步从一些新的理论（模糊数学、优化理论、灰色理论、神经网络理论、分形几何理论、耗散结构理论、混合物理论、可靠度理论、随机过程理论等）和方法（信息论、专家系统、人工智能方法等）中寻求更大的帮助和出路是一个较新的发展动向。

同时，环境岩土工程研究应结合我国的具体国情。目前，一方面，我国正处于大规模工程建设时期，有许多工程问题需要解决；另一方面，基于可持续发展要求，我们面临严峻的环境保护与治理工作。研究重点应放在卫生填埋场的设计、大规模工程建设的区域环境岩土工程评估、城市施工如何影响环境岩土工程、岩土工程手段在环境治理中的应用等领域。此外，还应吸收其他学科（如化学、土壤学、生物学、材料学）中的许多内容来充实本学科，使之成为一门综合性和适用性更强的学科分支。

### 3. 非饱和土力学理论和实践

非饱和土力学是现代土力学的重要研究内容和攻坚任务之一。关于非饱和土力学的研究已有近 40 年的历史，但在对非饱和土特征的认识与研究还处于探索阶段，研究成果距实际应用还有一段距离。因此对非饱和土的工程性质研究就更显得迫切和重要。对其可能引起的灾难进行预防，可造福于人类。

非饱和土骨架形成的孔隙中含有水和空气，它是四相系的。即固相（土颗粒）、液相（孔隙流体—水）、气相（孔隙气体—空气）和液气接触面组成。液相和气相之间的接触面既不同于液相也不同于气相。接触面是一个独立的相，称为第四相。第四相两侧存在着一个压力差，孔隙水压常为负值，孔隙气压与孔隙水压的差 $s = u_a - u_w$，即为非饱和土的基质吸力。

非饱和土由于其特有的土体结构，其渗透性在很大程度上取决于孔隙中的连通性。这与土体中的气相形态直接相关。Gulhati、俞培基、陈愈炯将非饱和土体划分为水封闭、双开敞和气封闭三阶段，包承纲根据实验结果针对压实非饱和土依其含水量的不同，提出了气相的完全连通、部分连通、内部连通和完全封闭四种气相形态，并研究了不同气相形态与孔隙压力消散规律的关系，并以毛细压力试验、气渗透性试验以及孔隙压力消耗试验进行了验证。这一点和 Yeshimi 的研究结果一致。当土体含水量处于最优值时，土体受压后进入第三阶段。该阶段的孔隙流体消散速率较第一、第二阶段显著变慢，排泄过程中除气体外，可同时观测到水分的排出气和水的比例随压力加大而减少，该阶段孔隙气压 $u_a$ 和孔隙水压 $u_w$ 已很接近，但它们的绝对值与外加压力相比并不大。当土体含水量高于最优含水量时，土体受力后进入第四阶段，孔隙气体呈封闭状态并且随孔隙水一起运动。同时，土体孔隙中水蒸气、空气与热运动也是相当密切的，在常温条件可以忽略热效应和孔隙的蒸汽的冷聚和运动效应。因此简单的用通水或通气的方法测量土的渗透性将改变土的结构和饱和度，从而使渗透性有所变化，而应当分别控制孔隙水压力 $u_w$ 和孔隙气压力 $u_a$，建立水和气的单独循环，保持土的结构和饱和度不变，才能较正确地测定 $K_w$ 和 $K_a$ 值。Barden 认为要系统研究 $K_a$ 和 $K_w$，必须控制 $u_a$ 和 $u_w$，以控制土中的有效应力 $\sigma' = (\sigma - u_a) + \chi (u_a - u_w)$，并认为 $(\sigma - u_a)$ 主要控制土的结构，而 $(u_a - u_w)$ 主要控制土的饱和度。对孔隙中的渗流运动，可用达西定律近似地描述每一种流体的运动。但 $K_a$ 和 $K_w$ 还是土的孔隙率 $n$、土结构和饱和度 $s_r$ 的函数，即 $k_a = f_a (\lambda, n, s_r)$ 和 $k_w = f_w (\lambda, n, s_r)$。

土层是一种多孔介质，溶质在多孔介质中的运动是一种复杂的物理化学过程，运动过程中溶质在介质中的分布特点受流体性质、溶质性质和多孔介质性质等因素的影响，在非饱和土层中，又受到水分分布特征的制约使得溶质运移极为复杂。对于非饱和土的渗透特性的研究有助于研究土中污染的运移机理，如可根据饱和 – 非饱和水流运动方程和定解条件，结合具体的计算目的和条件，建立了以基质势－测压水头为因变量的联合数学模型和以土体含水量－测压水头为因变量的联合数学模型。流体动力弥散是一种宏观现象，但其根源却在于多孔介质的复杂微观结构与流体的非均一的微观运动，是两种物质输运过程同时作用的结果，即溶质在多孔介质中的机械弥散与分子扩散。在非饱和条件下，随着土壤水分含量的降低，液相所占的面积愈来愈小，实际扩散的途径愈来愈长，因此其分子扩散系数趋向减小。吸附是土壤中固、液相之间物理化学作用的外在表现。它参与了溶质在土壤中的运移过程，对溶质运移有着重要的影响，无论是物理吸附，还是物理化学吸附以及化学吸附，它们的共同特点是在污染物质与固相介质一定的情况下，污染物质的吸附和解吸主要是与污染物在土层中的液相浓度和污染物质被吸附在固相介质上的固相浓度有关。

# 2 城市固体废物的工程性质及其污染形式

固体废物（简称废物）是指在社会的生产、流通、消费等一系列活动中产生的一般不再具有原使用价值而被丢弃的以固态或泥状存在的物质。

在具体生产环节中，由于原材料的混杂程度、产品的选择性以及燃料、工艺设备的不同，被丢弃的这部分物质，从一个生产环节看，它们是废物；而从另一生产环节看，它们往往又可以作为另外产品的原料，成为不废之物。所以，固体废物又有"放错地点的原料"之称。

固体废物问题是伴随人类文明的发展而发展的。人类最早遇到的固体废物问题是生活过程中产生的垃圾污染问题。不过，在漫长的岁月里，由于生产力水平低下，人口增长缓慢，生活垃圾的产生量不大，增长率不高，没有对人类环境构成像今天这样的污染和危害。随着生产力的迅速发展，人口向城市集中，消费水平不断提高，大量工业固体废物排入环境，生活垃圾的产量剧增，成为严重的环境问题。

固体废物的产生有其必然性。这一方面是由于人们在索取和利用自然资源从事生产和生活活动时，限于实际需要和技术条件，总要将其中一部分作为废物丢弃；另一方面是由于各种产品本身有其使用寿命，超过了一定期限，就会成为废物。

## 2.1 固体废物的来源和分类

### 2.1.1 固体废物的来源

固体废物来自人类活动的许多环节，主要包括生产过程和生活过程的一些环节。表2.1列出了从各类发生源产生的主要固体废物。

表2.1 从各类发生源产生的主要固体废物

| 发 生 之 源 | 产生的主要固体废物 |
|---|---|
| 矿业 | 废石、尾矿、金属、废木、砖瓦和水泥、砂石等 |
| 冶金、金属结构、交通、机械等工业 | 金属、渣、砂石、模型、芯、陶瓷、涂料、管道、绝热和绝缘材料、黏结剂、污垢、废木、塑料、橡胶、纸、各种建筑材料、烟尘等 |
| 建筑材料工业 | 金属、水泥、黏土、陶瓷、石膏、石棉、砂、石、纸、纤维等 |
| 食品加工业 | 肉、谷物、蔬菜、硬壳果、水果、烟草等 |
| 橡胶、皮革、塑料等工业 | 橡胶、塑料、皮革、布、线、纤维、染料、金属等 |
| 石油化工工业 | 化学药剂、金属、塑料、橡胶、陶瓷、沥青、污泥油毡、石棉、涂料等 |
| 电器、仪器仪表等工业 | 金属、玻璃、木、橡胶、塑料、化学药剂、研磨料、陶瓷、绝缘材料等 |
| 纺织服装工业 | 布头、纤维、金属、橡胶、塑料等 |
| 造纸、木材、印刷等工业 | 刨花、锯末、碎木、化学药剂、金属填料、塑料等 |
| 居民生活 | 食物、垃圾、纸、木、布、庭院植物修剪物、金属、玻璃、塑料、陶瓷、燃料灰渣、脏土碎砖瓦、废器具、粪便、杂品等 |

| 发 生 之 源 | 产生的主要固体废物 |
|---|---|
| 商业、机关 | 同上，另有管道、碎砌体、沥青等其他建筑材料，含有易爆、易燃、腐蚀性、放射性废物以及废汽车、废电器、废器具等 |
| 市政维护、管理部门 | 脏土、碎砖瓦、树叶、死禽畜、金属、锅炉灰渣、污泥等 |
| 农业 | 秸秆、蔬菜、水果、果树枝条、糠秕、人和禽畜粪便、农药等 |
| 核工业和放射性医疗单位 | 金属、含放射性废渣、粉尘、污泥、器具和建筑材料等 |

注：引自《中国大百科全书》环境科学卷。

### 2.1.2 固体废物的分类

固体废物分类方法很多，按组成可分为有机废物和无机废物；按形态可分为固体（块状、粒状、粉状）的和泥状（污泥）的废物；按来源可分为工业废物、矿业废物、城市垃圾、农业废物和放射性废物；按其危害状况可分为有害废物和一般废物，但较多的是按来源分类。

**1. 工业固体废物**

工业固体废物是指工业生产过程和工业加工过程产生的废渣、粉尘、碎屑、污泥等。主要有下列几种：

（1）冶金固体废物

冶金固体废物主要是指各种金属冶炼过程排出的残渣。如高炉渣、钢渣、铁合金渣、铜渣、锌渣、铅渣、镍渣、铬渣、镉渣、汞渣、赤泥等。

（2）燃料灰渣

燃料灰渣是指煤炭开采、加工、利用过程排出的煤矸石、粉煤灰、烟道灰、页岩灰等。

（3）化学工业固体废物

化学工业固体废物是指化学工业生产过程产生的种类繁多的工业渣。如硫铁矿烧渣、煤造气炉渣，油造气炭黑、黄磷炉渣、磷泥、磷石膏、烧碱盐泥、纯碱盐泥、化学矿山尾矿渣、蒸馏釜残渣、废母液、废催化剂等。

（4）石油工业固体废物

石油工业固体废物是指炼油和油品精制过程排出的固体废物。如碱渣、酸渣以及炼厂污水处理过程排出的浮渣、含油污泥等。

（5）粮食、食品工业固体废物

粮食、食品工业固体废物是指粮食、食品加工过程排弃的谷屑、下脚料和渣滓。

（6）其他

此外，还有机械和木材加工工业生产的碎屑、边角下料、刨花，纺织、印染工业产生的泥渣、边料等。

**2. 矿业固体废物**

矿业固体废物主要包括废石和尾矿。废石是指各种金属、非金属矿山开采过程中从主矿上剥离下来的各种围岩，尾矿是在选矿过程中提取精矿以后剩下的尾渣。

**3. 城市固体废物**

城市固体废物是指居民生活、商业活动、市政建设与维护、机关办公等过程产生的固体废物。一般分为以下几类：

（1）生活垃圾

城市是产生生活垃圾最为集中的地方，主要包括炊厨废物、废纸、织物、家用什具、玻璃陶瓷碎片、废电器制品、废塑料制品、煤灰渣、废交通工具等。

（2）城建渣土

城建渣土包括废砖瓦、碎石、渣土、混凝土碎块（板）等。

（3）商业固体废物

商业固体废物包括废纸、各种废旧的包装材料、丢弃的主、副食品等。

（4）粪便

工业先进国家城市居民产生的粪便，大都通过下水道输入污水处理场处理。我国情况不同，城市下水处理设施少，粪便需要收集、清运，是城市固体废物的重要组成部分。

**4. 农业固体废物**

农业固体废物是指农业生产、畜禽饲养、农副产品加工以及农村居民生活活动排出的废物。如植物秸秆、人和禽畜粪便等。

**5. 放射性固体废物**

放射性固体废物包括核燃料生产、加工，同位素应用，核电站、核研究机构、医疗单位、放射性废物处理设施产生的废物。如尾矿、污染的废旧设备、仪器、防护用品、废树脂、水处理污泥以及蒸发残渣等。

**6. 有害固体废物**

有害固体废物，国际上称为危险固体废物（hazardous solid waste）。这类废物泛指放射性废物以外，具有毒性、易燃性、反应性、腐蚀性、爆炸性、传染性因而可能对人类的生活环境产生危害的废物。基于环境保护的需要，许多国家将这部分废物单独列出加以管理。1983年，联合国环境规划署已经将有害废物污染控制问题，列为全球重大的环境问题之一。这类固体废物的数量约占一般固体废物量的 1.5%～2.0%，其中大约一半为化学工业固体废物。据不完全统计，1985 年我国有害固体废物产生量为 1 670 万 t，其中化学工业为 820 万 t。

日本将固体废物分成两类：产业固体废物和一般固体废物。前者是指来自生产过程的固体废物，其中包括有害固体废物；后者是指来自生活过程的固体废物。

我国目前趋向将固体废物分为四类：城市生活垃圾、一般工业固体废物、有害固体废物、其他。其中，一般工业固体废物是指不具有毒性和有害性的工业固体废物。至于放射性固体废物，则自成体系，要进行专门管理。

## 2.2 城市固体废物的工程性质

城市固体废弃物（MSW）是指工矿企业、商店和城市居民丢弃的工业垃圾、商业垃圾和生活垃圾。处理固体废弃物的主要方法有回收、焚烧和填埋，其中填埋是使用最广泛的方法。那些采取严格封闭措施，将废弃物与周围环境严密隔离的填埋场也称作现代卫生填埋场。图 2.1 是一个典型的卫生填埋场简图。

填埋场的设计和审批均需进行广泛的土工分析以验证填埋场各控制系统能否满足长期运行的要求，在进行土工分析时，正确选择所填埋废弃物的工程性质非常重要。但由于废弃物的组成成分极其复杂，且随时间、地点而变，因此，对其工程性质的准确确定就十分困难。表 2.2 列出了这些工程性质在填埋场工程设计项目中被使用的情况，显然废弃物的容重是其中使用率最高的参数。

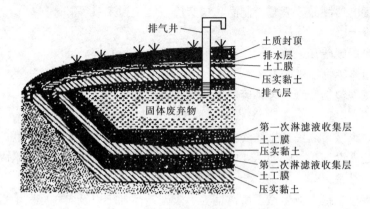

图 2.1　现代卫生填埋场简图[3]

**表 2.2　城市固体废物工程性质的使用**

| 工程分析项目 | 容重 | 含水量 | 孔隙率 | 渗透性 | 持水率 | 抗剪强度 | 压缩性 |
|---|---|---|---|---|---|---|---|
| 衬垫设计 | √ | | | | | | |
| 淋滤液估算及回流计划 | √ | √ | √ | √ | √ | | |
| 淋滤液控制系统设计 | √ | | | | | | |
| 地基沉降 | √ | | | | | | |
| 填埋场沉降 | √ | | √ | | | | √ |
| 地基稳定 | √ | | | | | √ | |
| 边坡稳定 | √ | | | | | √ | |
| 填埋容量 | √ | | √ | | | | √ |

### 2.2.1　容重

城市固体废物的容重变化幅度很大，由于废弃物的原始成分本来就比较复杂，又受处置方式和环境条件的影响。其容重不仅与它的组成成分和含水量有关，而且随填埋场时间和所处深度而变。因此在确定容重时必须首先弄清楚某些条件，如①废弃物的组成，包括每天覆土和含水情况，②对废弃物进行压实的方法和程度，③测定试样所处深度，④废弃物的填埋时间等。

城市固体废物的容重可在实地用大尺寸试样盒或试坑测定，或用勺钻取样在实验室测定，也可用 γ 射线在原位测井中测出，还可以测出废弃物各组成成分的容重，然后按其所占百分比求出整个废弃物的容重。表 2.3 给出城市固体废物容重的平均值，其大小为 3.1~13.2kN/m³，其变化范围之所以这么大是由于倒入的垃圾成分不同，每天覆土量不同以及含水量和压实程度不同等原因造成的。

24

由于后续废弃物的加载作用，先倾倒废弃物的容重会因体积压缩而增大，其附加压缩也随时间增长而加大。图 2.2 表示填埋场废弃物容重随填埋深度变化的规律，图中虚线为在美国洛杉矶附近一填埋场根据开挖取样试验和用 γ 射线在钻孔中测定的，其变化范围从表层的 $3.3kN/m^3$ 到 60m 深处为 $12.8kN/m^3$。实线则是根据有关资料归纳的结果。废弃物容重的上、下极限值为 $3.0kN/m^3$、$14.4kN/m^3$。对于缺少当地资料的填埋场，在进行工程分析时，图 2.2 可供确定废弃物容重时作参考。现今大多数填埋场均对废弃物进行适度压实，其压实比通常 2:1 ~ 3:1，经过压实后的城市固体废物，建议其平均容重可取 $9.4 ~ 11.8kN/m^3$。

表 2.3  城市固体废物的平均容重

| 资料来源 | 废弃物填埋条件 | | 容重（kN/m³） |
|---|---|---|---|
| Sowers（1968） | 卫生填埋场，压实程度不同 | | 4.7 ~ 9.4 |
| NAVFAC（1983） | 卫生填埋场 | a 未粉碎 | |
| | | 轻微压实 | 3.1 |
| | | 中度压实 | 6.2 |
| | | 紧密压实 | 9.4 |
| | | b 粉碎 | 8.6 |
| NSWMA（1985） | 城市垃圾 | 刚填埋时 | 6.7 ~ 7.6 |
| | | 发生分解并发生沉降以后 | 8.98 ~ 10.9 |
| Landva and Clark（1986） | 垃圾和覆盖之比为 10:1 至 2:1 | | 8.9 ~ 13.2 |
| EMCON（1989） | 垃圾和覆盖土之比为 6:1 | | 7.2 |

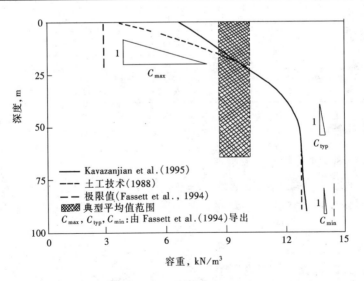

图 2.2  城市固体废物容重剖面

在填埋场设计中，废弃物含水量可以有两种不同的定义：一为废弃物中水的重量与废弃物干重之比，用于土工分析；另一则为废弃物中水的体积与废弃物总体积之比，常用于水文和环境工程分析，本书均以前者为准。

城市固体废物的含水量与下列因素有关：废弃物的原始成分，当地气候条件，填埋场运用方式（如是否每天往填埋垃圾上覆土），淋滤液收集和排放系统的有效程度，填埋场内生物分解过程中产生水分数量以及从填埋场气体中脱出的水分数量等。Sowers 研究发现城市固体废物原始含水量一般为 10%~35%。图2.3为加拿大全境各种垃圾试样的有机含量与含水量之间的关系。

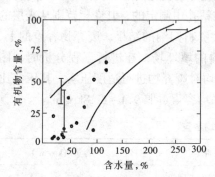

图 2.3 加拿大全境老填埋场试样的有机含量与含水量关系[38]

一般来说，含水量将随有机含量增加而增加。另外城市固体废物的含水量也受气候变化的影响，还因填埋地点不同而变。

### 2.2.2 孔隙率

孔隙率的定义为废弃物孔隙体积与总体积之比。根据城市固体废物的成分和压实程度，其孔隙率约为 40%~52%，比一般压实黏土衬垫的孔隙率（40%左右）要高。表2.4给出城市固体废物某些工程性质的原始资料，注意其中含水量是以体积比表示的。

表 2.4 固体废弃物性质指标

| 资料来源 | 容重（kN/m³） | 含水量（体积%） | 孔隙率（%） | 孔隙比 |
| --- | --- | --- | --- | --- |
| Rovers et al.（1973） | 9.2 | 16 | — | — |
| Fungaroli et al. | 9.9 | 5 | — | — |
| Wigh（1979） | 11.4 | 17 | — | — |
| Walsh et al.（1979） | 14.1 | 17 | — | — |
| Walsh et al.（1981） | 13.9 | 17 | — | — |
| Schroder et al.（1984） | — | — | 52 | 1.08 |
| Oweis et al（1990） | 6.3~14.1 | 10~20 | 40~50 | 0.67~1.0 |

### 2.2.3 透水性

正确给定城市固体废物的水力参数在设计填埋场淋滤液收集系统和制定淋滤液回流计划时十分重要。城市固体废物的渗透系数可以通过现场抽水试验、大尺寸试坑渗漏试验和实验室大直径试样的渗透试验求出。图2.4给出加拿大四个填埋场试坑中测定的废弃物容重与渗透性的关系，图中渗透系数是指渗流稳定以后，某些碎片将要填塞孔隙之前，水位下降中间阶段的值，其大小（$1 \times 10^{-3}$

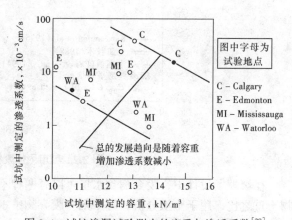

图 2.4 试坑渗漏试验测出的容重与渗透系数[38]

$\sim 4 \times 10^{-2}\,cm/s$）与洁净的砂砾相当。钱学德博士曾使用美国密歇根州一个运行中的填埋场三年现场实测资料，推算出主要淋滤液收集系统中降水量和淋滤液产出体积之间随时间的变化关系，废弃物的渗透系数可由渗流移动时间、水力梯度及废弃物层厚求出，其值约为 $9.2 \times 10^{-4} \sim 1.1 \times 10^{-3}\,cm/s$。

表 2.5 综合城市固体废物渗透系数的试验资料，从中可看出，填埋场城市固体废物的平均渗透系数的数量级约为 $10^{-3}\,cm/s$。

**表 2.5　城市固体废物渗透系数综合资料**

| 资料来源 | 容重（kN/m³） | 渗透系数（cm/s） | 测定方法 |
|---|---|---|---|
| Fungaroli et al.（1979） | 1.1～4.1 | $1 \times 10^{-3} \sim 2 \times 10^{-2}$ | 粉状垃圾，渗透仪测定 |
| Schroder et al.（1984） | — | $2 \times 10^{-4}$ | 由各种资料综合 |
| Oweis et al.（1986） | 6.4（估计） | $10^{-3}$量级 | 由现场试验资料估算 |
| Landva et al.（1990） | 10.0～14.4 | $1 \times 10^{-3} \sim 4 \times 10^{-2}$ | 试坑 |
| Oweis et al.（1990） | 6.4 | $1 \times 10^{-3}$ | 抽水试验 |
| Oweis et al.（1990） | 9.4～14.1（估计） | $1.5 \times 10^{-4}$ | 变水头现场试验 |
| Oweis et al.（1990） | 6.3～9.4（估计） | $1.1 \times 10^{-3}$ | 试坑 |
| 钱学德（1994） | — | $9.2 \times 10^{-4} \sim 1.1 \times 10^{-3}$ | 由现场试验资料估算 |

### 2.2.4　持水率和调蔫湿度

持水率是指经过长期重力排水后，土或废弃物体积中所保持的水分含量（体积比）。调蔫湿度则是通过植物蒸发后废弃物体积中水分的最低含量。填埋场持水率反映出土体或废弃物保持水分的能力，其大小与土体或废弃物的性质有关。

废弃物的持水率对于填埋场淋滤液的形成十分重要，超过持水率的水分将作为淋滤液排出，同时它也是设计淋滤液回流程序的主要参数。城市固体废物持水率随外加压力的大小和废弃物分解程度而变，其值约为 22.4%～55%（体积比）。若含有较多的有机物如纸张、纺织品等则持水率较高。对于来源于居民区和商业区的未经压实的废弃物，其持水率约为 50%～60%，而一般压实黏土衬垫的持水率为 33.6%。

城市固体废物的调蔫湿度约为 8.4%～17%（体积比），比压实黏土（约 29%）要小很多。

顺便指出，持水率与饱和含水量是不一样的。如废弃物较疏松，其持水率要比饱和含水量低；若较紧密，则两者比较接近。

### 2.2.5　抗剪强度

城市固体废物的抗剪强度也随法向应力的增加而增大，然而，由于城市固体废物含有大量有机物和纤维素，其剪切效应与泥炭更为接近。城市固体废物的强度可通过三个途径确定：①直接进行室内或现场试验；②根据稳定破坏面或荷载试验结果反算；③间接的原位试验。

室内试验包括重塑试样的直剪试验，由薄壁取样器或冲击式取样器取样做三轴试验，以及无侧限抗压和抗拉试验等。现场试验主要在大直剪仪中进行。美国 Maine 州中心填埋场在现场制作了 16 平方英尺的混凝土剪切盒，完成六组直剪试验，其法向应力是通过堆放大的混凝土块加上的。图 2.5 是现场大直剪试验的结果，由于废弃物具有粒状和纤维状的特征，试验结果和颗粒状土有些类似，其凝聚力 $c = 0 \sim 23kPa$，内摩擦角 $\varphi = 24° \sim 41°$。

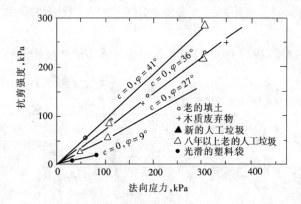

图 2.5　城市固体废物的抗剪强度包线[38]

由破坏面或荷载试验结果反算强度参数的方法在很多文献中提到过。通常要使 $c$，$\varphi$ 同时满足两个平衡方程，然后利用安全系数 $F_s = 1$ 求出两个未知数。由于有些填埋场的边坡并未破坏，其 $F_s > 1$，所以求出的强度偏于保守。

表 2.6、表 2.7 给出可用于城市固体废物强度验算的有关资料，这些资料大部分是根据工程实况反算和现场大直剪试验求得的。室内试验由于需对废弃物重塑，试样尺寸又太小，其结果不甚可靠。表 2.7 给出的摩擦角是假定 $c = 5kPa$ 的条件下用简化 Bishop 法反算求出的。这四个填埋场的边坡已建成 15 年，并未产生过大的变形或有其他不稳定迹象，其安全系数估计可能大于 1.3，因此即使使用 $F_s = 1.2$ 的结果也是偏于安全的。

表 2.6　可用于城市固体废物强度验算的资料

| 资料来源 | 试验方法 | 结　　果 | 备　　注 |
|---|---|---|---|
| Pagotto et al.（1987） | 由荷载板试验反算 | $c = 29kPa$<br>$\varphi = 22°$ | 无废弃物类型及试验过程资料 |
| Landva et al.（1990） | 室内直剪试验 | $c = 19 \sim 22kPa$<br>$\varphi = 24° \sim 39°$ | 法向应力达到 480kPa，其中破碎垃圾强度较低未采用 |
| Richardson et al.（1991） | 现场大直剪试验 | $c = 10kPa$<br>$\varphi = 18° \sim 43°$ | 法向应力 14 ~ 38kPa，废弃物和覆盖的容重约为 15kN/m³ |

表 2.7　已建填埋场边坡反算结果（$c = 5kPa$）

| 填埋场名称 | 平均边坡 | | 最陡边坡 | | 废弃物强度 $\varphi$（°） | | |
|---|---|---|---|---|---|---|---|
| | 高（m） | 坡比 | 高（m） | 坡比 | $F_s = 1.0$ | $F_s = 1.1$ | $F_s = 1.2$ |
| Lopez，Canyon，A | 120 | 1:2.5 | 35 | 1:1.7 | 25 | 27 | 29 |
| OII，CA | 75 | 1:2 | 20 | 1:1.6 | 28 | 30 | 34 |
| Babylon，NY | 30 | 1:1.9 | 10 | 1:1.25 | 30 | 34 | 38 |
| Private land - fill，OH | 40 | 1:2 | 10 | 1:1.2 | 30 | 34 | 37 |

图 2.6 综合表 2.6、表 2.7 的结果，并结合观察到已使用填埋场在废弃物中挖沟其直立壁面可达 6m 以上的事实，说明废弃物抗剪强度具有双线性性质，其摩尔 - 库伦强度包线可

由两部分组成，当法向应力 $\sigma < 30\text{kPa}$ 时，$c = 24\text{kPa}$，$\varphi = 0°$。而对较高的法向应力（$\sigma > 30\text{kPa}$），则接近于 $c = 0\text{kPa}$，$\varphi = 33°$。

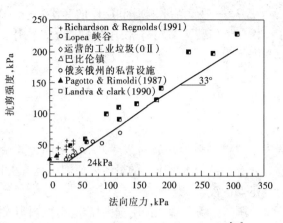

图 2.6　城市固体废物的抗剪强度包线[38]

### 2.2.6　压缩性

城市固体废物的沉降在填埋完成后一二个月内最大，以后在很长时间内又有较大的次压缩，总压缩量随时间和填埋深度而变。在自重作用下，城市固体废物沉降的典型值约为其层厚的 15% ~ 30%，大多发生在填埋后的第一年或第二年。图 2.7 给出选自 22 个填埋场的有代表性的沉降曲线。

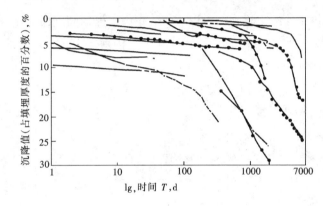

图 2.7　22 个填埋场的沉降 – 时间（对数）曲线[56]

对城市固体废物压缩性的研究从 20 世纪 40 年代就已开始，早期主要是为了选择合适的填埋场地，现今研究的目的则转为如何提高填埋效益。影响城市固体废物压缩的因素有废弃物的原始容重、压实程度、覆盖层的自重压力以及含水量、填埋深度、组成成分甚至 pH 值、温度等，因为这些会影响到废弃物的物理化学和生物化学性质。

目前习惯上均假定传统的土体压缩理论也可应用于固体废弃物（反映城市固体废物压缩性的参数与一般土体相同）。填埋场的总沉降量仍由初始沉降、固结沉降和次固结沉降组成。由于加载而产生的沉降，很大部分是在开始一二个月内发生的。以后在没有超孔隙应力或超孔隙应力很小的情况下，在长时间内发生次压缩。由于固结过程结束很快，通常将初始沉降和固结沉降合称"主沉降"（主压缩）。但城市固体废物的次压缩和一般泥炭不同，它里面包括有机成分分解的重要因素。

在计算城市固体废物由竖直应力引起的主沉降时，常用的压缩性参数是主压缩指数 $C_c$ 及修正主压缩指数 $C'_c$，它们分别由下式定义：

$$C_c = \Delta e / \lg(\sigma_1/\sigma_0) \tag{2 – 1}$$

$$C'_c = \Delta H/H_0 \lg(\sigma_1/\sigma_0) = C_c/(1 + e_0) \tag{2 – 2}$$

式中　$e_0$——初始孔隙比；

　　　$H_0$——废弃物初始层厚；

　　　$\sigma_0$——初始竖直有效应力；

　　　$\sigma_1$——最终竖直有效应力；

$\Delta e$、$\Delta H$——受力后孔隙比和层厚的变化。

次压缩指数 $C_a$ 及修正次压缩指数 $C'_a$ 被用来计算主沉降结束以后的二次沉降，此时废弃物上作用的荷载不变，$C_a$ 及 $C'_a$ 用下式定义：

$$C_a = \Delta e / \lg(t_2/t_1) \tag{2-3}$$

$$C'_a = \Delta H / H_0 \lg(t_2/t_1) = C_a/(1+e_0) \tag{2-4}$$

其中 $t_1$ 为次沉降开始时间，$t_2$ 为结束时间，其余符号同前。$C_a$ 及 $C'_a$ 与废弃物的化学及生物成分有关，产生次压缩的最主要原因应是有机物分解引起的体积减小，但这一点至今尚未得到足够重视。

为测定由荷载增加而引起的城市固体废物压缩量，使用了现场静荷载试验、现场旁压试验、室内压缩试验等手段，并广泛进行实地观测以测量在常荷载作用下废弃物的沉降速率，包括通过不同时间航摄片的比较，测量填埋场表面的水准点，在填埋场内不同深度埋设沉降观测标及用套筒测斜仪等。

Keene 曾在一个填埋场不同高度埋设了 9 个沉降观测点以研究五年内填埋物的沉降情况。观测资料表明，主压缩发生得很快，基本上在填埋结束后 1～1.5 个月内就已完成。图 2.8 则是主压缩指数 $C_c$ 与废弃物初始孔隙比 $e_0$ 的关系曲线，较高的 $C_c$ 值发生在废弃物为大量食物垃圾、木材、毛发及罐头盒等组成时，较低的 $C_c$ 值则主要是回弹性能较差的垃圾。对大多数现代填埋场，修正主压缩指数 $C'_c$ 的典型值为 0.17～0.36。

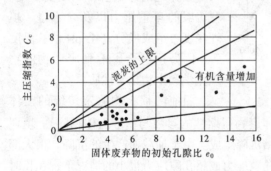

图 2.8　废弃物的压缩特性[23]

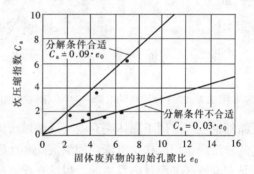

图 2.9　废弃物的次压缩特性[23]

Landva 等求得次压缩指数 $C_a$ 为 0.002～0.03，其大小取决于废弃物的组成成分。Keene 根据沉降点观测资料求出的 $C_a$ 为 0.014～0.034。图 2.9 是 $C_a$ 与 $e_0$ 的关系曲线。在暖湿环境下，如水位变化能使新鲜空气进入填埋场，有机成分易腐烂分解，$C_a$ 值就高，否则就较低，但尚缺少严格确定这方面关系的研究资料。

对工程分析而言，使用最广泛的压缩参数是修正次压缩指数 $C'_a$，大多数现代卫生填埋场的 $C'_a$ 典型值约为 0.03～0.1，比一般黏土的 $C'_a$ 值（约为 0.005～0.02）要大得多。$C'_a$ 值不仅与 $e_0$、$H_0$ 有关，还与应力水平及正确选择起始时间 $t_1$ 有关，填埋场填埋时间是很长的，在进行沉降速率分析时应充分考虑这一点。另外，$C'_a$ 值通常并非常量，从图 2.9 可看出大多数沉降曲线在开始的短时间内坡度比较平缓，$C'_a$ 值较低；当时间较长时，曲线坡度就陡得多了。

## 2.3 固体废物的污染形式

### 2.3.1 固体废物污染途径

固体废物特别是有害固体废物，若处理处置不当，就可能通过不同途径危害人体健康。通常，工矿业固体废物所含化学成分能形成化学物质型污染；人畜粪便和生活垃圾是各种病原微生物的孳生地和繁殖场，能形成病原体型污染。化学型污染途径见图2.10所示；病原体型污染途径见图2.11所示。

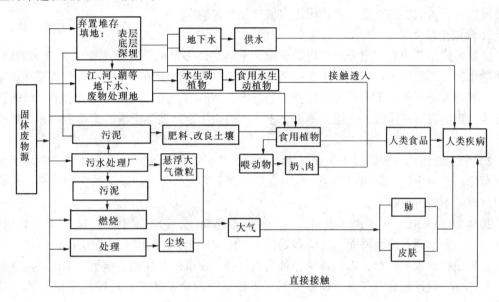

图 2.10  化学物质型固体废物致病的途径

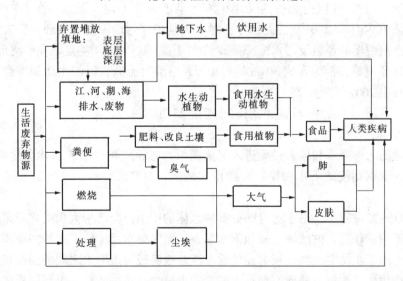

图 2.11  病原体型固体废物传播疾病的途径

### 2.3.2 固体废物污染形式

固体废物对环境的污染危害主要表现在以下几个方面。

**1. 侵占土地**

固体废物不加利用，需占地堆放，堆积量越大，占地越多。截至 1991 年，我国单是工矿业固体废物累计堆放量就达 59.6 亿 t，占地 50 539ha。

我国许多城市利用四郊设置垃圾堆场，也侵占了大量农田。据 1985 年航空遥感技术调查，广州市近郊地面堆放的各类固体废物，占地 165.8ha。其中，仅垃圾堆就有 69.04ha。这种垃圾任意侵占农田的现象，在我国许多城市相当普遍。

**2. 污染土壤**

废物堆放，其中有害组分容易污染土壤。土壤是许多细菌、真菌等微生物聚居的场所。这些微生物与其周围环境构成一个生态系统，在大自然的物质循环中，担负着碳循环和氮循环的一部分重要任务。工业固体废物特别是有害固体废物，经过风化、雨雪淋溶、地表径流的侵蚀，产生有毒液体渗入土壤，能杀害土壤中的微生物，破坏土壤的腐解能力，导致草木不生。

20 世纪 60 年代，英国威尔士北部康卫盆地，某铅锌尾矿场由于雨水冲刷，毁坏了大片肥沃草原，土壤中铅含量超过极限（0.05%）一百多倍，严重地污染了植物和牲畜，造成该草原废弃，不能再放牧。

20 世纪 70 年代，美国密苏里州，为了控制道路粉尘，曾把混有 2、3、7、8 - TCDD 的淤泥废渣，当作沥青铺洒路面，造成多处污染，土壤中 TCDD 浓度高达 300ppb，污染深度达 60cm，致使牲畜大批死亡，人们备受各种疾病折磨。在市民的强烈要求下，美国环境保护局同意全体市民搬迁，并花了 3 300 万美元买下该城镇的全部地产，还赔偿了市民的一切损失。

20 世纪 80 年代，我国内蒙古的某尾矿堆污染了大片土地，造成一个乡的居民被迫搬迁。淮河流域 1994 年和 2004 年先是由于干旱，大量积存的垃圾没有处理，后来突然下的特大暴雨，将淮河两岸的垃圾及污水全部排放到淮河里，致使 1994 年夏季在淮河形成 70km 的污水带，2004 年夏季在淮河形成 30km 的污水带，给淮河流域人民的生活和生产带来极大的损失（中国日报 2004 年 7 月 25 日报道）。

据报道，我国受工业废渣污染的农田已超过 25 万亩。

**3. 污染水体**

固体废物随天然降水和地表径流进入河流湖泊，或随风飘迁落入水体会使地面水污染；随淋滤液进入土壤则使地下水污染；直接排入河流、湖泊或海洋，又会造成更大的水体污染。

垃圾在堆放的过程中，由于自身的分解和水体的作用，会产生大量的含有很多污染物的淋滤液，由于渗透作用，淋滤液进入地下水系，从而污染水源，地下水的污染程度与堆放场的底板岩性、地下水位有关。底板为黏性透水性差或底板与地下水之间的距离较大时，对淋滤液的过滤作用比较明显，从而对地下水的影响也较少，污染较轻；否则底板的透水性较强或地下水埋藏较浅时，淋滤液到达地下水的距离较短，过滤作用不明显，对地下水的污染较严重。

美国的罗芙运河（love canal）事件是典型的固体废物污染地下水事件。1930～1953 年，美国胡克化学工业公司，在纽约州尼亚加拉瀑布附近的罗芙运河废河谷填埋了 2 800 多吨桶装有害废物。1953 年填平覆土，在上面兴建了学校和住宅。1978 年，由于大雨和融化的雪水造成有害废物外溢。尔后，就陆续发现该地区井水变臭，婴儿畸形，居民身患怪异疾病，大气中有害物质浓度超标 500 多倍，测出有毒物质 82 种，致癌物质 11 种，其中包括剧毒的二恶英。1978 年，美国总统颁布了一项紧急法令，封闭住宅，关闭学校，710 多户居民迁出避难，并拨款 2 700 万元补救治理。

我国一家铁合金厂的铬渣堆场，由于缺乏防渗措施，6 价铬污染了 20 多平方公里地下水，致使 7 个自然村的 1 800 多眼水井的井水无法饮用。工厂先后花费 7 000 万元用于赔款和补救治理。我国某锡矿山的含砷废渣长期堆放，随雨水渗透，污染水井，曾一次造成 308 人中毒，6 人死亡。

我国沿河流、湖泊建立的一部分企业，每年向附近水域排入大量灰渣，有的排污口外形成的灰滩已延伸到航道中心，灰渣在航道中大量淤积；有的湖泊由于排入大量灰渣造成水面面积缩小。

目前，海洋正面临着固体废物潜在污染。1990 年 12 月在伦敦召开的消除核工业废料国际会议上公布的数字表明，近 40 年来，美、英两国在大西洋和太平洋北部的 50 多个"墓地"，大约投弃过 $46 \times 10^{15}$ 贝克放射性废料。虽然这些废料是容器盛装投弃的，但其渗沥性在短期内是很难确定的。

生活垃圾未经无害化处理任意堆放，也已经造成许多城市地下水污染。哈尔滨市韩家洼子垃圾填埋场，地下水浊度、色度和锰、铁、酚、汞含量及总细菌数、大肠杆菌数等都超过标准许多倍，锰含量超过 3 倍，汞含量超过 29 倍，细菌总数超过 4.3 倍，大肠杆菌超过 41 倍。贵阳市两个垃圾堆场造成邻近的饮用水源中大肠杆菌值超过国家标准 70 倍以上，为此，该市政府拨款 20 万元进行治理，并关闭了这两个堆放场。

### 4. 污染大气

一些有机固体废物，在适宜的温度和湿度下被微生物分解，能释放出有害气体；以细粒状存在的废渣和垃圾，在大风吹动下会随风飘逸，扩散到很远的地方；固体废物在运输和处理过程中也能产生有害气体和粉尘。

采用焚烧法处理固体废物，已成为有些国家大气污染的主要污染源之一。据报道，美国固体废物焚烧炉，约有 2/3 由于缺乏空气净化装置而污染大气，有的露天焚烧炉排出的粉尘在接近地面处的浓度达到 $0.56g/m^3$。

我国的部分企业，采用焚烧法处理塑料时排出 $Cl_2$、$HCl$ 和大量粉尘，也造成严重的大气污染。至于一些工业和民用锅炉，由于收尘效率不高造成的大气污染更是屡见不鲜。

### 5. 影响环境卫生

我国生活垃圾、粪便的清运能力不高，无害化处理率低，很大一部分垃圾堆存在城市的一些死角，严重影响环境卫生，对人们的健康构成潜在的威胁。

# 3　地下水污染运移模型

地下水污染主要是城市、农业、工业三种主要来源。城市污染源主要包括污水管渗漏、污水排泄、污泥、城市路面径流、固体废料、废渣、生活垃圾堆放、草地施肥等；农业污染源主要有化学肥料和农家肥的使用、农业区植物贮存堆积物以及作物的蒸发和灌溉冲洗带来的土壤溶解物质等；工业污染源种类繁多，如各种工业废水、废渣废料等。除了三大污染源以外，还有酸雨、化粪池、污水渗池等。所有这些污染物质在土层孔隙水中溶解，再弥散到地下水层，从而污染地下水。

土层或岩层是一种多孔介质，溶质在多孔介质中的运动是一种复杂的物理化学过程，运动过程中溶质在介质中的分布特点受流体性质、溶质性质和多孔介质性质等因素的影响，在非饱和土层中，又受到水分分布特征的制约使得溶质运移极为复杂。

地质环境系统中饱和－非饱和水流问题是农田水利、水文地质和环境保护的重要问题之一。饱和－非饱和水流运动是自然界水循环中的重要一环。降水入渗、土壤蒸发、地下水蒸发入渗、作物生长、污水灌溉、垃圾淋滤、污水土地处理系统等等都与之有关。地下水污染、土壤盐碱化的发生或改良，实质上是污染物或盐分在饱和－非饱和水流作用下运移的结果。因此，准确地描述及预测饱和－非饱和水流运动规律是相当必要的。

为寻求定量描述地下水污染运移的规律，我们必须研究可能存在污染运移的模型。土是三相多孔介质，污染溶质在土中的运移是通过地下水进行的，是一个复杂的物理化学过程，运移过程中溶质在介质中的分布特征受流体性质、溶质性质和多孔介质本身的性质所制约，各式各样的污染物质不断地污染地质环境，这就迫使我们对多孔介质（尤其是非饱和土层中）的溶质运移进行深入研究。因此研究土壤水势能理论和土壤水运动规律以及有关运动参数测定技术是地下水污染运移规律研究的基础，建立相关的地下水和污染运动方程（运移模型）是研究的必然途径，从而为应用数学物理方法进行求解奠定基础。利用这些模型定量分析污染影响的区域范围和可能发展趋势，以便及时采取必要的措施防止污染的扩大。

## 3.1　饱和－非饱和土层水流运移模型

### 3.1.1　非饱和水流基本方程的导出

根据非饱和渗流达西定律（理查兹公式）

$$q = - K(\theta) \nabla \varphi \tag{3-1}$$

以及连续性方程

$$\frac{\partial \theta}{\partial t} = - \nabla q \tag{3-2}$$

从而得到饱气带非饱和渗流的微分方程

$$\frac{\partial \theta}{\partial t} = \nabla [K(\theta) \nabla \varphi] \tag{3-3}$$

或写成：

$$\frac{\partial \theta}{\partial t} = \frac{\partial}{\partial x}\left[K(\theta)\frac{\partial \varphi}{\partial x}\right] + \frac{\partial}{\partial y}\left[K(\theta)\frac{\partial \varphi}{\partial y}\right] + \frac{\partial}{\partial z}\left[K(\theta)\frac{\partial \varphi}{\partial z}\right] \tag{3-4}$$

式中　　　　$q$——单位时间通过单位截面积的水流量，或称之为通量；

　　　　　　$\theta$——饱气带体积含水量；

　$K(\theta)$ 或 $K$——非饱和土壤导水率；

　　　　　　$\varphi$——饱气带水总土水势；$\varphi = \varphi_m + \varphi_g$；其中 $\varphi_g$ 为重力势；$\varphi_m$ 为基质势。

在实际模拟计算中，往往不是以总土水势的形式建立数学模型，更为普遍和具有实用价值的是以基质势 $\varphi_m$ 和含水量 $\theta$ 为因变量的形式建立数学模型。因此基本方程具有相应的改变形式。

**3.1.1.1　以基质势 $\varphi_m$ 为因变量的基本方程**

定义 $C(\varphi_m) = \dfrac{\partial \theta}{\partial \varphi_m}$ 为非饱和土层比水容量（容水量）则有

$$C(\varphi_m)\frac{\partial \varphi_m}{\partial t} = \frac{\partial}{\partial x}\left[K(\varphi_m)\frac{\partial \varphi_m}{\partial x}\right] + \frac{\partial}{\partial y}\left[K(\varphi_m)\frac{\partial \varphi_m}{\partial y}\right] + \frac{\partial}{\partial z}\left[K(\varphi_m)\frac{\partial \varphi_m}{\partial z}\right] \pm \frac{\partial K(\varphi_m)}{\partial z}$$
$$\tag{3-5}$$

或记为

$$C(\varphi_m)\frac{\partial \varphi_m}{\partial t} = \nabla\left[K(\varphi_m)\nabla \varphi_m\right] \pm \frac{\partial K(\varphi_m)}{\partial z} \tag{3-6}$$

若研究一维垂直方向流动，方程可简化为

$$C(\varphi_m)\frac{\partial \varphi_m}{\partial t} = \frac{\partial}{\partial z}\left[K(\varphi_m)\frac{\partial \varphi_m}{\partial z}\right] \pm \frac{\partial K(\varphi_m)}{\partial z} \tag{3-7}$$

**3.1.1.2　以含水量 $\theta$ 为因变量的基本方程**

定义非饱和土壤水的扩散率 $D(\theta)$ 为非饱和土壤导水率 $K(\theta)$ 和比水容量 $C(\theta)$ 的比值，即

$$D(\theta) = \frac{K(\theta)}{C(\theta)} = K(\theta)\Big/\frac{\mathrm{d}\theta}{\mathrm{d}\varphi_m} = K(\theta)\cdot\frac{\mathrm{d}\varphi_m}{\mathrm{d}\theta} \tag{3-8}$$

虽然，非饱和土的扩散率 $D$ 同样是土层含水率 $\theta$ 或基质势 $\varphi_m$ 的函数，其函数关系通常通过试验测定。常用的经验公式有：

$$D = D_0(\theta/\theta_s)^m, \tag{3-9}$$

$$D = D_0\mathrm{e}^{-\beta(\theta_0-\theta)}, \tag{3-10}$$

$$D = D_0\theta^m \tag{3-11}$$

式中　　　　$\theta_s$——饱和含水量；

　　　　　　$\theta_0$——某一特征含水量；

　$D_0$、$m$、$\beta$——经验常数，取决于土壤质地和结构。

引入扩散率后，利用复合求导则有

$$K(\theta)\frac{\partial \varphi_m}{\partial(\ )} = K(\theta)\frac{\mathrm{d}\varphi_m}{\mathrm{d}\theta}\cdot\frac{\partial \theta}{\partial(\ )} = D(\theta)\frac{\partial \theta}{\partial(\ )} \tag{3-12}$$

式中，$(\ )$ 是指 $x$、$y$、$z$ 变量。

至此表示非饱和渗流达西定律可以表示为以下的形式。

$$\begin{cases} q_x = -D(\theta)\dfrac{\partial \theta}{\partial x} \\[2mm] q_y = -D(\theta)\dfrac{\partial \theta}{\partial y} \\[2mm] q_z = -D(\theta)\dfrac{\partial \theta}{\partial z} \pm K(\theta) \end{cases} \tag{3-13}$$

同理，基本方程可改写为

$$\frac{\partial \theta}{\partial t} = \frac{\partial}{\partial x}\Big[ D(\theta)\frac{\partial \theta}{\partial x}\Big] + \frac{\partial}{\partial y}\Big[ D(\theta)\frac{\partial \theta}{\partial y}\Big] + \frac{\partial}{\partial z}\Big[ D(\theta)\frac{\partial \theta}{\partial z}\Big] \pm \frac{\partial K(\theta)}{\partial z} \tag{3-14}$$

方程可表示为

$$\frac{\partial \theta}{\partial t} = \nabla\big[ D(\theta)\nabla\theta\big] \pm \frac{\partial K(\theta)}{\partial z} \tag{3-15}$$

或

$$\frac{\partial \theta}{\partial t} = \nabla\big[ D(\theta)\nabla\theta\big] \pm \frac{\mathrm{d}K(\theta)}{\mathrm{d}\theta}\cdot\frac{\partial \theta}{\partial z} \tag{3-16}$$

对于垂直一维流动，方程简化为

$$\frac{\partial \theta}{\partial t} = \frac{\partial}{\partial z}\Big[ D(\theta)\frac{\partial \theta}{\partial z}\Big] \pm \frac{\partial K(\theta)}{\partial z} \tag{3-17}$$

对于具体应用尚存在许多不同类型的基本方程，例如以位置坐标 $x$ 或 $z$ 为因变量的基本方程，以参数 $u$ 为因变量的基本方程等等。

### 3.1.2 饱和－非饱和水流运移模型的建立

根据饱和－非饱和水流运动方程和定解条件，结合具体的计算目的和条件，建立了以基质势－测压水头为因变量的联合数学模型和以土体含水量－测压水头为因变量的联合数学模型，分别见模型1、模型2。

模型1

$$\begin{cases} C(\varphi_{\mathrm{m}})\dfrac{\partial \varphi_{\mathrm{m}}}{\partial t} = \dfrac{\partial}{\partial z}\Big[ K(\varphi_{\mathrm{m}})\dfrac{\partial \varphi_{\mathrm{m}}}{\partial z}\Big] - \dfrac{\partial K(\varphi_{\mathrm{m}})}{\partial z} \\[3mm] \varphi_{\mathrm{m}} = \varphi_{\mathrm{m}}^0(z) \quad t=0 \quad z\geqslant 0 \\[3mm] \Big[ -K(\varphi_{\mathrm{m}})\dfrac{\partial \varphi_{\mathrm{m}}}{\partial z} + K(\varphi_{\mathrm{m}})\Big] = \begin{cases} R(t) & t = \text{有灌水时} \\ 0 & t = \text{再分布时} \end{cases} \quad z=0 \\[5mm] \varphi_{\mathrm{m}} = 0 \quad z = z_{\mathrm{DEP}} - h(x_3,t) \quad t>0 \\[3mm] \Big[ -K(\varphi_{\mathrm{m}})\dfrac{\partial \varphi_{\mathrm{m}}}{\partial z} + K(\varphi_{\mathrm{m}})\Big] = w(t) \quad t>0, z = z_{\mathrm{DEP}} - h(x_3,t) \\[3mm] \mu\dfrac{\partial h}{\partial t} = \dfrac{\partial}{\partial x}\Big( K_{\mathrm{s}} h\dfrac{\partial h}{\partial x}\Big) + w(t) \\[3mm] h = h_0(x) \quad t=0 \quad x\geqslant 0 \\[3mm] h - h(0) \quad 0\leqslant t\leqslant 110\text{天} \quad x=0 \\[3mm] h\dfrac{\partial h}{\partial x} = 0 \quad t>110\text{天} \quad x=0 \\[3mm] h = h(L) \quad t\geqslant 0 \quad x=L \end{cases}$$

模型1 饱和－非饱和土层水流运移模型——以基质势－测压水头为因变量模型。

36

模型 2

$$
\begin{cases}
\dfrac{\partial \theta}{\partial t} = \dfrac{\partial}{\partial z}\left[ D(\theta)\dfrac{\partial \theta}{\partial z}\right] - \dfrac{\partial K(\theta)}{\partial z} \\[2mm]
\theta = \theta_0(z) \quad t = 0 \quad z \geqslant 0 \\[2mm]
-D(\theta)\dfrac{\partial \theta}{\partial z} + K(\theta) = \begin{cases} R(t) & t = \text{有灌水时} \\ 0 & t = \text{再分布时} \end{cases} \quad z = 0 \\[4mm]
\theta = \theta_s \quad t \geqslant 0 \quad z = z_{DEF} - h(x_3, t) \\[2mm]
-D(\theta)\dfrac{\partial \theta}{\partial z} + K(\theta) = w'(t) \quad t \geqslant 0 \quad z = z_{DEF} - h(x_3, t) \\[2mm]
\begin{cases}
\mu \dfrac{\partial h}{\partial t} = \dfrac{\partial}{\partial x}\left( K_s h \dfrac{\partial h}{\partial x}\right) + w'(t) \\[2mm]
h = h_0(x) \quad t = 0 \quad x \geqslant 0 \\[2mm]
h = h_0(x) \quad 0 \leqslant t \leqslant 110 \text{天} \quad x = 0 \\[2mm]
h \dfrac{\partial h}{\partial x} = 0 \quad t > 110 \text{天} \quad x = 0 \\[2mm]
h = h(L) \quad t \geqslant 0 \quad x = L
\end{cases}
\end{cases}
$$

模型 2 非饱和－非饱和土层水流运移模型——以土体含水量－测压水头为因变量模型。

模型 1、模型 2 各式中,

$C(\varphi_m) = \dfrac{\partial \theta}{\partial \varphi_m}$ ——土壤比水容量,1/L;

$K(\varphi_m)$、$K(\theta)$——非饱和土壤导水率,L/T;

$D(\theta)$——扩散度,$L^2$/T;

$\theta$——土体含水量,$L^3/L^3$;

$\varphi_m$——基质势,L;

$\mu$——饱和含水层水位波动带给水度;

$K_s$——饱和含水层渗透系数,L/T;

$R(t)$——表层灌水强度,L/T;

$z_{DEP}$——含水层测压水头零位基准面埋深,L;

$h$——含水层测压水位,L;

$w(t)$,$w'(t)$——饱和含水层垂向补给强度,L/T;

$h(x_3, t)$——饱和含水层点源补给处的水头,L;

$L$——饱和含水层长度,L;

$\varphi_m^0(z)$、$\theta_0(z)$、$h(0)$、$h_0(x)$、$h(L)$——皆为已知函数。

## 3.2 吸附作用

吸附是土壤中固、液相之间物理化学作用的外在表现。它参与了溶质在土壤中的运移过程,对溶质运移有着重要的影响,表现为对溶质运移的阻滞作用,使浓度分布出现拖尾现象。

无论是物理吸附，还是物理化学吸附以及化学吸附，它们的共同特点是在污染物质与固相介质一定的情况下，污染物质的吸附和解吸主要是与污染物在土层中的液相浓度和污染物质被吸附在固相介质上的固相浓度有关。液相浓度和固相浓度的数学表示式称为吸附模式，其相应的图示表达称为吸附等温线。

　　吸附模式可能是线性的，也可能是非线性的，其相应的吸附等温线为直线或曲线。在不同的吸附过程中，又表现为动态吸附、平衡吸附等形式。

### 3.2.1　可逆非平衡过程的动态吸附

　　（1）线性吸附模式或称亨利（Henry）吸附模式

$$\frac{\partial S}{\partial t} = k_1 C - k_2 S \tag{3-18}$$

式中　　$S$——单位介质体积上被吸附的污染物质的质量或称固相浓度；

　　　　$k_1$——吸附系数（速度）；

　　　　$k_2$——解吸速度；

　　　　$C$——污染物质液相浓度。

　　（2）幂函数吸附模式或称费洛因德利希（Freundlich）吸附模式

$$\frac{\partial S}{\partial t} - k_1 C^m - k_2 S \tag{3-19}$$

式中　　$m$——常量因子。

　　（3）渐近线或称朗缪尔（Langmuir）吸附模式

$$\frac{\partial S}{\partial t} = k_1(S_e - S)C - k_2 S \tag{3-20}$$

式中　　$S_e$——极限平衡时的固相浓度。

　　（4）一级反应模式——Langmuir 吸附模式

$$\frac{\mathrm{d}\phi}{\mathrm{d}t} = k_1\left[(1-\phi)\left(1-\frac{\phi}{2}\right)\mathrm{e}^{-b\phi}\right] + k_2\left(1-\frac{\phi}{2}\right)\mathrm{e}^{b(2-\phi)} - \frac{\phi^2}{2}\mathrm{e}^{b\phi} \tag{3-21}$$

式中

$$\phi = \frac{S}{S_e} \tag{3-22}$$

　　（5）指数型吸附模式

$$\frac{\partial S}{\partial t} = a\,\mathrm{e}^{aS} \tag{3-23}$$

　　（6）抛物线型吸附模式

$$S = a_1\sqrt{Ct} - a_2(Ct) + a_3(Ct)^{\frac{3}{2}} \tag{3-24}$$

　　（7）武汉水利电力学院的吸附模式

$$\begin{cases} \dfrac{\partial S}{\partial t} = \dfrac{a}{\sqrt{t}}(S_e - S) \\ S\Big|_{t=0} = S_j^0 \end{cases} \tag{3-25}$$

　　解方程得

$$S = S_e - (S_e - S_j^0)e^{-2a\sqrt{t}} \qquad (3-26)$$

式中 $S_e$——平衡吸附量;

$S_j^0$——初始吸附量;

$a$——经验常数,与介质、离子成分有关。

该模式比较符合土壤吸附的基本特性,吸附量的增加率随着时间的增长而减少,而随着吸附饱和差的增大而增大;吸附量在短时间内增加较快,一定时间以后变化很小,而渐趋于饱和,达到平衡吸附量。

### 3.2.2 当污染物的液相浓度为定值时的吸附模式

(1) 亨利 (Henry) 吸附模式

$$S = \frac{k_1}{k_2}C(1 - e^{k_2 t}) \qquad (3-27)$$

(2) 费洛因德利希 (Freundlich) 吸附模式

$$S = \frac{k_1}{k_2}C^m(1 - e^{k_2 t}) \qquad (3-28)$$

(3) 朗缪尔 (Langmuir) 吸附模式

$$S = \frac{\frac{k_1}{k_2}S_m C}{1 + \frac{k_1}{k_2}}\left[1 - e^{-(k_1 C + k_2)t}\right] \qquad (3-29)$$

### 3.2.3 当吸附达到平衡时的吸附模式

(1) 亨利模式

$$S = k_d C \qquad (3-30)$$

式中 $k_d$——分配系数。

(2) 费洛因德利希模式

$$S = k_1 C^m \qquad (3-31)$$

(3) 朗缪尔模式

$$\frac{C}{S} = \frac{C}{S_m} + \frac{k}{S_m} \qquad (3-32)$$

式中 $S_m$——最大吸附量。

(4) Temkin 模式

$$S = a + k \lg c \qquad (3-33)$$

(5) Lindstron 模式

$$S = kC e^{-2bS} \qquad (3-34)$$

(6) "武水" 的经验模式

$$\begin{cases} \dfrac{\partial S}{\partial C} = \dfrac{b}{\sqrt{c}}(S_m - S) \\ S\Big|_{c=0} = 0 \end{cases} \qquad (3-35)$$

得解为

$$S = S_m(1 - e^{-2b\sqrt{c}}) \tag{3-36}$$

式（3-35）、式（3-36）表明，吸附量随浓度的变化率与吸附饱和差（$S_m - S$）成正比，而与浓度的平方根成反比。吸附量随着浓度的增大而增加；增加的趋势在低浓度时较快，随着浓度的增大而减缓，到一定浓度以后，吸附量实际上不再增加而趋于最大值（$S_m$）。式中 $b$ 为与土壤和溶液性质有关的常数。因此该公式能够比较全面而正确地反映土壤吸附的基本规律，且不受浓度大小范围的限制。

## 3.3 饱和－非饱和土层溶质迁移模型

### 3.3.1 溶质运移的基本方程

#### 3.3.1.1 多孔介质中流动力弥散

流体动力弥散是一种宏观现象，但其根源却在于多孔介质的复杂微观结构与流体的非均一的微观运动。流体动力弥散是两种物质输运过程同时作用的结果，即溶质在多孔介质中的机械弥散与分子扩散。土层中溶质的分子扩散通量符合 Fick 第一定律，即

$$J_s = - D_s \frac{\partial C}{\partial z} \tag{3-37}$$

式中　$D_s$——分子扩散系数。

在非饱和条件下，随着土壤水分含量的降低，液相所占的面积愈来愈小，实际扩散的途径愈来愈长，因此其分子扩散系数趋向减小。一般将溶质在土壤中的分子扩散系数仅表示为含水量的函数，而与溶液的浓度无关，常用的经验公式为

$$D_s(\theta) = D_0 \theta^a \tag{3-38}$$

或

$$D_s(\theta) = D_0 \alpha e^{b\theta} \tag{3-39}$$

由机械弥散作用引起的溶质通量 $J_h$ 可以写成类似的表达式

$$J_h = - D_h(v) \frac{\partial C}{\partial z} \tag{3-40}$$

所以水动力弥散引起的溶质通量 $J_d$ 是分子扩散 $J_s$ 和机械弥散 $J_h$ 的综合

$$J_d = J_s + J_h = - \left[ D_h(v) + D_s(\theta) \right] \frac{\partial C}{\partial z} = - D_{sh}(v, \theta) \frac{\partial C}{\partial z} \tag{3-41}$$

在非饱和土层中，水流速度很小，分子扩散起到了关键性的作用。Smiles，Philip 和 Elrick 等在土壤吸湿时的水动力弥散研究中认为，非饱和土层纵向弥散系数对孔隙水流速不敏感；清华大学谢森传等在砂壤土水平入渗试验中也发现，$D_{sh}(v, \theta)$ 受含水量的影响较大，而土壤水运动的速度影响较小，基本上可以忽略。因此在室内实验的非饱和低流速条件下，$D_{sh}(v, \theta)$ 用 $D_{sh}(\theta)$ 来表达具有一定的代表性，所以选用

$$D_{sh}(v, \theta) \approx D_{sh}(\theta) = D_0 \theta^z \tag{3-42}$$

作为非饱和水动力弥散系数，

$$D_{sh}(v, n) = D_0 + D_h(v) \tag{3-43}$$

作为饱和水动力弥散系数。

**3.3.1.2 溶质的源、汇**

在垃圾淋滤地区，污水灌溉地区，模拟饱和含水层的污染问题时，则需要以源、汇的形式反应在模拟方程之中，本书用 $W(t)$ 方程表达。

**3.3.1.3 吸附、解吸作用和阳离子交换作用**

在实际转化迁移过程中，完全的平衡吸附是不可能的，只是相对某一浓度趋向于一种动态平衡。随着离子的迁移转化，离子浓度随时间不断发生变化，动态平衡随时被打破，并达到新的平衡。考虑这样一种吸附－解吸过程，把上述二个模式结合起来作为动态平衡吸附模式。

$$S = S_e - (S_e - S_i)e^{-2a\sqrt{t-t_i}} \qquad (3-44)$$

$$S_e = S_m(1 - e^{-2b\sqrt{c}}) \qquad (3-45)$$

所以

$$S = S_m(1 - e^{-2a\sqrt{t}}) - [S_m(1 - e^{-2b\sqrt{c}}) - S_i]e^{-2a\sqrt{t-t_i}} \qquad (3-46)$$

$$\frac{\partial S}{\partial t} = \frac{a}{\sqrt{t-t_i}}(S_e - S)$$

$$= \frac{a}{\sqrt{t-t_i}}[S_e - S_e + (S_e - S_i)e^{-2a\sqrt{t-t_i}}]$$

$$= \frac{a}{\sqrt{t-t_i}}(S_e - S_i)e^{-2a\sqrt{t-t_i}}$$

$$= \frac{a}{\sqrt{t-t_i}}[S_m(1 - e^{-2b\sqrt{c}}) - S_i]e^{-2a\sqrt{t-t_i}} \qquad (3-47)$$

即

$$\begin{cases} \dfrac{\partial S}{\partial t} = \dfrac{a}{\sqrt{t-t_i}}[S_m(1 - e^{-2b\sqrt{c}}) - S_i]e^{-2a\sqrt{t-t_i}} \\ S\Big|_{t=t_i} = S_i \\ S\Big|_{c=0} = 0 \end{cases} \qquad (3-48)$$

也可以表示为

$$\begin{cases} \dfrac{\partial S}{\partial t} = \dfrac{\partial S}{\partial C} \cdot \dfrac{\partial C}{\partial t} = \dfrac{abS_m}{\sqrt{(t-t_i)C}}e^{-2(a\sqrt{t-t_i}+b\sqrt{c})} \cdot \dfrac{\partial C}{\partial t} \\ S\Big|_{t=t_i} = S_i \\ S\Big|_{c=0} = 0 \end{cases} \qquad (3-49)$$

**3.3.1.4 化学反应过程**

含有不同化学成分的流体之间以及流体与固体骨架之间均可能产生化学反应，从而使某种溶质的浓度发生变化。例如氮转化，在迁移过程中，不断地发生化学反应生成 $NO_2^-$ 及 $NO_3^-$。根据硝化作用、吸附作用和固液相化学转化作用的理论和实验，得到化学转化模式

$$\theta \frac{\partial C_1}{\partial t} = -K_1(C_1\theta + 10\rho S_1), \tag{3-50}$$

$$\theta \frac{\partial C_2}{\partial t} = K_1(C_1\theta + 10\rho S_1) \times 46/18 - K_2\theta C_2 \tag{3-51}$$

$$\frac{\partial C_3}{\partial t} = K_2 C_2 \times 62/46, \tag{3-52}$$

式中  $C_1$、$C_2$、$C_3$——$NH_4^+$、$NO_2^-$、$NO_3^-$ 在液相中的浓度，mg/L；

$S_1$——$NH_4^+$ 在固相的吸附量，mg/100g 土；

$\rho$——土体干密度，$g/cm^3$。

### 3.3.1.5 溶质运移基本方程

溶质运移的对流和水动力弥散作用，决定了溶质的运移通量（$J$）为对流通量（$J_c$）和水动力弥散通量（$J_d$）之和，得到一维垂向溶质运移通量为

$$J = J_d + J_c = -D_{sh}(v, \theta) \frac{\partial C}{\partial z} + qC \tag{3-53}$$

根据质量守恒原理，得到连续性方程为：

$$\frac{\partial(\theta C)}{\partial t} = -\frac{\partial J}{\partial z} \tag{3-54}$$

联合式（3-53）、式（3-54），得到一维垂向溶质运移基本方程为

$$\frac{\partial(\theta C)}{\partial t} = \frac{\partial}{\partial z}\left[ D_{sh}(v, \theta) \frac{\partial C}{\partial z} \right] - \frac{\partial(qC)}{\partial z} \tag{3-55}$$

又因为

$$\frac{\partial \theta}{\partial t} = -\frac{\partial q}{\partial z} \tag{3-56}$$

基本方程左端

$$\frac{\partial(\theta C)}{\partial t} = \theta \frac{\partial C}{\partial t} + C \frac{\partial \theta}{\partial t} = \theta \frac{\partial C}{\partial t} - C \frac{\partial q}{\partial z} \tag{3-57}$$

基本方程右端第二项

$$\frac{\partial(qC)}{\partial z} = q \frac{\partial C}{\partial z} + C \frac{\partial q}{\partial z} \tag{3-58}$$

将式（3-57）、式（3-58）方程式代入基本方程式（3-55），再移项整理得

$$\theta \frac{\partial C}{\partial t} = \frac{\partial}{\partial z}\left[ D_{sh}(v, \theta) \frac{\partial C}{\partial z} \right] - q \frac{\partial C}{\partial z}$$

考虑土壤固相的溶质储存变化量（即吸附-解吸等）以及源、汇项和化学反应项，饱和-非饱和土层溶质运移基本方程通常写为

一维垂向非饱和层

$$\theta \frac{\partial C}{\partial t} + 10\rho \frac{\partial S}{\partial t} = \frac{\partial}{\partial z}\left[ D_{sh}(v, \theta) \frac{\partial C}{\partial z} \right] - q \frac{\partial C}{\partial z} + W'(t) + \varphi(c) \tag{3-59}$$

一维横向饱和层

$$n \frac{\partial C}{\partial t} + 10\rho \frac{\partial S}{\partial t} = \frac{\partial}{\partial x}\left[ D_{sh}(v) \frac{\partial C}{\partial x} \right] - q \frac{\partial C}{\partial x} + W(t) + \varphi(c) \tag{3-60}$$

式中  $W'(t)$，$W(t)$——源、汇项；

$\varphi(c)$——化学转化项；

$\dfrac{\partial S}{\partial t}$——吸附 – 解吸项；

$n$——孔隙度。

### 3.3.2　饱和 – 非饱和土层氮转化迁移联合模型

根据上述溶质运移微分方程和初始边界条件，以氮点源污染为例，并概括为一维垂向非饱和运移模型和一维横向饱和运移模型的联合模型。

$$
I-1\begin{cases}
\theta\dfrac{\partial C_1}{\partial t} + 10\rho\dfrac{\partial S_1}{\partial t} = \dfrac{\partial}{\partial z}\Big[D_{\mathrm{sh}}(v,\theta)\dfrac{\partial C_1}{\partial z}\Big] - q\dfrac{\partial C_1}{\partial z} - K_1(\theta C_1 + 10\rho S_1) \\[2mm]
\dfrac{\partial S_1}{\partial t} = \dfrac{a}{\sqrt{24t}}\big[S_{1m}(1-\mathrm{e}^{-2b\sqrt{c_1}}) - S_0\big]\mathrm{e}^{-2a\sqrt{24t}} \\[2mm]
S_1 = S_0 \quad t = 0 \quad z \geqslant 0 \\[1mm]
S_1 = 0 \quad C_1 = 0 \\[1mm]
-D_{\mathrm{sh}}(v,\theta)\dfrac{\partial C_1}{\partial z} + qC_1 = \begin{cases} R(t)C_{1R}(t) & t = \text{有污灌时} \\ 0 & t = \text{再分布时} \end{cases} \quad z = 0 \\[2mm]
C_1 = C_1^0(z),\ t = 0 \quad z \geqslant 0 \\[1mm]
\dfrac{\partial C_1}{\partial z},\ t \geqslant 0 \quad z = z_{\mathrm{DEP}} - h(x_3,t)
\end{cases}
\tag{3-61}
$$

$$
I-2\begin{cases}
\theta\dfrac{\partial C_2}{\partial t} = \dfrac{\partial}{\partial z}\Big[D_{\mathrm{sh}}(v,\theta)\dfrac{\partial C_2}{\partial z}\Big] - q\dfrac{\partial C_2}{\partial z} + K_1(\theta C_1 + 10\rho S_1)\times 46/18 - K_2\theta C_2 \\[2mm]
-D_{\mathrm{sh}}(v,\theta)\dfrac{\partial C_2}{\partial z} + qC_2 = \begin{cases} R(t)C_{2R}(t) & t = \text{有污灌时} \\ 0 & t = \text{再分布时} \end{cases} \quad z = 0 \\[2mm]
C_2 = C_2^0(z),\ t = 0 \quad z \geqslant 0 \\[1mm]
\dfrac{\partial C_2}{\partial z} = 0,\ t \geqslant 0 \quad z = z_{\mathrm{DEP}} - h(x_3,t)
\end{cases}
\tag{3-62}
$$

$$
I-3\begin{cases}
\theta\dfrac{\partial C_3}{\partial t} = \dfrac{\partial}{\partial z}\Big[D_{\mathrm{sh}}(v,\theta)\dfrac{\partial C_3}{\partial z}\Big] - q\dfrac{\partial C_3}{\partial z} + K_2(\theta C_2 \times 62/46) \\[2mm]
-D_{\mathrm{sh}}(v,\theta)\dfrac{\partial C_3}{\partial z} + qC_3 = \begin{cases} R(t)C_{3R}(t) & t = \text{有污灌时} \\ 0 & t = \text{再分布时} \end{cases} \quad z = 0 \\[2mm]
C_3 = C_3^0(z),\ t = 0 \quad z \geqslant 0 \\[1mm]
\dfrac{\partial C_3}{\partial z} = 0,\ t \geqslant 0 \quad z = z_{\mathrm{DEP}} - h(x_3,t)
\end{cases}
\tag{3-63}
$$

$$
II\begin{cases}
W_1(t) = q_D C_{1D} \\[1mm]
W_2(t) = q_D C_{2D} \quad t \geqslant 0 \quad D = z_{\mathrm{DEP}} - h(x_3,t) \\[1mm]
W_3(t) = q_D C_{3D}
\end{cases}
\tag{3-64}
$$

$$III-1 \begin{cases} n\dfrac{\partial C_1}{\partial t} + 10\rho\dfrac{\partial S_1}{\partial t} = \dfrac{\partial}{\partial x}\Big[D_{sh}(v,\theta)\dfrac{\partial C_1}{\partial x}\Big] - q\dfrac{\partial C_1}{\partial x} - W_1(t) - K_1(nC_1 + 10\rho S_1) \\[2mm] \dfrac{\partial S_1}{\partial t} = \dfrac{a}{\sqrt{24t}}\big[S_{1m}(1 - e^{-2b\sqrt{c_1}}) - S_0\big]e^{-2a\sqrt{24t}} \\[2mm] S_1 = S_0 \quad t = 0 \quad z \geqslant 0 \\[1mm] S_1 = 0 \quad C_1 = 0 \\[1mm] C_1 = C_1^0(z), t = 0 \quad x \geqslant 0 \\[1mm] C_1 = 0 \quad 0 \leqslant t \leqslant 110\text{天}, x = 0 \\[1mm] -D_{sh}(v)\dfrac{\partial C_1}{\partial z} + qC_1 = 0 \quad t > 110\text{天} \quad x = 0 \\[2mm] \dfrac{\partial C_1}{\partial z} = 0, t \geqslant 0 \quad x = L \end{cases} \qquad (3-65)$$

$$III-2 \begin{cases} n\dfrac{\partial C_2}{\partial t} = \dfrac{\partial}{\partial x}\Big[D_{sh}(v)\dfrac{\partial C_2}{\partial x}\Big] - q\dfrac{\partial C_2}{\partial x} - W_2(t) + K_1(nC_1 + 10\rho S_1)\times 46/18 - K_2 nC_2 \\[2mm] C_2 = C_2^0(z), t = 0 \quad x \geqslant 0 \\[1mm] C_2 = 0 \quad 0 \leqslant t \leqslant 100\text{天} \quad x = 0 \\[1mm] -D_{sh}(v)\dfrac{\partial C_2}{\partial z} + qC_2 = 0 \quad t > 110\text{天} \quad x = 0 \\[2mm] \dfrac{\partial C_2}{\partial z} = 0, t \geqslant 0 \quad x = L \end{cases} \qquad (3-66)$$

$$III-3 \begin{cases} n\dfrac{\partial C_3}{\partial t} = \dfrac{\partial}{\partial z}\Big[D_{sh}(v)\dfrac{\partial C_3}{\partial x}\Big] - q\dfrac{\partial C_3}{\partial z} + W_3(t) + K_2(nC_2\times 62/46) \\[2mm] C_3 = C_3^0(z), t = 0 \quad x \geqslant 0 \\[1mm] C_3 = 0 \quad 0 \leqslant t \leqslant 100\text{天} \quad x = 0 \\[1mm] -D_{sh}(v)\dfrac{\partial C_3}{\partial z} + qC_3 = 0 \quad t > 110\text{天} \quad x = 0 \\[2mm] \dfrac{\partial C_3}{\partial x} = 0, t \geqslant 0 \quad x = L \end{cases} \qquad (3-67)$$

得出氮转化迁移联合型为：

$$\text{联合模型}\begin{cases} \begin{cases} I-1 & \text{非饱和土层 } NH_4^+ \text{ 转化迁移模型} \\ I-2 & \text{非饱和土层 } NO_2^- \text{ 转化迁移模型} \\ I-3 & \text{非饱和土层 } NO_3^- \text{ 转化迁移模型} \end{cases} \\ II-\text{源、汇项计算，饱和}-\text{非饱和土氮转化迁移模型} \\ \begin{cases} III-1 & \text{非饱和土层 } NH_4^+ \text{ 转化迁移模型} \\ III-2 & \text{非饱和土层 } NO_2^- \text{ 转化迁移模型} \\ III-3 & \text{非饱和土层 } NO_3^- \text{ 转化迁移模型} \end{cases} \end{cases} \qquad (3-68)$$

模型各式中，

$C_1$、$C_2$、$C_3$——$NH_4^+$、$NO_2^-$、$NO_3^-$ 在液相中的浓度，mg/L；

$S_1$——$NH_4^+$ 在土层中固相吸附量，mg/100g 土；

$\theta$——土体含水量；

$n$——孔隙度；

$\rho$——干密度，$g/m^3$；

$W_1(t)$、$W_2(t)$、$W_3(t)$——$NH_4^+$、$NO_2^-$、$NO_3^-$ 在非饱和带中的排出能量，也即是饱和含水层的补给能量，cm/d；

$K_1$——$NH_4^+ \rightarrow NO_2^-$ 的反应速度常数，1/d；

$K_2$——$NO_2^- \rightarrow NO_3^-$ 的反应速度常数，1/d；

$S_{1m}$——土体对 $NH_4^+$ 的最大吸附量，mg/100g 土；

$C_{1R}(t)$、$C_{2R}(t)$ $C_{3R}(t)$——灌水溶液中 $NH_4^+$、$NO_2^-$、$NO_3^-$ 的浓度，mg/L；

$R(t)$——灌水强度，cm/d；

$q_D$——代表非饱和－饱和交接带的垂向水分运动通量，cm/d；

$C_{1D}$、$C_{2D}$、$C_{3D}$——交接带 $NH_4^+$、$NO_2^-$、$NO_3^-$ 的浓度，mg/L；

$D_{sh}(v,\theta)$、$D_{sh}(v)$——水动力弥散系数，$cm^2/d$；

$a$、$b$——吸附方程的常数；

$z_{DEP}$——含水层测压水头基准面处的埋深，cm；

$h(x_3,t)$——点源污染处的水头，cm；

$L$——含水层长度，cm；

$z$、$x$、$t$——垂向坐标，cm、横向坐标，cm、时间，d，$z$ 从地表向下为正；

$d$——日；

$C_1^0(z)$、$C_2^0(z)$、$C_3^0(z)$——$NH_4^+$、$NO_2^-$、$NO_3^-$ 在非饱和土层的初始分布，mg/L；

$C_1^0(x)$、$C_2^0(x)$、$C_3^0(x)$——$NH_4^+$、$NO_2^-$、$NO_3^-$ 在非饱和土层的初始分布，mg/L；

$S_0$——土体中初始吸附量，mg/100g 土。

## 3.4 地下水环境影响预测模型

### 3.4.1 地下水环境影响预测方法

对于固体废物安全填埋场工程，实质上就是保护地下水、控制污染的环保工程，因此，原则上不允许它对环境产生任何潜在危险。所以，如果场址条件优良，简单地对地下水环境影响作一般性的定性评价则可满足要求；但为了预防万一，也有必要作风险评价预测，并且要求尽量作定量评价。

关于评价预测方法一般可采用两种方法，一种可称之为类比法，这种方法较简单，如果拟建填埋场与已运行的填埋场同处类似的水文地质和水文地球化学条件，则可进行量比对比处理，从而对拟建工程的环境影响范围和程度作出评估，并概括出数值指标或类比系数，作简单的运算结果或者作出定性的环境影响评价预测结论。

另一种方法就是建立数学模型进行评价预测。数学模型主要根据水文地质学理论和数学模式，对污染物在地下水中迁移、增量、衰减等变化规律用数学模型来描述，而模型中所采用的参数要进行大量水文地质调查、现场试验和室内试验来获取，最后可以得到污染预测向定量的数值解或解析解，如果参数采取比较准确，这种预测也是十分可信的。

### 3.4.2 地下水环境影响预测模型

#### 3.4.2.1 污染源负荷评价模型

污染源负荷是表征污染物排放的严重程度如何，也可认为是要使所排放的污染物达到评价标准所需要的水流量。

污染负荷计算模型

$$P_i = \frac{q_i}{C_{si}} \times 10^{-3} \qquad (3-69)$$

式中　$P_i$——第 $i$ 种污染物的污染负荷，$m^3/s$；

$q_i$——第 $i$ 种污染物的排放速率，$mg/s$；

$C_{si}$——第 $i$ 种污染物的评价标准，$mg/L$；

$10^{-3}$——L 与 $m^3$ 之间单位换算系数。

式（3-69）中 $q_i$ 可用下式求解

$$q_i = C_i Q_i \times 10^3 \qquad (3-70)$$

式中　$C_i$——第 $i$ 种污染物排放浓度，$mg/L$；

$Q_i$——含有 $i$ 种污染物的废水排放流量，$m^3/s$；

$10^3$——$m^3$ 与 L 之间单位换算系数。

某个污染源负荷为该污染源中各种污染物负荷的总和为

$$P_J = \sum_i P_{ij} \qquad (3-71)$$

式中　$P_J$——第 $J$ 个污染源的污染负荷，$m^3/s$；

$P_{ij}$——第 $j$ 个污染源第 $i$ 种污染物的污染负荷，$m^3/s$。

某种污染物的污染负荷在各个污染源中的总负荷为

$$P_I = \sum_j P_{ij} \qquad (3-72)$$

式中　$P_I$——评价区内第 $I$ 种污染物总污染负荷，$m^3/s$。

评价区内所有污染源的点污染负荷可用下式计算

$$P = \sum_J P_J = \sum_I P_I \qquad (3-73)$$

式中　$P$——评价区内总污染负荷，$m^3/s$。

为了对比不同污染源与不同污染物相对严重程度，可用污染负荷比表征，即污染物负荷占总污染负荷的百分比，可用如下几种表达式：

$$K_{ij} = \frac{P_{ij}}{P} \times 100\% \qquad (3-74)$$

$$K_I = \frac{P_I}{P} \times 100\% \qquad (3-75)$$

$$K_J = \frac{P_J}{P} \times 100\% \qquad (3-76)$$

式中 $K_{ij}$——第 $j$ 个污染源中第 $i$ 种污染物的污染负荷比;

      $K_I$——评价区内第 $I$ 种污染物的污染负荷比;

      $K_J$——评价区内第 $J$ 个污染源的污染负荷比。

将上述计算结果列成表,并按大小排成顺序则可一目了然定出主要污染源和主要污染物,这样可为水质评价模型的建立和污染治理提供目标与方向。

### 3.4.2.2 地下水水质受污染评价模型

为了评价地下水的水质好坏与污染程度,多采用单项水质指数进行评价。水质指数是指某种污染物在地下水中的浓度与评价标准值的比值,其比值越小则水质越好,反之比值越大则水质越差,如其比值大于 1 就说明地下水已遭受污染,如小于 1 则地下水无污染。表达式为

$$I_i = \frac{C_i}{C_{oi}} \qquad (3-77)$$

式中 $I_i$——第 $i$ 种污染物的水质指数;

      $C_i$——第 $i$ 种污染物在地下水中的浓度,mg/L;

      $C_{oi}$——第 $i$ 种污染物的评价标准值,mg/L。

对于 pH 值的评价,可以给出一个标准值范围,如在其内,说明地下水的 pH 值为正常值。表达式为

$$I_{pH} = \begin{cases} \dfrac{7.0 - V_{pH}}{7.0 - V_d} & (V_{pH} \leqslant 7) \\[2mm] \dfrac{V_{pH} - 7.0}{V_u - 7.0} & (V_{pH} > 7) \end{cases} \qquad (3-78)$$

式中 $I_{pH}$——pH 的水质指数;

      $V_{pH}$——地下水的 pH 值;

      $V_d$——地下水中 pH 值标准的下限值;

      $V_u$——地下水中 pH 值标准的上限值。

一般地下水的水质评价以我国已颁布的《生活饮用水卫生标准》作为评价依据,必要时也可参考国外的评价标准。

### 3.4.2.3 地下水污染预测的二维平面模型

假如含水层是单层水平均质岩层,水的实际流速 $u$ 为常数且平行于 $ox$ 轴,弥散系数也是常数,并与流速成正比(动力弥散体系),污染源为点源(或局部源),浓度为 $C_0$,以流量 $Q$ 进入,地下水中含该污染物的初始浓度为 0,这时沿流向的弥散既为纵向的,也有横向的。初始条件为 $D_x \neq D_y = 0$, $V_x = V \neq 0$, $V_y = V_x = 0$,令 $D/n = au$, $a$ 为弥散度(具有长度量钢),$u$ 为实际平均流速, $u = V/n$, $n$ 为有效孔隙度。溶质运移的基本微分方程为

$$\frac{\partial C}{\partial t} = a_x u \frac{\partial^2 C}{\partial x^2} + a_y u \frac{\partial^2 C}{\partial y^2} - u \frac{\partial C}{\partial x} \qquad (3-79)$$

该方程可以用 J.J.Fried 公式给出解析解

$$C(x,y,t) = \frac{C_0 O}{4\pi u \sqrt{a_x \cdot a^y}} \exp\left(\frac{x}{2a_x}\right) \cdot \left[ W(u,b) - W(t,b) \right] \qquad (3-80)$$

$W$（$u$，$b$）为 Hantush 函数，可从地下水动力学中的专门函数表查得。

$$W(u,b) = \int_t^\infty \exp\left( -y - \frac{b^2}{4y} \right) \frac{1}{y} \mathrm{d}y \qquad (3-81)$$

$$u = t, b^2 = \left( \frac{x^2}{4a_x^2} + \frac{y^2}{4a_x \cdot a_y} \right)$$

上述二维平面模型为了简单起见，在实际应用中也可改写成如下形式

$$\frac{\partial C}{\partial t} = D_x \frac{\partial^2 C}{\partial x^2} + D_y \frac{\partial^2 C}{\partial y^2} - V \frac{\partial C}{\partial x} \qquad (3-82)$$

初始条件 $C(x,y,c) = 0,(x,y) \neq (0,0)$

边界条件 $\int_{-\infty}^{+\infty} \int_{-\infty}^{+\infty} nc\mathrm{d}x\mathrm{d}y = m$

$$C(+\infty,y,t) = 0, t \geqslant 0$$
$$C(x,+\infty,t) = 0, t \geqslant 0$$

式中　$C$——排入地下水中的污染物浓度；

　$D_x$、$D_y$——$x$ 向、$y$ 向弥散系数；

　　$m$——在坐标原点处瞬时进入质量为 $m$ 的污染物；

　　$n$——孔隙率。

# 4 填埋场的调查与评价

## 4.1 填埋场的选择与勘察

### 4.1.1 填埋场场地的选择

一般填埋场工程都要进行提交"选址技术报告"，对场地的综合地质条件要进行野外踏勘、钻探、物探、取样等许多技术工作，从而对场地基础及外围的综合地质因素进行全面了解和取得必要的测试数据。选址工作一般要进行较长时间，对多个拟选场地要进行反复论证、对比、评价、筛选（应用地理信息系统 GIS 优选），最后才能选定最优场址。

**1. 场地选择的原则**

选择适宜的卫生填埋场地是建设填埋场和搞好填埋场地利用及长远规划的重要条件。通常要遵循两项基本原则：一是防止污染的原则，即所选场地能满足控制垃圾的污染，保护周围环境的需要；二是经济合理性原则，即所选场地的容量能满足处置需要，处置费用相对合理。

**2. 场地选择的标准**

影响场地选择的因素很多，主要从工程学、环境学、经济学以及法律和社会等四个方面来考虑。对场地选择的一般要求列于表 4.1，通常选择的场地容量要比较大，应容纳若干年的垃圾量。许多国家也都制定了场地选择标准，如美国的《资源保护和回收法》中还规定了禁止选址的严格要求。与其他工程项目一样，选择合适的场址是建设、利用填埋场和长远规划的重要条件。根据国内外有关选址标准，表 4.2 归纳了填埋场选址的主要环境因素标准。

**表 4.1 选择填埋场地的一般要求**

| 项 目 | 参 数 |
|---|---|
| 工程方面 | 1. 容量足够大<br>2. 尽可能减少运距，距最近水源至少在 150m 以上<br>3. 进出口应与公路相通连，宽度合适，有适当承载能力<br>4. 尽可能利用天然地形条件，最大限度减少土方量。但选中的地段必须有足够的覆盖材料<br>5. 避开地震区，滑坍区，断层地段和下蕴有矿藏、灰岩坑及溶盐洞穴的地方<br>6. 在填埋场的底层和地下水位之间至少应有 1.5m 的距离，土壤渗透率 $\leqslant 10^{-7}$cm/s |
| 环境方面 | 1. 必须在 100 年洪泛区之外，地表水不与可通航的水道直接相通<br>2. 填埋物底层必须避开专用水源蓄水层和地下水补给区<br>3. 降水量低、蒸发速率高，尽量减少臭气流散发<br>4. 减小车辆运输和设备运转噪音<br>5. 避开居民区和公园风景区，珍贵动物栖息地<br>6. 避开与珍贵的考古学、历史学和古生物学有关系的地区 |

| 项　目 | 参　　数 |
|---|---|
| 经济方面 | 1. 容易征得土地，费用适宜<br>2. 考虑场地挖掘、筑坡、衬里和道路施工及其他开发费用<br>3. 综合考虑高投资费用和低操作费用与低投资费用和高操作费用；多数填埋处理是低投资高操作费用系统 |
| 法律和社会方面 | 1. 符合有关法律及规定<br>2. 必须取得地方主管部门的允许<br>3. 注意公众舆论和社会影响 |

**表 4.2　填埋场场址的主要环境因素标准综合表**

| 因素及其指标 | | 意　　义 | 标　　准 |
|---|---|---|---|
| 与洪水泛滥区的距离 | | 洪水泛滥会引起有害物质的迁移 | 100 年一遇的洪水泛滥区内禁止 |
| 与可航行的江河、湖泊的距离 | | 尽可能防止江河、湖泊的污染 | 不能建在离可航行的湖泊 300m 以内，河流 90m 以内 |
| 与湿地的距离 | | 关系到有害物质的迁移 | 湿地范围内禁止 |
| 与供水井的距离 | | 防止水源的污染 | 一般离供水井 $\geqslant$ 360m，对高水量水井应 $\geqslant$ 800m |
| 与机场的距离 | | 避免与减少在填埋场逗留的鸟类对飞机的干扰 | 应离开机场 $\geqslant$ 3000m |
| 与高速公路、铁路干线的距离 | | 主要考虑运输方便及美学因素 | 一般应离开干线 $\geqslant$ 300m |
| 监测条件 | | 卫生填埋场都设置监测系统 | 尽可能监测方便 |
| 土质条件 | 土的类型 | 底部隔离系统，顶部覆盖系统等都需要耗用大量黏性及砂性土 | 填埋场附近最好有较多的黏土和砂性土层分布，且适宜做衬垫层 |
| | 土的渗透性 | 直接影响到污染物的迁移 | 渗透系数越小越好，一般要求黏土衬垫的 $K \leqslant 10^{-7}$ cm/s |
| | pH 值 | 表明土的酸碱度，影响到土对重金属等的吸附能力 | pH 值越大越好 |
| | 离子交换量 | 影响污染物与土的物理化学作用 | 一般越大越好 |
| 地质条件 | 土层结构 | 影响填埋场的稳定性和污染物的迁移 | 具有足够的强度，保证稳定，渗透性能差 |
| | 基岩岩性 | 与污染物迁移和岩石的溶融有关 | 基岩完整，抗溶蚀，上部覆盖层越厚越好 |
| | 断　裂 | 决定设施的稳定性和污染物的迁移 | 填埋场附近不应有活动断裂且应离较大活动断裂一定距离 |
| | 基岩岩体结构 | 决定基岩渗透性 | 岩体结构完整好 |
| | 地震及其他 | 关系到设施的稳定性 | 应避开抗震稳定性差、滑塌区，避开下部有矿的地区 |
| 地下水 | 水　位 | 避免污染地下水及引起施工困难 | 填埋场底部至少高出地下水位 1.5m |
| | 流向、流速 | 防止地下水污染 | 避开地下水补给区 |
| 地形地貌 | 斜坡坡度 | 地表水的排泄、场地开发与管理 | 一般要求坡度 < 15% |
| | 斜坡抗蚀性 | 决定设施的稳定性 | 抗蚀能力越高越好 |
| | 地貌特征 | 决定地表水的截流与排泄 | 应有利于地表水排泄 |

### 4.1.2 填埋场场地勘察

场地基础及外围的综合地质详细勘察工作是与选址同等重要的技术环节，因为场地的综合地质技术条件直接关系到对环境保护的安全和质量，也直接影响到填埋场工程的投资程度。具有优良地质技术条件的场地，会对阻滞废物泄露、保护土壤和地下水免受污染提供可靠的安全保证，同时又可简化填埋场工程结构和降低工程造价。

场地勘察包括现场调查和现场勘察两个方面，勘察的步骤为：①根据文献资料对场地所在地区进行初步调查；②在初步调查的基础上进行实地调查，勘察整个场地的植被、土壤种类、岩石裸露、泉水和地表径流等特性参数；③通过钻探技术了解场地的水文地质、工程地质情况；④整理勘察资料，绘制较详细的处置场地地图。

在场地选择过程中，首先进行的是现场调查。主要是查阅文献资料和进行现场实地考察，以便能够了解场地的地形、地貌、水文地质、工业布局、人口分布等周围环境情况。同时，作出初步判断，该地区是否适于建造填埋场地。现场调查和现场勘察内容列于表4.3。选址技术方法，首先认真收集区域和地方的社会、经济和综合地质技术资料，按选址技术标准对拟选场地进行综合评价，然后进行初步勘察，在提交的初勘地质报告的基础上进行场地的环境影响评价、安全评价和综合地质技术评价，运用地理信息系统（GIS）确定最终的场址（见图4.1），场址确定后再进行场地基础及外围的详细勘察工作。

**表4.3 填埋场地调查项目汇总表**

| 项 目 | 序 号 及 内 容 |
|---|---|
| 现场调查 | 1. 地区性质：（1）人口密度；（2）场地对地区开发的影响<br>2. 固体废物的性质与数量<br>3. 气象：（1）年降水量和逐月降水量；（2）风向风力；（3）气温情况；（4）日照量<br>4. 自然灾害：地震、滑坡等<br>5. 地质地形：（1）地质构造走向；（2）地下水位，流向；（3）地形图<br>6. 水文：（1）地表水位、水系、流量及走向；（2）开发利用情况<br>7. 场地出入口：（1）进入场地方法；（2）路线及交通量<br>8. 场地容量<br>9. 生态：（1）重要的植物种群；（2）动物生息状态<br>10. 文化：古迹、场地使用情况<br>11. 有关的环境保护法律、标准 |
| 实地勘察 | 1. 地质及水文地质：（1）钻孔试验；（2）弹性试验；（3）电性能；（4）透水试验；（5）地下水位及流向；（6）地下水使用情况；（7）地区流域及自流量<br>2. 地质：（1）标准贯入试验；（2）土工试验（轴向压缩、击实试验、粒度分布、透水试验、孔隙率、含水率、容积密度等）<br>3. 生态：（1）目前及将来植物生长情况；（2）稀有动物生息情况<br>4. 交通量：（1）地区交通情况；（2）交通事故情况；（3）噪音<br>5. 建筑物：（1）已有建筑情况；（2）文化古迹等 |

在现场调查的基础上，还要通过测量、综合地质条件调查、综合物探技术勘察和钻探技术对场地进行现场勘察。测量的目的是要搞清场地的实际面积，对于山谷和洼地地区，要测量出实际的宽度、高度、坡度等，此外还要测定距离通往场地道路的距离、走向及距其他特

定设施的距离。

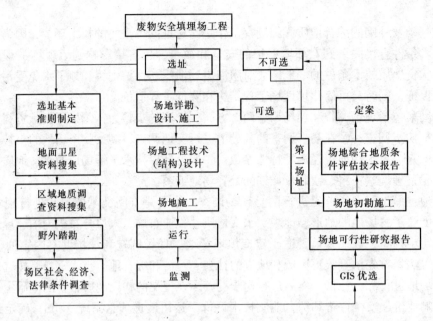

图 4.1　选址技术方法流程图

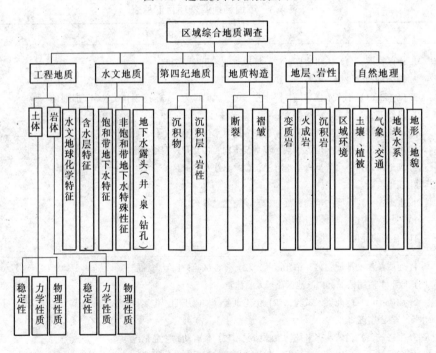

图 4.2　区域综合地质调查的基本内容

区域综合地质调查工作是场地详勘阶段的先行工作，其目的就是要研究拟建场地的地形、地貌、地表水系、气象、植被、土壤、交通条件，区域和场区的地质、水文地质、工程地质和环境地质条件，以及区域的社会、法律法规和经济状况。区域综合地质调查工作方法应以卫星相片或航空相片解译作为主要工作手段，并搜集区域现有的综合地质调查资料，必要时再进行局部的现场踏勘、物探技术以及仪器测量工作。基本内容如图 4.2 中所列几项。

场地详勘阶段主要应用物探技术方法查明场地外围的地质、水文地质和工程地质条件，如图 4.3 所示。图中所列的物探技术方法中，地质雷达和地震法相配合使用，会取得精度高、准确性好的效果。物探技术一定要结合钻探技术对场地进行现场勘察。

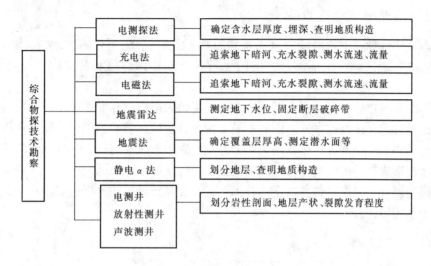

图 4.3　综合物探技术方法及调查内容

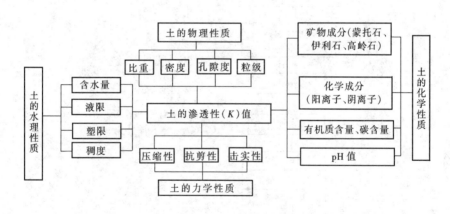

图 4.4　土的渗透性与其他性质的相关关系

在填埋场工程中，除了要求进行土的一般物理力学性质试验外，还要做足够数量的水、土、岩和废物的化学性质的背景化学试验。在土工试验中最重要的是渗透试验，由渗透系数值来评价土层对有害废物的防护能力。土的渗透性与土的物理性质、化学性质、水理性质和力学性质关系十分密切，因此与渗透性有关的土质试验项目都必须进行（图 4.4）。从图中可见土的渗透性与其他性质指标紧密相关，土的其他性质改变会影响土的渗透性。合理的土的颗粒级配或者比例相当的矿物成分（高岭石、伊利石、蒙托石）才能使渗透性最小。因此，研究土的渗透性必须同时了解土的其他性质，找出其间的相关关系，才能对土的渗透性变化作出合理评价，这是填埋场工程土工试验不同于其他工程的特征。

实地勘察的主要工作是通过综合地质条件调查、综合物探技术勘察和钻探对场地的水文地质和工程地质情况进行研究。目的是要了解场地的地质结构、地层岩性、地下水的埋藏深度、分布情况及走向、隔水层性质及厚度等。

## 4.2 填埋场环境影响评价

### 4.2.1 环境影响评价的必要性

环境影响评价是卫生填埋场地全面规划的重要组成部分，全面细致地进行环境影响评价，对场地的合理选择、论证填埋方案的可行性以及环保部门和公众的认可是十分必要的。

卫生填埋场的建造，是一项会对环境质量产生较大影响的开发建设项目。因为设置场所将作为城市垃圾的永久性贮存地。同时，城市垃圾在运输、装卸、填埋等操作过程中会产生噪音、振动、粉尘、废气等污染；还会产生恶臭问题和淋洗液问题，一旦淋洗液泄漏，就会污染地下水，造成严重的环境污染；此外还存在甲烷气体爆炸问题。因此，应该对卫生填埋进行环境影响评价，通过对各种方案的技术可行性和经济可行性分析比较，从中选出对环境质量影响较小的最佳方案。

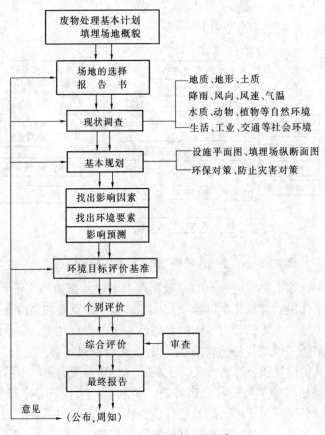

图 4.5　环境影响评价程序

## 4.2.2 环境影响评价程序

环境影响评价的程序示于图 4.5。从图 4.5 可以看出，对于环境影响评价工作来说，第一步应该在场地选择的基础上进行广泛细致的现状调查，了解地质、水文、自然环境和社会环境状况。然后根据场地的初步规划找出环境要素及卫生填埋操作时的影响因素，对其中重要的因素进行影响预测。再根据环保标准进行个别评价和综合评价，作出环境影响报告书。

## 4.2.3 环境影响评价内容

根据环境影响评价的程序，首先要确定场地的环境影响因素和环境要素。然后根据二者之间的关系进行分析比较，确定环境影响评价的主要内容，卫生填埋场的环境影响因素与环境要素之间的关系列于表 4.4。从表中可以看出，环境影响因素主要会对水文、地质、噪音、振动及恶臭等环境要素发生影响。因此，卫生填埋的环境影响评价，除包括"基本建设项目环境保护设计规定"所规定的项目外，评价的内容还应包括：①场地的选择是否合理；②淋洗液的来源、数量及影响；③噪音及振动问题；④恶臭问题。

表 4.4 环境影响因素与环境要素之间关系

| 环境影响因素 \ 环境要素 | 水文 | 水质 | 淤泥 | 水生生物 | 地形 | 地质 | 土壤 | 大气 | 局部气象 | 气味 | 动物 | 植物 | 交通 | 噪音振动 | 风景 | 娱乐场所 | 文化古迹 | 农作物 | 渔业 |
|---|---|---|---|---|---|---|---|---|---|---|---|---|---|---|---|---|---|---|---|
| 建筑机械车辆 | | | | | | | | C | | | | | A | A | | | | | |
| 挖掘 | B | A | B | B | B | A | | | | | C | B | | | C | | | B | C |
| 填埋 | B | A | B | B | B | A | | | | | C | B | | | C | | | B | C |
| 施工 | B | A | B | B | B | A | | | | | | | | | | | | | C |
| 废物运进 | | | | | | | | C | | | | | A | A | C | C | | | |
| 破碎作业 | | | | | | | | C | | B | | | | A | | | | | |
| 填埋作业 | | | | | | | | B | | A | | | | A | B | | | | |
| 管理 | | C | C | C | | | | | | | | | | C | | | | | |
| 清除 | | B | | | | | | | | B | | | | | | | | | |
| 废物贮存 | A | A | | | A | A | A | C | C | B | | | | | | B | C | | B |
| 污水贮存 | A | A | | | | | | | | B | | | | | | B | | | |
| 淋洗液处理 | B | A | B | B | | | | | | C | | | | | C | C | | B | B |
| 封场 | A | A | B | B | A | A | A | B | C | A | B | B | A | A | B | B | C | B | B |

影响程度：A——严重，应着重研讨；B——中等，简要研讨；C——轻度，一般不研讨。

**1. 场地的选择是否合理**

卫生填埋场地环境影响评价的关键是场地的选择评价。如果场地本身不符合标准规定，那么对其他项目也就不必再评了。场地的选择评价主要是看场地是否符合卫生填埋场地选择标准。例如，场地的容量是否足够大；场地是否避开地下蓄水层；是否避开居民区和风景区；是否避开地震区、断层区、溶盐洞及矿藏区。其中重点的评价要素是场地的水文地质评价。

地质评价研究包括地形、地质、土体的力学性质与稳定性研究。土体的力学性质参数包括：强度参数、渗透系数等。对土体的离子交换吸附容量及土体中各种污染的本底值，也需要通过试验测定，这样才能预测填埋场地的衬垫一旦发生渗漏，淋洗液释出迁移的速度和距离，土体自净衰减效率以及土体的最大容量。土体稳定性研究是根据场地的地质构造，预测由于场地的挖掘施工、废物的填埋操作、地表径流的控制与活动对场地稳定性所产生的影响。此外，还要预测填埋场地基是否因废物的填埋产生沉降变形，填埋场的结构是否会发生破坏等。

只有当场地的选择符合选址标准，场地地质构造、土体的各项参数满足要求，才说明场地的选择是合理的，场址适宜做卫生填埋场。

**2. 淋洗液的环境影响**

卫生填埋场正常营运的关键是淋洗液的污染控制问题，因此淋洗液的环境影响评价是卫生填埋场环境影响评价的重点，通常卫生填埋场淋洗液的污染主要是地下水的渗入、降水、地表径流的渗入、垃圾分解水量等四个方面。

同降水量相比，垃圾产生的分解水量是很少的。如果场地的选址合理，填埋场底部远在地下水位之上，则地下水渗入问题也可以不予考虑。因此重点是降水和地表径流问题。淋洗液产生量的计算是淋洗液环境影响预测评价的重要环节，其计算方法主要有实测法、理论法和经验公式法，淋洗液数量确定之后，即可根据填埋场的结构特点进行评价。因此，评价只需针对填埋场衬垫结构的安全性及淋洗液释出对环境的影响来进行。

对于填埋场淋洗液产生数量可采用下面两种方法计算。

（1）年平均降水量法

这是一种预测浸出液产生量的近似计算方法。它是根据多年的气象观测结果，把年平均日降水量作为填埋场平均每天产生的浸出液量的计算依据，计算公式为

$$Q = \frac{1}{1000} CIA \tag{4-1}$$

式中　$Q$——日平均淋洗液量，$m^3/d$；

$C$——流出系数，%

$I$——日平均降雨量，$mm/d$；

$A$——填埋场集水面积，$m^2$。

流出系数与填埋场表面特性、植被、坡度等因素有关，一般为 0.2～0.8。

（2）$n$ 年概率降水量法

$n$ 年概率降水量法是一种实测的经验方法，该法的计算公式为

$$Q = \frac{10^{-3} I_n [(d\lambda S_s + S_a) K_r + (1 - \lambda) S_s / D]}{N} \tag{4-2}$$

式中　$Q$——日平均浸出液量，$m^3/d$；

$I_n$——$n$ 年概率日平均降水量，$mm/d$；

$S_s$——场地周围集水区面积，$m^2$；

$S_a$——填埋场地面积，$m^2$；

$\lambda$——地表流出率，一般为 0.2～0.8；

$d$——场地外地表径流流入率；

$K_r$——流出系数，$K_r = 10^{-2}(0.002I_n^2 + 0.16I_n + 21)$；

$D$——集水区中心到集水管的平均时间，d；

$1/N$——降水频率。

1）衬垫结构的安全性

衬垫结构的安全性要根据淋洗液数量评价衬垫厚度是否能满足设计要求。根据达西定律，通过单位面积衬垫的淋洗液数量与衬垫的渗透系数、衬垫之上淋洗液高度成正比，与衬垫厚度成反比，计算公式为

$$Q = -KA\frac{dh}{dl} \qquad (4-3)$$

式中 $Q$——单位时间渗出的淋洗液量，$m^3/d$；

$K$——渗透系数，m/d；

$A$——淋洗液流过的横断面积，$m^2$；

$\frac{dh}{dl}$——水力梯度，$\frac{dh}{dl} = \frac{H+L}{L}$；

$H$——衬垫之上淋洗液高度，m；

$L$——衬垫的厚度，m。

影响填埋场衬垫结构安全性的关键因素是衬垫之上的淋洗液的高度，因此填埋工程最好设计有淋洗液的排泄和收集系统。

2）淋洗液对环境的影响评价

淋洗液对环境的影响评价主要包括两个方面：通过处理后的淋洗液对环境的影响评价；当发生淋洗液泄漏事故时对环境的影响评价。在评价时应结合场地的水文地质条件进行评价。

经过处理后的淋洗液对环境的影响评价，主要是评价经过处理后的淋洗液达到排放标准后，排放后能否污染环境，环境容量能否允许。当发生淋洗液泄漏事故时对环境的影响评价，主要评价衬里破裂后淋洗液在土壤中的渗透速率、渗透方向、渗透距离，土壤的自净效果及对地下水的影响；还要评价采取何种措施进行补救，补救的效果如何。

**3. 噪声及振动问题**

噪声及振动评价是对填埋过程产生的噪声及振动进行评价。填埋过程主要包括废物运输、场地施工、填埋操作、封场几个阶段。评价时首先要进行噪声源调查，搞清噪声的来源，然后根据噪声源的特点进行噪声声压级预测，看其能否符合噪声控制标准，会对附近居民产生何种影响，应采取什么措施或减振防噪，以及措施实施后的效果如何。填埋场的噪声既包括交通噪声又包括建筑施工噪声。

**4. 填埋场的建设对生态环境的影响**

垃圾安全填埋场的建设虽然是一项对改善环境很有利的环保措施，并且具有很明显的社会和经济效益，但是在建设和运营期对生态环境产生的不利影响是不可回避的。主要的生态环境影响表现在以下几方面：

（1）对植物和水体的影响

填埋场的建设首先要改变土地的使用性质，原先生长着的植物都将被剥出而消失，植被

消失量至少要达 1km² 的面积，另外修建入场道路和辅助设施又要占用一定面积的土地，故场地原有的果园、林木、次生灌草丛等植被都将消失。

如果场内还有小块水体或鱼塘，必要时也要占用，这样水生生物也要被侵害，会造成一定的经济损失。在生态现状调查时应该对所占用土地面积内的原先生长的植被的物种、种类进行数量上的统计，甚至可以做出经济损失方面的估算，以及生态影响方面造成的损失评估。

（2）填埋场垃圾作业时扬尘和恶臭对人群健康的影响

扬尘的产生主要来源于土方的开挖、垃圾的运输、垃圾倾卸等环节。扬尘量大小取决于风力、风向、垃圾细颗粒的含量和含水量等因素，应根据这些因素的实际调查数据进行影响程度的评价。

恶臭主要来源于垃圾中有机成分分解产生的 $CH_4$、$NH_3$、$CO_2$、$CO$ 以及 $H_2S$ 气体。主要恶臭物质为 $H_2S$ 和 $NH_3$，在调查时应对其含量进行实测并确定影响范围。一般情况下恶臭物质的影响范围不会超过 1km²，所以防护措施只对垃圾场内作业人员采取劳动卫生保护措施就可以解决。

（3）对土壤和周围农田影响

垃圾填埋场周围，特别是在 1km² 范围内有农田、菜园、果园和茶园分布时，首先要考虑扬尘，特别是 TSP 的含量和扩散范围能否影响周围的农田和这些高价值植物的生长，在填埋场作业期间应注意观察和监测。

垃圾渗滤液的产生应该进行严格管理，原则上不应外泄到周围环境中。如果管理不善，特别是在垃圾填埋作业时遇大雨天气，如果将垃圾渗滤液流失会对周围的土壤和下游区的农田产生严重影响，在这方面应根据地区的暴雨量和出现天数进行风险预测。

## 4.3 污染土的检测与监测

污染土现场勘察的目的在于确定污染场地在区域内污染运动的方向和速率，最终是为了获取场地的地质条件和污染分布的数据，用于确定污染问题的范围处治方案，以降低污染的影响。场地的初期勘察对有关设计起了重要作用。地下土层与污染情况的可视化识别技术是必备的技术之一，可依据室内试验和现场试验确定污染土的特征和污染范围及有关的关键参数。

### 4.3.1 污染土的可视化识别

第一阶段的调查包括编写研究报告，现场情况描述，场地周围的居民情况，在这一阶段遥感技术可用来定义场地的范围、地貌、废物贮藏的类型等。一些空中监测技术可给出地表的特征与征兆（如温度蒸发力的差异），这方面的调查工作很重要，可在现场工作阶段之前进行。研究结果除提供对现场工作人员保护等一些特殊情况外，还将观察到：

（1）场地特征（蒸发、周围设施腐蚀性）。

（2）地下水、地下土特征（颜色、气味、腐蚀等）。

（3）水网条件（流速、气味、水泡、温度等）。

**1. 地下土层颜色**

对同一层土它的颜色在水平方向可能存在差别。土的颜色可能继承母岩的颜色或由化学风化产生的颜色，或可能由于有机材料周围环境和温度变化引起的颜色差。许多情况中，水被污染产生多种颜色。土的颜色可通过取样来确定，由土的颜色变化可得出一些有用信息，如氧化、敏感性等信息。

**2. 土和水的气味**

新鲜、潮湿的土通常有明显的有机质分解的气味，当潮湿的土样加热后这种气味更浓。气味可以用来识别固体中的气体，这些气体包括绿黄色有刺鼻味的氯气、无色的有刺鼻味的氯化氢气体、具有高毒腐坏鸡蛋味的硫化氢气体和有毒窒息氨气气味的二氧化硫气体，尤其是二氧化硫气体，它无色但味道很浓。然而在自然界里还存在一些高毒性气体，如工厂的副产品无色无味的一氧化碳气体等。气味本身并不能用于气—水—土的识别分类，然而气味对分析气体气味的源体是有用的。

### 4.3.2 利用参数表征污染土

土对局部环境很敏感，一些辅助参数如比表面积、孔隙流体的 pH 值、二氧化硅/倍半氯化物比值、吸附等必须考虑到下面这些参数。

**1. 二氧化硅/倍半氯化物比值（M）**

二氧化硅/倍半氯化物比值（M），由 Winerkom 和 Baver 定义为 $SiO_2/(Al_2O_3 + Fe_2O_3)$ 的比值。这个参数对识别描述天然土沉积特征和黏土矿物是一个有用参数，$M$ 值随黏土含量和离子交换能力增加而增加。沉积土的 $M$ 值越高离子交换能力越大，对环境越敏感。

**2. 土的吸附、吸收和吸附特征**

土的吸附速率是土吸入能力的标致，它包括吸附和吸收现象。吸收是一个机械过程，吸附是物理、物理—化学过程。吸附和吸收现象对污染的评价是很有用的，然而在岩土工程方面，其吸附性质不大采用，因为在土—水体系中吸附性质很难测量。

**3. 土的比表面积**

土的比表面积是单位土粒体积的表面积，它是土颗粒的函数，通常情况下，土—水体系中发生的相互作用与土粒大小密切相关，土粒越小，这种相互作用的量就越大。

### 4.3.3 污染土的特征描述方法

污染特征的基本概念，视土粒大小而定，只要土体有黏土和胶结成分存在，即使黏土和胶结成分比例很小，他们与环境的交换能力的贡献也可能超过整个固体表面的贡献。土与孔隙流体两者之间相互作用的强度和类型取决于接触面的化学成分和物理化学性质。

土对环境的敏感性不仅取决于局部环境，而且受黏土矿物结构的影响，如黏土矿物颗粒间的联结特征、离子交换能力等影响。黏土颗粒间的联结力比较弱，离子交换能力比较强，土颗粒对环境就越敏感。如蒙脱石对环境的敏感势就超过伊利石和高岭石，因为蒙脱石具有较大的表面、联结力弱、离子交换能力强。图 4.6 给出了污染敏感势指数与土颗粒大小的关系，随着颗粒减小，污染敏感性增加。表 4.5 也说明这一点，黏土成分增加，污染敏感势明显增加。

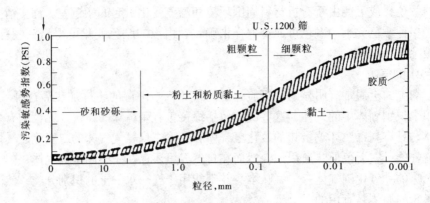

图 4.6　污染敏感势指数与土颗粒大小的关系[1]

**表 4.5　污染敏感指数和土粒比表面积反映污染土的分类**

| PSI | 土类型 | 大小（cm） | 比表面积（cm²/cm³） | 敏感性 |
|---|---|---|---|---|
| 0~2 | 砾石 | 0.2~8.0 | 1.5~0.125 | 很低 |
| 2~4 | 砂 | 0.005~0.2 | 600~15 | 低 |
| 4~6 | 粉土 | 0.0005~0.005 | 6,000~600 | 中等 |
| 6~8 | 黏土 | 0.0001~0.0005 | 30,000~6,000 | 高 |
| 8~10 | 胶粒 | <0.0001 | >30,000 | 很高 |

### 4.3.4　原位测试

目前应用最普遍的污染监测工具是地表监测井，典型的井网布置在饱和带中，对于非饱和带或渗流带可采用其他技术。另一种典型设备触探仪也可用于现场。触探仪有两种主要作用，一是确定现场土的类型，另一个用作网格状的探测，可确定场地污染情况。

**1. 监测井**

设置监测井的目的是通过监测或测定地下水的水质、水位变化情况，可以获取有关的水文地质资料，取样或监测可用来确定污染与否以及粒子成分浓度。监测井由一定长度的管子从地表延伸到目的承压水层。

对每个地下水污染源监测井的布置应不少于四个，其中的三口井布置在源头梯度下降区，一口井布置在梯度上升区，梯度上升井用于评价场地地下水的背景特征，梯度下降井用来检测污染辐射趋势。监测井这样布置可能比较简单，具体布设可依据当地的水文地质条件和污染流动方向按区块布置，实际现场不可能如此简单。水的深度、流动特征以及在饱和与非饱和带中蓄水层都将影响污染的运动。高导水率的蓄水层很可能形成带形、细长状的污染区，低导水率的蓄水层形成较宽的污染区。因此一定要了解该地区的水文地质条件和可能的污染运移途径，才能确定最佳的监测井井位。具体的分析研究可结合第三章中的运移模型进行计算分析。

**2. 静力触探**

污染场地的调查和污染场地中污染土的位置的调查，为静力触探找到了新的用途，比如调查土层条件、土污染的位置。要实现这一功能只需在触探头上安装一个传感器，这个传感器可以测量土的电性。最好的办法是让传感器与土直接接触，就像触探的钻杆穿透土层，这样就可以测得土的电性参数。这样的触探有两个作用，力传感器测量确定土的强度，化学传感器探测孔隙水中离子污染情况。如土中的水是新鲜的，则土体的电阻率差异主要是由于黏粒含量变化引进的。土的电阻率传感器可以用来确定土的黏粒含量和孔隙水电导率，也可确定污染的位置和孔隙水的污染程度。孔隙水中的离子污染很容易用电阻率传感器检测，但对非离子污染（如氢类污染）电阻率传感器难以奏效。下面是不同改进类型的传感器。

（1）电阻力孔隙水压静力触探（RCPTU）

电阻力孔隙水压静力触探（图4.7）有这样一个优点，它可进行连续的电阻率测定。采用分离式的电极测量，电极间距从10mm到150mm之间变化。新型的电阻力孔隙水压静力触探使用BAT的孔隙水取样器，可以测定水质，探测器安放在指定深度获取水样进行化学分析，提供给现场进行污染区的电阻率测量，电阻力孔隙水压静力触探提供的触探锥端力、孔隙压力、比贯入阻力、电阻率数值，可确定场地污染的深度。

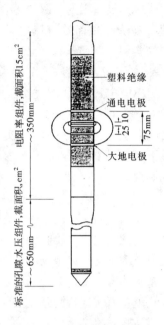

图4.7　电阻力孔隙水压静力
触探（RCPTU）示意图[1]

（2）电导率静力触探

渗流带（非饱和带）由土粒、水和气混合组成。水吸附在土粒表面和颗粒间的小毛细空间，孔隙气与大气相通。在渗透带除需对水分进行化学分析外，还需要用特殊材料进行渗水性测定。

**3. 地球物理现场调查**

采用合适的地球物理方法进行废弃物场地检测将是非常有效的，尤其是大范围的勘查。地球物理方法主要用于初步勘查，提供填埋场范围内的地层数据资料、地下水的分布和土层结构，它们通常为详细调查工作提供基础资料，如根据地球物理勘查资料确定钻孔位置，孔隙水压力计设置和污染分析等。为了准确分析地球物理勘查的成果，必须了解土层结构，建议还应采用钻探资料进一步验证。

（1）电阻率法

土性分析、水文地质调查中最常用的地球物理方法就是直流电阻率法。直流或低交流电阻率法。通过两个电极插入土层供电，同时观测两探测端的电位差。直流电阻率法用作两个目的：①电阻率成图；②土性调查。对电阻率场的调查，应结合其他补充方法或研究钻探提供的如下信息：

1）浅层地质资料；

2）岩石露头地貌；

3）地下水的位置；

4）地下水的深度与分布；

5）土层结构、构造分布；

6）地基的裂隙、沟渠；

7）基岩的风化与分布；

8）废弃填埋的垂直水平分布范围。

如果土层和地下水之间存在适宜的电导率差，采用直流电阻率法是最好的，但应注意到孔隙流体的传导率起着决定性作用。对于污染区域形状的检测和成图，直流电阻率法也是最适用的。图4.8给出了填埋场淋洗液渗漏的直流电阻率法探测的实例。

（2）感应电磁法（IEM）

感应电磁法是通过交流电流在地下激发产生周期电磁场来实现测量的方法，这一方法对证实或确定地下埋藏物体（异常体）的位置特别有效。

（3）反射电磁场法（REM）

反射电磁场法，通过发射电磁脉冲传到土层中，接收到土层边界（层分界面）上散射和反射信息。如常见的地质雷达就是反射电磁场法，设定仪器水平方向的移动速度为1m/s，可以获得道间距为10cm的高分辨率的雷达图像。反射电磁场法数据的数字化分析与地震方法相似。与电阻率法相比，反射电磁场法测量可快速检测到土层结构的横向变化；然而，如果疏松黏性土层厚度超过0.5m时，电磁波将难以穿透，该方法的应用将受到一定的限制。反射电磁场法仪器由地表的接收装置和无线发射装置组成。反射电磁场法可用于工业区、老填埋场、单个独立埋藏物的检测，包括：

1）建立垃圾处理场场地的边界；

2）确定近地表的空洞、构造；

3）电力线等管线的检测；

4）确定地表土层位置。

（4）折射地震学

折射地震学包括标准的地震勘探技术。这些方法假定地震波速在水平层的传播速度比在垂直层中的传播速度高。如果地层中有低速层存在（如Karst地层），折射法将不适用。它主要适用于确定岩层露头的深度和形态，也适用于浅层埋藏物和废弃填埋场的检测。

（5）井中地球物理

井中地球物理方法主要用于大范围的土层检测或一般水文地质勘查资料的校正目的，这样使探测井或现场勘探尽可能更准确。因此，它是一种最佳勘查技术，也是最费钱的。井中探测技术中黏土层可明显区别其他岩性层。

### 4.3.5 污染场地的消减方法

很多污染场地是原先人类活动或工业生产的结果，但这些污染场地的污染问题至今仍未

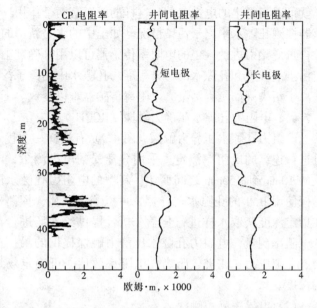

图4.8 填埋场淋洗液渗漏的直流电阻率法探测的实例[1]

能彻底解决，可能对人类以及周边的环境构成威胁和危害，对此国外的处治经验就是采用消减管理的办法进行处理。这其中有两方面：一是对已污染的土地进行处理；二是对已污染的土地进行适当的管理，防止或减小进一步污染。

消减污染的目标主要有：

1）降低当前或潜在的环境威胁；

2）降低潜在的环境危害，使之达到可接受的水平。

污染场地的消减污染处理取决于所在地环境危害程度和危害等级，同时与其最终使用的目的有关，进行这一工作需要完成这几方面的调查工作：

1）污染源

2）污染的土

3）尾矿污染

4）地下水的污染

5）污染场地周围的大气状况

从国外有关污染场地消减处理情况来看，消减方法可分两类。一类为工程法，也是传统的方法，包括开挖、填埋处置和适当隔离处理；另一类是基于技术处理，包括物理处理、生物处理、化学处理、稳定/固化处理和热处理。表4.6给出污染场地的消减技术分类。

**表4.6 污染场地的消减技术分类**

| 污染土移动 | 技术分类 | 工艺/工序 | 示 例 | 说 明 |
|---|---|---|---|---|
| 是 | 隔离 | 处置 | 填埋 | 可在原地或另选，可新建或利用原有 |
| | 处理 | 化学法 | 中和、溶解提取 | 可在填埋场进行，也可另选场地 |
| | | 物理法 | 洗土、稳定/固化 | |
| | | 生物法 | 生物反应堆 | |
| | | 热处理 | 焚烧 | |
| 否 | 隔离 | 抽运、处理 | 垂直井，水平井 | 可以主动或被动隔离，抽运、处理，主要控制水头梯度 |
| | | 加盖 | 传统加盖，地球化学加盖 | |
| | | 垂直隔离 | 旋喷注浆 | |
| | 处理 | 化学法 | 氧化，化学还原 | 要求除气相或液相 |
| | | 物理法 | 冲洗，稳定/固化，气喷雾 | |
| | | 生物法 | 自然衰减监测，生物降解 | |
| | | 热处理 | 蒸汽注入 | |

## 4.4 填埋场工程的生态环境保护

填埋场工程建设为了尽量避免对生态环境影响或把影响降低到最小程度，从技术上和管理上会有很大潜力可挖，在这方面特别要认真学习借鉴西方国家20多年的填埋场建设经验。当前我国已建成的一些垃圾填埋场，大都对整体设计、分期施工的建设思想认识不够，往往是填埋场业主把工程按设计交给建设单位，建设单位按设计施工建成，验收合格就直接交给使用单位，然后建设单位就撤离。在这种情况下，一下子就把服务 20 年或更长时间的填埋场由建设单位在短时间内全部建成，而填埋作业是缓慢的一年一年地进行的。正像北京市某垃圾填埋场那样，目前已把 10 年后可填埋到位的第三个台阶上的 HDPE 塑料板铺设完成，那么这个台阶的 HDPE 塑料板至少要裸露被风化 10 年后才能发挥效益，很显然它的寿命至少缩短了 10 年。除此之外，更重要的是要在 10 年后涉及到的作业地段，却在当前过早地把植被剥离，造成对生态环境的提前破坏。这就是我国当前填埋场建设中存在的最严重问题，设计和施工都没有从生态环境保护的角度考虑问题。

按国外对填埋场的建设经验是，一般填埋场的作业主要拥有两套队伍，一是建设队伍，二是垃圾填埋作业队伍。由于填埋场的选址难，所以填埋场的服务时间都较长，至少 20 年以上。在这 20 年中始终是边建边作业，建设队伍建好一块，由作业队伍进行经营填埋，被填埋到设计高度的地块，再由建设队伍来进行封顶作生态复垦工作，因此在填埋场服务的 20 年间，建设—填埋—生态复垦始终这样交替前进。这样占地面积较大的填埋场空间，对生态环境的破坏仅是一小部分，并且在尽量短的时间内（2～3 年）又可恢复。同时又避免了建筑材料寿命上的损失，以及资金的提前投入产生资金上的浪费。

### 4.4.1 填埋场工程的生态环境保护

**1. 水土流失的保护措施**

在垃圾填埋场建设过程中水土流失是较大的生态环境问题，但是也可采取很多措施避免或减轻，主要有以下几方面措施：

——控制开挖面积，减少原始植被的剥出率，减少裸露土壤层的面积，这些措施都要通过精心的设计和合理的管理才能实现。

——加强填埋场周边的防洪措施。特别是降雨量大的地区，应在填埋场周边按地形等高线开挖防洪沟渠，尽量在雨季把场外的地表径流和汇水堵截在防洪沟渠里排出，尽量禁止流入场内。

——陡边坡部位如果由软土组成，应进行夯实，铺设沥青层或水泥喷浆层，使其硬化，抵抗水的冲蚀，或者用薄膜或其他物质覆盖来控制水土流失，最好采用生态护坡技术，防止水土流失。

——在场内或边缘暂时不用的空地要进行绿化，或维持原有野生植物，任其自然生长，待到需要时再将植被剥出。

**2. 生态林的建设**

填埋场的场地如果位于城市附近，或交通干线周围，在填埋场作业或运输垃圾时会暴露在过往人群的视野里，应在填埋场外围建设生态林带，选择那些生长速度快、高大的树种营造生态林，这样可以利用生态林带作为屏障，遮掩填埋场垃圾作业，避免影响景观，而且还起到防风、防尘、防噪声等多种功能。特别是在进场的垃圾运输的道路两侧，或至少面向填埋场的一侧要营造高大的生态林，形成生态景观。如华南某市垃圾填埋场，10 年前该环卫生态园已被城市包围，变成了市中心区。在它没有搬迁可能的前提下，在环卫生态园周边大量营造生态林来作为环卫生态园的防护屏障，则是一个好的应急措施。

**3. 生态环境保护管理措施**

固体废物安全填埋场的建设在我国刚刚开始，在 21 世纪填埋场这类环保工程会在我国城市大量出现。如何能使这项工程达到环境保护和生态环境保护，增加社会和经济效益，还有许多问题要解决，要达到多种效益首先是管理问题，对于填埋场的生态环境保护管理应采取如下措施：

——首先在强调执行国家和地方有关自然资源保护法规与条例的前提下，制定并落实垃圾填埋场生态影响防护与恢复的监督管理措施。

——制定并实施对填埋场项目的生态监测计划，发现问题，特别是重大问题要呈报给上级主管部门和环保部门以便得到及时处理。

——在填埋场管理上要设置生态环境保护方面的人员编制或队伍，专职负责植树造林，养花种草等生态恢复工作。

——在生态环境保护管理方面要有长远规划，并有专门领导负责，分别在填埋场的运营期和封顶生态复垦期按年度制定生态环境保护规划，并投入一定的财力、人力和物力按计划实现，至少应使填埋场作业结束并无后顾之忧。

### 4.4.2　填埋场封顶生态恢复工程

填埋场作业结束封场后的土地生态复垦利用会引起大家的广泛关注，根据西方国家的经验，起初只是用绿地覆盖，或者种植一些草本植物或灌木林。后来也有利用封场的面积建垃圾沤肥场，逐渐地也有人把它改造成农田、牧场、高尔夫球场、公园等场所。据新闻媒体报道，我国上海位于长江口附近的老港垃圾填埋场封场后已在上面建设了花卉种植园，已创造很好的经济效益。

根据填埋场封场后的土地利用计划首先应对填埋场的复垦层结构进行筛选。填埋场封场复垦层（在德国称之为表面密封层体系）一般结构如图4.9所示，从该图所示的结构由下至上为：

第一层：原始垃圾体（或废物体）。

第二层：平衡层，利用土状的建筑垃圾或其他细颗粒垃圾（灰渣或炉渣等物）铺垫而成，一般厚度为20～30cm，主要利用这些物质将垃圾体覆盖，并把表面填平。

第三层：排气层，在该层铺设有水平导气管，并与垂直排气管要联系，把可利用的沼气输送到贮气罐，再分配给用户。该层由16～32cm粒径的砾石组成，一般厚度为30～40cm。

第四层：黏土密封层，由 $K < 10^{-8}$m/s 的黏土组成，厚度为0.5～0.75m。目前在德国已用膨润垫来代替，在起到同样效果的前提下显著缩小了厚度。

第五层：HDPE塑料板密封层，板厚2.5mm。

第六层：土工布保护层。

第七层：排水层，由16～32mm的砾石或碎石组成，其内铺设有水平集水管，在该层尽量将地面降雨入渗量全部输导出去，因此封场后的填埋场垃圾渗滤液明显地减少，甚至无渗漏水的形成，其主要原因是表面排水层起到的疏水功能作用。

第八层：种植层，由生长土层、表土层等不同结构组成，一般厚

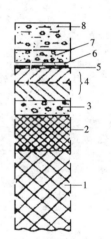

图4.9　表面密封层体系（封顶层结构）
1—废物体；2—平衡层；3—排气层；4—矿物（黏土）密封层；5—塑料密封层；6—保护层（土工布）；7—排水层；8—种植层—生长土层—表土

度至少为 lm。这一层要根据土地利用目的，选择种植什么样的作物，综合考虑这种作物对土质、根系发育等多种生长条件的要求。在搞生态复垦设计时要根据生态环境恢复的目标，和土地利用目的详细考虑该层的土质结构、厚度等多种因素，以及所选择的物种等进行详细设计。

总之，垃圾填埋场封场后的土地利用和生态环境恢复要与城市的发展规划、土地的开发利用、农业或林业的发展相结合，做到统一规划和有效使用。特别是位于山谷里的填埋场，当封顶后出现较平坦而开阔的地表形态，会创造出更实用的利用价值。

填埋场封场后的生态恢复并不是一个简单的问题，特别是要根据当地的气候条件（尤其是降雨量的大小很关键），一定要在植物种类选择上下功夫，尽量根据当地的气候特征选择易生长的植物，因为有些植物受填埋场释放的气体影响较难成活，特别是当土壤中 $CH_4$ 含量较大时，则要注意选择有抗 $CH_4$ 的物种。综上所述，填埋场的生态环境恢复是必须进一步探讨和加强研究的课题。

# 5 城市固体废物的传统处置方法

## 5.1 概述

20世纪60年代以前世界各国对环境保护的意识还比较淡薄，对固体废物的处置可以说是无控排放、堆存、倾倒或随意置于土地或水体内，这样固体废物及其污染成分仍能进入环境。随着环境保护意识的增强，环境法律法规的完善，向水体倾倒，露天堆弃等无控处置已被严格禁止，所以现在所说的处置应该是指安全处置。

《中华人民共和国固体废物污染环境防治法》赋予处置的含义是：处置，是指将固体废物焚烧和用其他改变固体废物的物理、化学、生物特性的方法，达到减少已产生的固体废物数量、缩小固体废物体积、减少或者消除其危险成分的活动，或者将固体废物最终置于符合环境保护规定要求的场所或者设施并不再回取的活动。

固体废物处置总的目标是保证废物中的有害物质现在和将来对于人类均不发生不可接受的危害。基本方法是通过多重屏障(如天然屏障、人工屏障)实现有害物质与生物圈的有效隔离。

天然屏障指的是：①处置场所所处的地质构造和周围的地质环境；②沿着从处置场所经过地质环境到达生物圈的各种可能途径对于有害物质的阻滞作用。

人工屏障为：①使固体废物转化为具有低浸出性和适当机械强度的稳定的物理化学形态；②废物容器；③处置场所内各种辅助性工程屏障。

从固体废物最终处置的发展历史可归纳为两大途径：即海洋处置和陆地处置。海洋处置是工业发达国家早期采用的途径，特别是对有毒有害废物，至今仍有一些国家采用。由于海洋保护法的制定，以及在国际上对海洋处置有很大争议，其使用范围已逐步缩小。

陆地处置是基于土地对固体废物进行处置的一种方法。根据废物的种类及其处置的地层位置（地上、地表、地下和深地层），陆地处置可分为土地耕作、工程库或贮留池贮存、土地、填埋、浅地层埋藏以及深井灌注处置等几种。

处置的基本要求是废物的体积应尽量小，废物本身无较大的危害性，处置场地适宜，设施结构合理，封场后要定期对场地进行维护及监测。

## 5.2 深井灌注

深井灌注处置是将固体废物液体化，用强制措施注入到地下与饮用水和矿脉层隔开。目前，美国每年大约有 $3 \times 10^4$ t 流体废物采用深井灌注方法处置，其中11%为危险废物。

### 5.2.1 深井灌注的程序

深井灌注的程序主要包括废物的预处理、场地的选择、井的钻探与施工、环境监测等几个阶段。

**1. 场地选择**

选择适宜的废物处置地层是深井灌注处置的重要环节，适于这种方法处置的地层必须满足下述条件。

(1) 处置区必须位于地下饮用水源之下。

(2) 有不透水岩层把注入废物的地层隔开，使废物不致流到有用的地下水源和矿藏中。

(3) 有足够的容量，面积较大，厚度适宜，孔隙率高。

(4) 有足够的渗透性，且压力低，能以理想的速率和压力接受废液。

(5) 地层结构及其原来含有的流体与注入的废物相融，或者花少量的费用就可以把废物处理到相融的程度。

在地质资料比较充分的条件下，可根据附近的钻井记录估计可能有的适宜地层位置。为了确定不透水层的位置、地下水水位以及可供注入废物地层的深度，一般需要钻勘探井，对注水层和封存水取样分析；同时进行注入试验，以选择理想的注入压力和注入速率，并根据井底的温度和压力进行废物与地层岩石本身的相融性试验。

适于深井灌注处置的地层一般是石灰岩或砂岩，不透水的地层可以是黏土、页岩、泥灰岩、结晶石灰岩、粉砂岩和不透水的砂岩以及石膏等。

**2. 钻探与施工**

深井灌注处置井的钻探与施工类似于石油、天然气井的钻探和建井技术。但深井灌注处置井的结构要比石油井复杂而严密。深井灌注处置井的套管要多一层，外套管的下端必须处在饮用水基面之下，并且在紧靠外套管表面足够深的地段内灌上水泥。深入到处置区内的保护套管，在靠表面处也要灌上水泥，防止淡水层受到污染。图 5.1 是位于石灰岩或白云岩层的处置区的深井剖面图。在钻探过程中，还要采集岩芯样品，经过分析进一步确定处置区对废物的容纳能力。

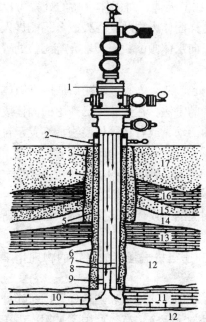

图 5.1 深井灌注处置井剖面图[72]
1—井盖；2—充满生物杀伤剂和缓蚀液的环形通道；3—表面孔；4、7—水泥；5—表面套管；6—保护套管；8—注入通道；9—密封环；10—保护管安装深度；11—石灰石或白云岩处置区；12、14—油页岩；13、16—石灰石；15—可饮用水砂；17—砾石饮用水

凡与废物接触的器材，如管线、阀门、水泵、贮液罐、过滤器、填料、套管等，都应根据其与废物的相融性来选择。井内灌注管道与保护套管之间的环形空间须采用杀菌剂和缓蚀剂进入可渗透性的岩层中，对某些工业废物来说，深井灌注处置不失为对环境影响最小的、切实可行的方法。

深井灌注处置系统要求有适宜的地层条件。适宜的地层主要有石灰岩层、白云岩层和砂岩层。在石灰岩或白云岩层处置废物，容纳废液的主要依据是岩层具有空穴型孔隙，以及断裂层和裂缝。对于在砂岩层处置，废液的容纳主要依靠存在于穿过密实砂床的内部相连的间隙。深井灌注处置系统还要求废物与建筑材料、岩层间的液体以及岩层本身具有相融性。

深井灌注处置方法已有 40 多年的发展历史，是对环境影响较小、适用范围较广的一种处置方法。但也有人持不同意见，认为这种方法缺乏远见，担心深井一旦泄漏，将导致蓄水层的污染。

### 5.2.2　适于深井灌注废物的种类

深井灌注处置方法的适用范围较广，不论是一般废物还是危险废物都可采用此法。一般将适于深井灌注处置废物分为无机废物和有机废物两大类。这些废物可以是液体、气体或固体。在进行深井灌注时，将这些气体和固体都溶解在液体里，形成真溶液、乳浊液或液固混合体。

深井灌注方法主要是用来处置那些经过实践证明难于破坏、难于转化、不能采用其他方法处理或者采用其他方法费用昂贵的废物，如高放射性废物。

表 5.1 列出了美国工业废物的深井灌注处置情况。从表中可以看出：深井灌注的最大使用者是化学、石油化工和制药工业，它们所拥有的井数占现有井数的 50%，其次是炼油厂和天然气厂，金属工业居第三位。此外，食品加工、造纸也占有一定的比例。可见，深井灌注方法具有广泛的适应性。

**表 5.1　美国工业废物深井灌注处置情况**

| 工　业 | 井　数 | （%） | 工　业 | 井　数 | （%） |
|---|---|---|---|---|---|
| 矿业（9.4%） | | | 石油炼制 | 51 | 19.1 |
| 金属 | 2 | 0.7 | 石料及混凝土 | 1 | 0.4 |
| 煤 | 1 | 0.4 | 金属加工 | 16 | 6.0 |
| 石油和天然气提炼 | 17 | 6.4 | 金属冶炼 | 3 | 1.1 |
| 非金属物质 | 5 | 1.9 | 机械业 | 1 | 0.4 |
| 制造业（80.5%） | 6 | 2.2 | 照相业 | 3 | 1.1 |
| 食品 | 3 | 1.1 | 其他（10.1%） | 27 | 1.1 |
| 化学及有关产品 | 131 | 49.1 | | | |

### 5.2.3　操作与监测

深井灌注处置操作可分为两步：一是预处理；二是灌注。

废物在灌注前应进行预处理，防止灌注后堵塞岩层孔隙，减少处置容量。废物中往往含有这样一些组分，它们会与岩层中的流体发生化学反应生成沉淀，最后可能会堵塞岩层。例如，难溶的碱土金属碳酸盐、硫酸盐及氢氧化物沉淀，难溶的重金属碳酸盐，氢氧化物沉淀以及氧化还原反应产生的沉淀等。一般采用化学处理或固液分离的预处理方法，将上述组分去除或中和。

防止沉淀的另一种方法是先向井中注入缓冲剂，把废液和岩层液体隔离开来。如一定浓度的盐水等。

深井灌注操作是在控制的压力下以恒速进行，灌注速率一般为 $0.3 \sim 4 m^3/min$。

深井灌注系统需配置有连续记录监测装置，以记录灌注压力和速率。在深井灌注管道和保护套管处设置有压力监测器，以检验管道和套管是否发生泄漏，如出现故障，应立即停止操作。

深井灌注处置的费用与生物处理的费用相近。

## 5.3 卫生土地填埋

### 5.3.1 概述

目前，固体废物的土地填埋技术在大多数国家已成为固体废物最终处置的一种主要方法。它是从传统的堆放和填埋处置发展起来的一项最终处置技术。早在公元前 1 000 ~ 3 000 年古希腊米诺文明时期，克里特岛的首府康诺索斯就曾把垃圾分层覆土，埋入大坑之中。至今，很多发展中国家仍采用露天堆放和直接填埋处置生活垃圾、工业垃圾等固体废物。实践表明，这种传统的堆放和填地处置方法是不可行的，特别容易污染水、大气和土壤，给人和环境造成严重危害，因此，必须对传统的填埋方法不断改进和完善。

土地填埋处置技术至今尚无统一的定义。同其他环境技术一样，它是一个涉及多种学科领域的处置技术，从对固体废物全面管理的角度来看，土地填埋处置是为了保护环境；按照工程理论和土工标准，是对固体废物进行有控管理的一种科学工程方法。土地填埋处置不是单纯的堆、填、埋，而是一种综合性土工处置技术。从填埋方式来看，它已从过去的填、埋、覆盖向包容、屏蔽隔离的贮存方向发展。目前，一些人往往把土地填埋与露天堆存混为一谈，这是不恰当的，把固体废物倾倒在地上，很容易扬散流失，长期搁置还可能污染地下水和土壤。在过去，虽然露天堆存属于处置的范畴，但在今天，从环境安全的角度来看，已不属处置之列，对于土地填埋处置技术，首先要进行科学的选址，在设计规划的基础上对场地进行防护（如防渗）处理，然后按严格的操作程序进行填埋操作和封场，要制定全面的管理制度，定期对场地进行维护和监测。

土地填埋处置的种类很多，采用的名称也不尽相同。按填埋场地形特征可分为山间填埋、峡谷填埋、平地填埋、废矿坑填埋；按填埋场的状态可分为厌氧性填埋、好氧性填埋、准好氧性填埋和保管型填埋；按填埋场的水文、气象条件可分为干式填埋、湿式填埋和干湿

**表 5.2　土地填埋处置的分类**

| 分 类 | 处置废物的种类 |
| --- | --- |
| 安全土地填埋 | A 组：有害废物，还可处置 B、C、D 组废物 |
| 工业土地填埋 | B 组：工业废物，还可处置 C、D 组废物 |
| 卫生土地填埋 | C 组：城市废物，还可处置 D 组废物 |
| 惰性填埋 | D 组：惰性废物 |

混合填埋；按固体废物污染防治法规，可分为一般固体废物填埋和工业固体废物填埋。为了便于管理，一般可根据所处置的废物种类以及有害物质释出所需控制水平进行分类。通常把废物分为四大类，因此土地填埋处置方法及场地也相应分为四类。不同处置方法以及所容许接收的废物种类列于表 5.2。

**1. 惰性废物填埋**

惰性废物填埋是土地填埋处置一种最简单的方法。它实际上是把建筑废石等惰性废物直接埋入地下。填埋方法分浅埋和深埋两种。

**2. 卫生土地填埋**

卫生土地填埋是处置一般固体废物，而不会对公众健康及环境安全造成危害的一种方法，主要用来处置城市垃圾。

**3. 工业废物土地填埋**

工业废物土地填埋适于处置工业无害废物,因此,场地的设计操作原则不如安全土地填埋严格,下部土壤的渗透率仅要求为 $10^{-5}$cm/s。

**4. 安全土地填埋**

安全土地填埋是一种改进的卫生土地填埋方法,还称为化学土地填埋和安全化学土地填埋。安全土地填埋主要用来处置有害废物,因此,对场地的建造技术要求更为严格。如衬里的渗透系数要小于 $10^{-8}$cm/s,浸出液要加以收集和处理,地表径流要加以控制等。

此外,还有一种土地填埋处置的方法,即浅地层埋藏方法,这种方法主要用来处置低放废物。

土地填埋处置具有工艺简单,成本较低,适于处置多种类型固体废物的优点。

目前,采用较多的土地填埋方法是卫生土地填埋、安全土地填埋和浅地层处置法。下面依次介绍这三种处置方法。

### 5.3.2 卫生土地填埋

**1. 概述**

卫生土地填埋法始于 20 世纪 60 年代,随后逐步在工业发达国家得到推广应用,并在实际应用过程中不断发展完善。其主要发展体现在:

(1)填埋场的选址和场地的水文地质勘测,已经初步形成填埋场场地要求的标准规范;

(2)填埋场的场地基础处理和针对不同本底条件采用的基础设施的设计和配备已日趋完善;

(3)有关填埋场淋洗液成分、产量及其他基础研究取得较大进展,淋洗液的收集处理已纳入工程程序;

(4)有关填埋废物气体的产量、成分、形成条件等研究已比较系统化,而填埋气体的输导和利用也正由试验研究阶段向实用阶段转化;

(5)填埋场的场地利用和绿化等已纳入城市总体规划中。

总之,卫生土地填埋方法日益科学化,已成为发达国家广泛采用的处置方法。

卫生土地填埋是处置垃圾而不会对公众健康及环境造成危害的一种方法。通常是每天把运到土地填埋场的废物在限定的区域内铺散成 40 ~ 75cm 的薄层,然后压实以减少废物的体积,并在每天操作之后用一层厚 15 ~ 30cm 的土壤覆盖、压实,废物层和土壤覆盖层共同构成一个单元,即填筑单元。具有同样高度的一系列相互衔接的填筑单元构成一个升层。完成的卫生土地填埋场是由一个或多个升层组成的。当土地填埋场达到最终的设计高度之后,再在该填埋层之上覆盖一层 90 ~ 120cm 的土壤,压实后就得到一个完整的卫生土地填埋场。卫生土地填埋场剖面图示于图 5.2。

卫生土地填埋主要分为厌氧填埋、好氧填埋和准好氧填埋三种。好氧填埋实际上类似于高温堆肥,其主要优点是能够减少填埋过程中由于垃圾降解所产生的水分,进而可以减少由于淋洗液积聚过多所造成的地下水污染;其次是好氧填埋分解的速度快,并且能够产生高温。据资料统计,在相同时间内,由于分解速度的不同,好氧填埋比厌氧填埋在体积上缩小近50%,这样就有效地提高了填埋场的使用寿命。另外,好氧填埋的最高分解温度可达60℃以上,如果供氧条件较好,温度还会更高,这对消灭大肠杆菌等致病微生物是十分有利的。而对于厌氧填埋，据美国的有关研究表明，其最高温度是27℃。因此，可以说好氧填埋在减少污染、提高场地使用寿命方面是优于厌氧填埋的。但由于好氧填埋结构比较复杂，而且配备了供氧设备，增加了施工难度，造价相应提高，因此大面积推广使用有一定的难度。

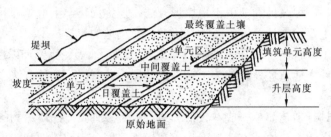

图 5.2　卫生土地填埋场剖面图

准好氧填埋在优缺点方面与好氧填埋类似，单就填埋成本而言，它低于好氧填埋，高于厌氧填埋。日本比较热心研究好氧填埋，其原因是日本的土地资源紧张，意在借助好氧填埋，加快废物降解速度，节约用地。

目前，世界上已经建成或正在建成的大型卫生土地填埋场，广泛应用的是厌氧填埋，它的优点是结构简单、操作方便，施工费用低，同时还可回收甲烷气体。

目前，卫生土地填埋已从过去的依靠土壤本身过滤扩散型结构发展为密封型结构。所谓密封型结构，就是在填埋场的底部和四周设置人工衬里，使垃圾与周围环境完全屏蔽隔离，防止地下水的渗入和淋洗液的释出，进而有效地防止了地下水的污染。

防止淋洗液的渗漏、降解气体的释出控制、臭味和病原菌的消除、场地的开发和利用是卫生土地填埋场地选择、设计、建造、操作和封场过程应主要考虑的几个问题。

**2．卫生土地填埋场设计规划程序**

卫生土地填埋场的设计规划程序示于图 5.3。主要包括场地的选择、环境影响评价、场地的设计、场地的建造与施工、填埋操作、封场场地的维护及监测等。

### 5.3.3　卫生土地填埋方法

卫生土地填埋方法主要有平面法、沟壑法、斜坡法三种类型。

**1．平面法**

在不适合开挖沟槽来放置固体废物的地段可采用平面法。该法是把废物直接铺撒在天然的土地表面上，压实后用薄层土壤覆盖，然后再压实。填埋操作一般是通过事先修筑一条土堤开始的，倚着土堤把废物铺成薄层，然后加以压实。废物铺撒的长度视场地情况和操作规模有所不同。压实废物的宽度根据地段条件取 2.5～6m，与覆盖材料一起构成基础单元。图 5.4 为平面法填埋废物示意图。

**2．沟壑法**

在有充分厚度的覆盖材料可供取用，地下水位较低的地区，是采用沟壑法填埋固体废物的理想场地。该法是把废物铺撒在预先挖掘的沟壑内，然后压实，把挖出的土作为覆盖材料铺撒在废物之上并压实，即构成基础的填筑单元结构。通常沟的长度为 30～120m，深为 1～2m，宽为 4.5～7.5m，图 5.5 为典型的沟壑法填埋废物示意图。

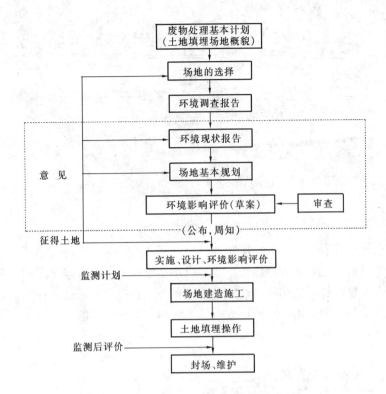

图 5.3  卫生土地填埋场地设计规划程序

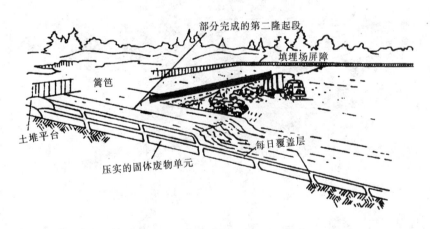

图 5.4  卫生填埋的平面操作法[72]

**3. 斜坡法**

这种方法主要是利用山坡地带的地形，其特点是占地少，填埋量大，覆盖土不需外运。该法是把废物直接铺撒在斜坡上，压实后用工作面前直接的土壤加以覆盖，然后再压实。图5.6为斜坡法填埋废物示意图。

卫生土地填埋操作灵活性大，具体采用哪种方法可根据垃圾的数量以及处置场地的自然特点来确定。例如，在一个场地可采用沟壑法进行填埋操作，同时利用挖掘出的土壤作为平面法的覆盖材料，在同一场地建造其他升层。

篱笆　工作面　废物可在此处或在沟壑内某处卸入圆木原地面

每日覆盖层

每日覆盖的挖掘层

完工单元

图5.5　卫生土地填埋的沟壑法[72]

此外，在国外已发展起来一种预压紧固体废物的填埋方法。方法是先将固体废物压实，然后按填埋方法进行填埋。这种填埋法不需每日用土壤覆盖，在分级多层的填埋作业中，较下一层可在其上卸满经过压实的废物而脱离裸露状态，在达到最后的填埋高度后再铺上土壤覆盖层，准备场地作其他应用。这种作业可以不考虑气味和碎片的吹扬问题，据报道，这种填埋方法的最终密度要比未经处理的大35%。

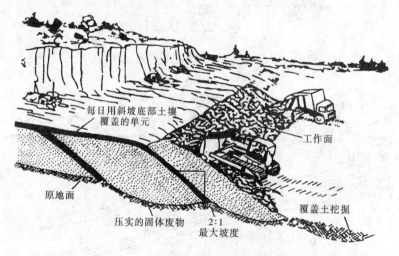

每日用斜坡底部土壤覆盖的单元

工作面

原地面

压实的固体废物　2:1最大坡度

覆盖土挖掘

图5.6　卫生土地填埋的斜坡操作法[72]

卫生土地填埋法工艺简单，操作方便，处置量大，费用较低，它既消纳处置了垃圾，又可根据城市地形地貌特点将填埋场开发利用。

# 5.4　安全土地填埋

## 5.4.1　概述

**1. 安全土地填埋的描述定义**

安全土地填埋是在卫生土地填埋技术基础上发展起来的，是一种改进了的卫生土地填埋。只是安全土地填埋场的结构与安全措施比卫生土地填埋场更为严格。关于安全土地填埋目前尚无统一定义，一般都是按下面的设计和操作标准来描述安全土地填埋的。

其地址要选在远离城市和居民较稀少的安全地带，土地填埋场必须有严密的人造或天然衬垫，下层土壤或土壤同衬垫相结合部渗透率小于 $10^{-8}$ cm/s；填埋场最底层应位于地下水位之上；要采取适当的措施控制和引出地表水；要配备严格的淋洗液收集、处理及监测系统；设置完善的气体排放和监测系统；要记录所处置废物的来源、性质及数量，把不相融的废物分开处置。若此类废物在处置前进行稳态化预处理，填埋后更为安全。如图 5.7 就是典型的安全土地填埋场结构示意图。

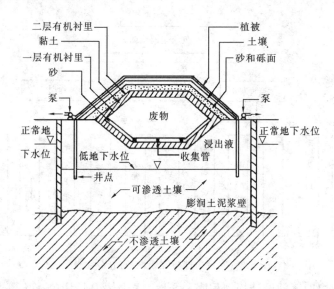

图 5.7 安全土地填埋场示意图

**2. 适于安全土地填埋的废物种类**

如果处置前对废物进行稳态化预处理则安全土地填埋几乎可以处置一切危险和无害废物。但由于危险废物的来源广、种类繁多、危害特性复杂，为了保护环境，还必须根据有关法律及标准对安全土地填埋场所处置的废物种类加以限制。安全土地填埋场不应处置易燃性废物、反应性废物、挥发性废物和大多数液体、半固体及污泥；安全土地填埋也不应处置互不相融的废物，以免混合以后发生爆炸，产生或释出有毒、有害气体或烟雾。

预处理的方法很多，其中有脱水、固化等。也有人曾提出，安全土地填埋场最好是接收经固化处理后的废物。

**3. 安全土地填埋场地设计原则及注意问题**

为了防止安全土地填埋释出的有害污染物对环境的危害，安全土地填埋场地的设计、建造及操作必须符合有关的标准。安全土地填埋场地的规划设计原则如下：

（1）处置系统是一种辅助性设施，不应妨碍正常的生产；

（2）处置场的容量应足够大，至少能容纳一个工厂产生的全部废物，并应考虑到将来场地的发展和利用；

（3）要有容量波动和平衡措施，以适应生产和工艺变化所造成的废物性质和数量的变化；

（4）处置系统能满足全天候操作要求；

(5) 处置场地所在地区的地质条件、环境适宜，可长期使用；

(6) 处置系统符合所有规定以及危险废物土地填埋处置标准。

安全土地填埋场地设计时应注意的主要问题是：废物处置前的预处理；由天然或人造衬垫或淋洗液收集及监测设施所构成的地下水保护系统；场地及其周围地表水的控制管理。

**4. 安全土地填埋场的基本设施**

安全土地填埋场的功能是接收、处理和处置危险废物。一个完整的土地填埋场地主要由填埋场、辅助设施和未利用的空地组成。安全土地填埋场设施构成示意图如图 5.8 所示。

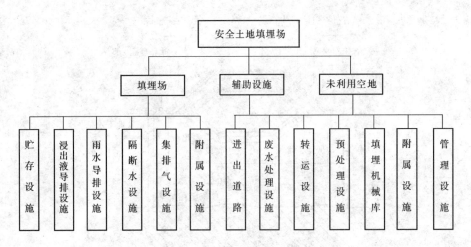

图 5.8　安全土地填埋场设施构成示意图

关于安全土地填埋场的设计规划程序、场地的选择及环境影响评价要求和卫生土地填埋大体相同。

## 5.4.2　填埋方案

根据场地的地形、水文、地质等条件以及填埋的特点，土地填埋方案主要分为以下三种：

**1. 人造托盘式**

人造托盘式填埋场地建造于表层土壤较厚的平原地区，具有天然黏土衬里或内衬人造有机合成材料，衬里垂直地镶嵌在天然的不透水地层上，形成托盘状壳体结构。图 5.9 是典型的人造托盘式土地填埋示意图。

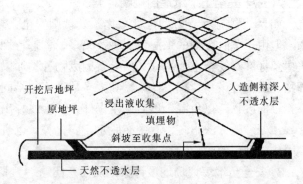

图 5.9　人造托盘式安全土地填埋[72]

**2. 天然洼地式**

天然洼地式填埋场地是利用天然的地形条件，如天然峡谷、采石场坑、露天矿坑、山谷、凹地等构成盆地状容器的三个边，在其中处置固体废物。由于该法充分利用天然地形，因而挖掘工程量少，且贮存容量大。但填埋场地的准备工作较复杂，地表水和地下水的控制也很困难，主要的预防措施是使地表水绕过填埋场地和把地下水引走。图 5.10 是天然洼地式安全土地填埋示意图。

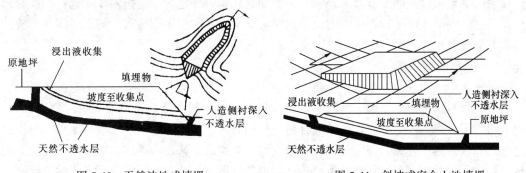

图 5.10 天然洼地式填埋　　　图 5.11 斜坡式安全土地填埋

### 3. 斜坡法

斜坡式安全土地填埋场方案同卫生土地填埋中的斜坡法相似。场地依山建造，山丘为场地结构的一个边。图 5.11 是典型的斜坡式安全土地填埋示意图。

### 5.4.3　地下水保护系统

#### 1. 淋洗液的来源和产生量

安全土地填埋场淋洗液的来源与卫生土地填埋场淋洗液来源略有不同。对于卫生土地填埋，在填埋过程中垃圾分解产生一定量的水；而对于安全土地填埋，淋洗液主要来自废物本身含水、地下水、降水及地表径流。而且通常废物本身含水很少，特别是在处置前进行脱水或稳态化预处理，则废物本身含水可以忽略；如果场地的选址合理，填埋场底部远在地下水位之上，同时设置防渗衬垫，则地下水渗入问题也可忽略。因此淋洗液的主要来源是降水和地表径流水。

淋洗液的产生量可根据填埋场水的收支平衡关系来确定。图 5.12 就是土地填埋场水的平衡示意图。由图可以看出，作为输入的流入水，有降雨、地表径流流入水、地下涌出水及废物含水；作为输出的流出水有地表径流流出水、蒸发散失水、地下渗出水和淋洗液。

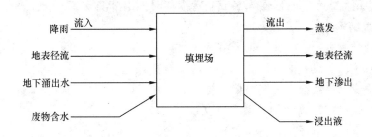

图 5.12 填埋场水的平衡示意图

地表径流流出水为从场地流出的地表径流水，其数量取决于场地的地势、植被、植被面积、坡度等，封场条件地下渗出水为从填埋场渗入到地下的水分，其中包括通过衬里释入地下的水量。

蒸发散失水为由填埋表面蒸发和植物蒸散作用而散发逸出的水分。

**2. 地下水保护系统**

保护地下水可以从两个方面实现：一个方面是在选择场地时，应按照场地选择标准合理选址；另一方面是从设计、施工方案以及填埋方法上来实现。采用防渗的衬里，建立淋洗液收集监测处理系统等。

（1）衬垫材料的选择

适于作土地填埋场的衬垫材料主要分为两大类：一类是无机材料；一类是有机材料。有时也把两类材料结合起来使用。常用的无机材料有黏土、水泥等；常用的有机材料有沥青、橡胶、聚乙烯、聚氯乙烯等；常用的混合衬垫材料有水泥沥青混凝土、土混凝土等。衬垫材料的选择和许多因素有关，如待处理废物的性质、场地的水文地质条件、场地的级别、场地的运营期限、材料的来源以及建造费用等。无论选择哪种衬垫材料，预先都必须做与废物相融性试验、渗透性试验、抗压强度试验等。

（2）衬垫系统的设计原则

衬垫系统是地下水保护系统的重要组成部分，它除具有防止淋洗液泄漏外，还具有包容废物、收集淋洗液、监测淋洗液的作用，因此必须精心设计，衬垫系统设计原则如下：

1）衬垫和其他结构材料必须满足有关标准；

2）设置天然黏土衬垫时，衬里的厚度至少为 1.5m；

3）设置双层复合衬垫时，主衬垫和备用衬垫必须选择不同的材料；

4）衬垫系统必须设置收集淋洗液的积水坑，积水坑的容量至少能容纳三个月的淋洗液量，起码不小于 $4m^3$；

5）衬垫应具有适当的坡度，以使淋洗液凭借重力即可沿坡度流入积水坑；

6）衬垫之上应设置保护层，保护层可选用适当厚度的可渗透性砾石，也可选用高密度聚乙烯网和无纺布，保证淋洗液迅速流入积水坑；

7）在可渗透保护层内也可设置多孔淋洗液收集管，使淋洗液通过收集管汇集到积水坑中；

8）积水坑设有淋洗液监测装置；

9）设置淋洗液排出系统，定期抽出淋洗液并处理，以减少衬里的水力压力；

10）设置备用抽水系统，以便当泵或立管损坏时抽出淋洗液。

**3. 衬垫系统结构**

衬垫系统的结构主要有 3 种：①无淋洗液收集系统的天然衬垫系统；②具有淋洗液收集系统的单衬垫系统；③具有淋洗液收集系统的双衬垫系统。

（1）无淋洗液收集系统的天然衬垫系统

天然衬垫系统只有在场地的土壤、水文地质条件均满足土地填埋场选择标准的条件下，并且自然蒸发量要超过降水量 50cm 的情况下，才能使用。对于天然衬垫系统，一旦淋洗液大量增加无法抽出，将会污染地下水。因此目前已很少采用此种方法。

（2）具有淋洗液收集系统的单衬垫系统

具有淋洗液收集系统的单衬垫系统是由

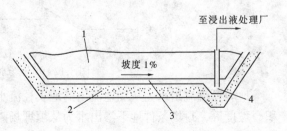

图 5.13　单衬垫安全土地填埋

1—填埋物；2—黏土衬垫；3—淋洗液收集系统；4—积水坑

上、下两部分组成的，下部为低渗透性的黏土衬垫或人造有机合成衬垫；上部为具有淋洗液收集系统的由 30cm 可渗透性砾石或砂质土壤构成的沥滤系统。衬垫系统的底部具有适当坡度倾向的积水坑，淋洗液可以沿衬垫坡度汇集到积水坑，以便监测和抽出，图 5.13 为具有淋洗液收集系统的单衬垫系统示意图。

（3）具有淋洗液收集系统的双衬垫系统

具有淋洗液收集系统的双衬垫系统是由主、辅两重衬垫构成的，主衬垫为人工合成有机衬垫（如高密度聚乙烯），辅助衬垫为人工合成有机薄膜和黏土构成的复合衬垫。主衬垫的淋洗液收集系统为砂或砾石层，内铺多孔液收集管及排水管；上部铺有无纺布的过滤层，在侧面及顶边的过

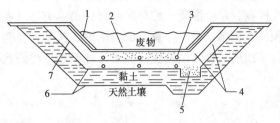

图 5.14　双衬垫系统示意图
1—土壤保护层；2—地滤层；3—排水管；4—淋洗液收集系统；5—积水坑；6—辅助衬里；7—主衬垫

滤层上还铺有一层保护土壤。淋洗液通过集排水管汇集到积水坑中，定期由泵送到废水处理厂处理。辅助衬垫上部也有淋洗液收集管及排水管，图 5.14 为具有淋洗液收集系统的双衬垫结构示意图。

双衬垫系统的优点是防渗效果好；其缺点是费用较贵，系统的工艺较复杂，衬垫一旦破坏，维修也比较困难。

### 5.4.4　地表径流水的控制

地表径流水的控制是防止地下水污染的又一条途径。其目的是把可能进入场地的水引走，防止场地排水进入填埋区内，以及接收来自填埋区的排水。通常采用的方法有导流渠、地表稳态化、地下排水和导流坝四种。

**1. 导流渠**

导流渠一般是环绕整个场地挖掘，这样使地表径流水汇集到导流渠中，并从土地填埋场地下坡方向的天然水道排走。导流渠的尺寸、构造形式及结构材料要根据场地的特点来确定。

**2. 地表稳态化**

地表稳态化是指土地填埋操作达到预定的升层高度之后在填埋的废物之上覆盖一层较细的土壤，并用机械压实，其作用是可减少天然降水渗入，控制地表径流方向和速度，进而减少土地填埋场地表面覆盖层的侵蚀冲刷。地表稳态化土壤的选择和施工要结合封场统一考虑。

**3. 地下排水**

地下排水是在填埋物之上覆盖层之下铺设一层排水层或一系列多孔管，使已经渗透表面覆盖层的雨水通过排水层进入收集系统排走。

**4. 导流坝**

导流坝是在场地四周修建堤坝，以拦截地表径流，并把其从场地引出流入排水口。导流堤坝一般用黏土修筑，用机械压实。

安全土地填埋由于其工艺简单、成本较低、适于处置多种类型的废物而为世界许多国家

所采用。虽然目前对土地填埋能否作为固体废物的永久处置方法尚存有争议，但在目前乃至将来，至少在新的可行处置方法研制出来之前，安全土地填埋仍是较好的危险废物处置方法。

目前，我国对固体废物的处置方式主要有三类：第一类是对极毒的废物，如铍渣和放射性废物，建造混凝土贮存库贮存；第二类是以赤泥为代表的对浸出液加以适当处理的露天堆积处置；第三类是任意倾倒、填埋，甚至直接倒入江、河、海的处置方式。目前，大部分废物采用后一种方法处置，由于管理不当，污染状况十分严重。

# 6 现代卫生填埋场的设计与计算

## 6.1 概述

现代卫生填埋工程是最终处置城市固体废物的一种方法，它是将固体废物铺成一定厚度的薄层，加以压实，并覆盖土壤。一个规划、设计、运行和维护均很合理的现代卫生填埋工程，必须具备合适的水文、地质和环境条件，并要进行专门的规划、设计、严格施工和加强管理，严格防止对周围环境、大气和地下水的污染。

城市固体废物一般包括工业垃圾、商业垃圾和生活垃圾。一个现代化城市的固体废弃物每天可高达数十吨以上，经过分选以后，极大部分均要集中堆放到某一场地。一个开敞的、没有严格控制措施的垃圾堆，将是一个巨大的污染源，其淋洗液会污染地下水或附近的水源；排出的气体会污染空气，有时还有毒；丑陋的外形也会影响城市的美好形象。所有这些问题在一个规划、设计、运行和维护均很合理的现代卫生填埋工程中都可以得到解决。一个现代卫生填埋工程必须进行合理的规划、选址、设计，严格施工并加强管理。为严格防止地下水被污染，还必须设有一个淋洗液的收集和处理系统，提供气体（主要是沼气、二氧化碳）的排除或回收通道，同时对淋洗过程中产生的水、气和附近地下水进行监测，此外对于一些沿江沿河的城市，现代卫生填埋工程还必须要达到能抵御百年一遇以上洪水的设计标准。

一个现代卫生填埋工程主要应由组合衬垫系统、淋洗液收集和排除系统、气体控制系统和封顶系统组成。图 6.1 为卫生填埋场的剖面示意图。

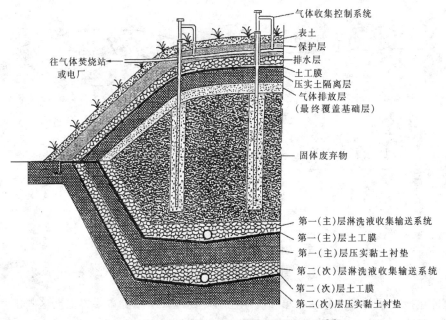

图 6.1 现代卫生填埋场剖面示意图[2]

城市固体废弃物填埋场的规划内容（图 6.2）应包括：填埋场地形，地层级配，填埋单元图，场地大小和单元之间的通道，衬垫系统，淋洗液排泄和收集系统，气体流通系统，封顶级配，封顶剖面，雨水管理系统，环境监测系统等。

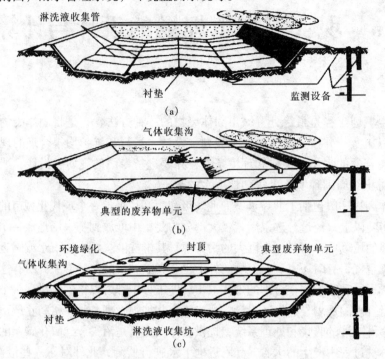

图 6.2 现代卫生填埋场堆填过程和完工后的示意图[2]
(a) 堆填单元的地基和淋洗液收集系统；(b) 填埋场固体
废弃物的堆填过程；(c) 封顶和气体收集系统

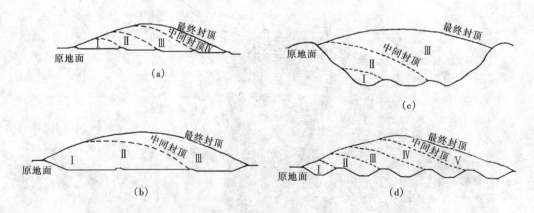

图 6.3 现代卫生填埋场的四种类型[24]
(a) 面上堆填；(b) 地上和地下堆填；(c) 谷地堆填；(d) 挖沟堆填

不同填埋单元之间的相互联系和填埋次序在填埋场设计中十分重要，根据这些单元如何组合，从几何外形来看，一般可将填埋场的形式分为四类（图 6.3）。

图 6.3a 面上堆填：填埋过程只有很小的开挖或不开挖，通常适用于比较平坦且地下水埋藏较浅的地区。

图 6.3b 地上和地下堆填：填埋场由同时开挖的大单元双向布置组成，一旦两个相近单元填起来了，它们之间的面积也可被填起来。通常用于比较平坦但地下水埋藏较深的地区。

图 6.3c 谷地堆填：堆填的地区位于天然坡度之间，它可能包括少许地下开挖。

图 6.3d 挖沟堆填：与地上和地下堆填相类似，但其填埋单元是狭窄的和平行的。通常仅用于比较小的废物沟。

# 6.2 防渗衬垫系统的设计

## 6.2.1 防渗衬垫系统的基本要求和设计原则

城市固体废弃物填埋场是控制固体废弃堆填物的一种方法，其填埋地点必须能防止地下水污染，有利废气排放，并有一个淋洗液收集系统和能对场地周围的地下水和气体进行监测的系统。填埋场所有系统中最关键的部位是衬垫系统，位于填埋场底部和四周侧面，是一种水力隔离措施，用来将固体废弃物和周围环境隔开，避免废弃物污染周围的土地和地下水。

衬垫系统的作用是防止填埋场有害的淋洗液下渗污染地下水及其附近的土壤，填埋场的衬垫大体可分为压实黏土衬垫系统和复合衬垫系统两大类。填埋场为了保护地下水可以从两个方面实现：一个方面是在选择场地时，应按照场地选择标准合理选址；另一方面是从设计、施工方案以及填埋方法上来实现，采用防渗的衬里，建立淋洗液收集监测处理系统等。

**1. 防渗衬垫系统的基本要求**

（1）世界各国，包括我国《城市生活垃圾卫生填埋技术标准》GJJ17—88 和《生活垃圾填埋污染控制标准》GB16889—1997，均要求卫生填埋场设有防渗衬垫，不管是天然的还是人工的，其水平、垂向两个方向的渗透率必须小于 $10^{-7}$cm/s，其抗压强度必须大于 0.6MPa。

（2）因垃圾成分复杂，填埋后生物递降分解的速度很慢，大约需要百年，所以工业先进国家（如原苏联）要求用卫生填埋场防渗衬垫的材料必须进行抗百年的加速老化试验。

因为防渗衬垫和排水层具有一定的强度，所以在设计填埋场底层时，必须考虑好渗滤液流出所必需的坡度。填埋场底层承受着防渗衬垫和垃圾填埋所有压力，必须牢牢压实，以便将来发生不同形式的沉降都不会破坏防渗衬垫。同时填埋场底层的沉降压力也必须保持均匀稳定。

**2. 衬垫材料的选择**

适于作土地填埋场的衬垫材料主要分为两大类：一类是无机材料；一类是有机材料。有时也把两类材料结合起来使用。常用的无机材料有黏土、水泥等；常用的有机材料有沥青、橡胶、聚乙烯、聚氯乙烯等；常用的混合衬垫材料有水泥沥青混凝土、土混凝土等。衬垫材料的选择和许多因素有关，如待处理废物的性质、场地的水文地质条件、场地的级别、场地的运营期限、材料的来源以及建造费用等。无论选择哪种衬垫材料，预先都必须做与废物相融性试验、渗透性试验、抗压强度试验等。

**3. 衬垫系统的设计原则**

衬垫系统是地下水保护系统的重要组成部分，它除具有防止淋洗液泄漏外，还具有包容废物、收集淋洗液、监测淋洗液的作用，因此必须精心设计，衬垫系统设计原则如下：

(1) 衬垫和其他结构材料必须满足有关标准；

(2) 设置天然黏土衬垫时，衬里的厚度至少为 1.5m；

(3) 设置双层复合衬垫时，主衬垫和备用衬垫必须选择不同的材料；

(4) 衬垫系统必须设置收集淋洗液的积水坑，积水坑的容量至少能容纳三个月的淋洗液量，起码不小于 4m³；

(5) 衬垫应具有适当的坡度，以使淋洗液凭借重力即可沿坡度流入积水坑；

(6) 衬垫之上应设置保护层，保护层可选用适当厚度的可渗透性砾石，也可选用高密度聚乙烯网和无纺布，保证淋洗液迅速流入积水坑；

(7) 在可渗透保护层内也可设置多孔淋洗液收集管，使淋洗液通过收集管汇集到积水坑中；

(8) 积水坑设有淋洗液监测装置；

(9) 设置淋洗液排出系统，定期抽出淋洗液并处理，以减少衬里的水力压力；

(10) 设置备用抽水系统，以便当泵或立管损坏时抽出淋洗液。

### 6.2.2 压实黏土衬垫系统的设计

压实黏土被广泛用作填埋场和废弃堆积物的衬垫，也可用来覆盖新的废物处理单元和封闭老的废弃物处理点。在美国，几乎所有压实黏土衬垫和覆盖均被设计成透水性小于或等于某一指定值。例如对于包含有危险品（有毒）垃圾、工业垃圾和城市固体废弃物的黏土衬垫或覆盖，其透水率通常应小于或等于 $1 \times 10^{-7} \mathrm{cm/s}$。

黏土的物理性质与其含水状况关系很大，作为主要的填埋场衬垫，必须满足一定的压实标准以保护地下水不被淋洗液污染。一般来说，衬垫应填筑成至少 60cm 厚且其透水率小于 $1 \times 10^{-7} \mathrm{cm/s}$ 的压实黏土层。为了满足这个要求，对压实黏土衬垫的设计和施工应采取下列步骤：①选择合适的土料；②确定并满足含水量—干密度标准；③压碎土块；④进行恰当的压实；⑤消除压实层界面；⑥避免脱水干燥。

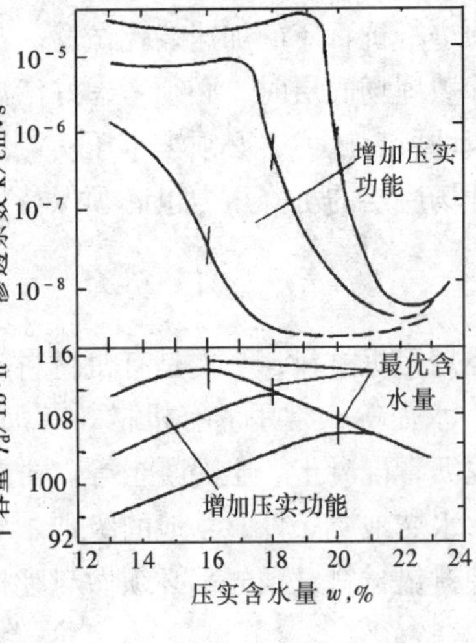

对于衬垫土料的主要要求是它能够被压实并具有恰当的低透水性，在选择合适的衬垫土料时要求细粒含量在 20% 以上，塑性指数在 10～35 之间较为理想，砾粒含量不超过 10%，而粒径大于 2.5～5cm 的石块应从衬垫材料中除去。

研究表明压实功能和含水量对压实黏土透水性起控制作用，渗透系数随压实功能和含水量变化如图6.4所示。

根据压实曲线和对应的渗透试验可以得到图6.5，图中阴影表示渗透系数小于或大于 $1 \times 10^{-7} \mathrm{cm/s}$，即认为该阴影范围内含水量和干容重对应的点能满足固体废弃物填埋工程对衬垫渗透系数的要求，这一范围被称为理想带。

理想带还可根据其他设计要求如抗剪强度等加以

图 6.4 压实功能及含水量
对压实黏土透水性的影响[2]

修正，为了限定压实试验曲线理想带的范围，使之既满足透水性又能满足抗剪强度等其他因素的设计标准，通常还要进行必需的附加试验。图 6.6 表示分别根据透水性和抗剪强度限定的理想带，并重叠形成一个单一的理想带，同样的办法也可用来考虑其他任何一项与特殊设计有关的因素。

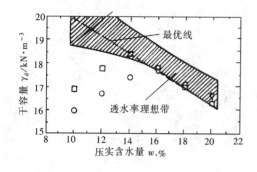 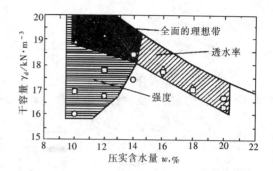

图 6.5　根据渗透系数确定的"理想带"[2]　　　图 6.6　根据渗透系数和抗剪强度建立的理想带[15]

关于压实方式，Mitchell 等发现揉搓压实的方式比其他压实方式更能得到低的透水率。建议使用羊脚碾，因为"羊脚"能更好地重塑土块。黏土衬垫施工时，如果新的填土直接倒在原来压实层没有经过扒松的表面上，两层填土的界面会形成一个高透水率、低强度的地带。经过衬垫流动的水分就能通过此界面迅速扩展到下层填土中去。为了避免形成界面水流，先填的压实层表面应在加下一层填土之前预先扒松。每层松散倒土厚度为 20～30cm，压实后的厚度为 15cm。使用全贯入羊脚碾可将新的填土直接压入老的填土中去。

当然黏土的渗透系数除受到压实功能、压实含水量、最大干容重影响外，还受到其他因素的影响，如土块大小对压实黏土的透水性有较大影响，衬垫的防渗入性能还受到压实层界面处理方法和衬垫因干失水而干裂等因素的影响。

### 6.2.3　填埋场复合衬垫系统的设计

填埋场工程中衬垫系统是最关键的部位。随着工程技术的发展，用于固体废弃物填埋物的衬垫系统也在不断改进。在美国，1982 年前主要使用单层黏土衬垫，1982 年开始使用单层土工膜衬垫，1983 年改用双层土工膜衬垫，1984 年又改用单层复合衬垫，1987 年后则广泛使用带有两层淋洗液收集系统的双层复合衬垫。

压实黏土衬垫广泛用于划分填埋单元和拦蓄废弃物，覆盖新的填埋废弃物和封闭老的填埋场。作为基底衬垫，压实黏土必须达到一定标准以防止地下水被淋洗液污染。黏土衬垫至少为 60cm 厚的压实黏土层，其透水性应低于 $1 \times 10^{-7}$ cm/s，并具有足够的强度。

土工膜是填埋工程中最常用的三种土工合成材料之一（另两种为土工网和土工织物），是一种基本不透水的连续的聚合物薄膜。它也不是绝对不透水，但和土工织物或普通的土甚至黏性土相比，其透水性极小。通过水汽渗透试验测得其渗透系数约为 $0.5 \times 10^{-10} \sim 0.5 \times 10^{-13}$ cm/s，因此，它经常被用作液体或水汽的隔离物。

把土工膜表面压成粗糙的波纹或格栅状的方法，现已得到迅速推广。特殊的波纹状或格栅状表面可以增加衬垫与土体、土工织物及其他人工合成材料之间的密合程度而使边坡稳定性得到改善。覆盖在衬垫上的土体因底部摩擦增加而不易滑动，使各种陡峭边坡的稳定安全系数提高。表6.1给出通过直剪试验求得的波纹面土工膜和各种材料接触面上的摩擦角和凝聚力。

表 6.1 波纹面土工膜与材料接触面上的最大摩擦参数

| 土工膜接触的材料 | 摩擦角 | 凝聚力/kPa |
|---|---|---|
| 排水砂层 | 37° | 1.20 |
| 黏土 | 29° | 7.20 |
| 无纺土工织物 | 32° | 2.64 |

复合衬垫由土工膜和一层低透水的黏土紧密接触而成，它已广泛用于危险品填埋场和城市固体废弃物填埋场。复合衬垫可克服单层土工膜衬垫存在的缺陷。

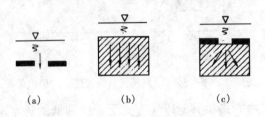

(a)      (b)      (c)

图 6.7 经过土、土工膜和复合衬垫的渗流模式[2]

(a) 土工膜衬垫，通过缺陷的快速渗流；(b) 土质衬垫，通过整个衬垫的渗流；(c) 复合衬垫，通过微小面积的渗流

图 6.7 表示复合衬垫与单一的土工膜或黏土衬垫的比较。如果土工膜上有一个孔洞或接缝处有缺陷，同时底土透水性又很强，则液体极易经孔洞或接缝向下流出。至于无土工膜的压实黏土衬垫，虽然单位面积上的渗流不大，但渗流却是在整个衬垫面上都会发生的。而对于复合衬垫，虽然液体仍易从土工膜的孔洞中流出，但接着遇到的是低透水性的黏土层，可阻止液体进一步向下渗透。因此，可以通过在土工膜下设置低透水土层而将经过土工膜孔洞的渗漏量减至最小。同样，经过黏土衬垫的渗流也因其上盖有紧密接触的土工膜而减少，因为尽管土工膜上存在孔洞或在接触处有缺陷，经过其下黏土衬垫的渗流面积仍将大幅度减小，从而大大减少通过黏土衬垫的渗漏量。

在美国，按照最新的环保法要求，在城市固体废弃物填埋场中广泛使用了带有主、次两层淋洗液收集系统的双层复合衬垫。如图6.8所示，双层复合衬垫从底到顶由下列部分组成：至少3m厚的天然黏土基底或90cm厚次层（第二层）压实黏土衬垫；第二层柔性薄膜衬垫；次层淋洗液收集系统；90cm厚主层（第一层）压实黏土衬垫；第一层柔性薄膜衬垫；主层淋洗液收集系统；顶部是60cm厚的砂质保护层。淋洗液收集系统由一层土工网和

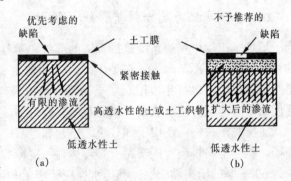

图 6.8 复合衬垫的紧密水力接触[3]

(a) 优选推荐；(b) 不宜采用

土工织物构成，基底及压实黏土衬垫的渗透系数必须小于或等于 $1 \times 10^{-7}$cm/s。

表6.2中所有复合衬垫的渗漏量均按土工膜和黏土衬垫之间的接触条件为不良求出的。表6.2表明，复合衬垫的工作性能大大优于单层压实黏土衬垫及单层土工膜衬垫，即使它的施工质量只能达到较差或中等水平。

表 6.2　三类衬垫每英亩面积上的计算渗漏量

| 衬垫类型 | 质量等级 | 关键参数假定值 | 渗漏量 $Q/L \cdot d^{-1}$ |
|---|---|---|---|
| 压实黏土 | 差 | $K_s = 1 \times 10^{-6}$ cm/s | 4542.5 |
| 土工膜 | 差 | 每英亩 30 个孔，$a = 0.1 \text{cm}^2$ | 37854.0 |
| 复合衬垫 | 差 | $K_s = 1 \times 10^{-6}$ cm/s<br>每英亩 30 个孔，$a = 0.1 \text{cm}^2$ | 378.50 |
| 压实黏土 | 良 | $K_s = 1 \times 10^{-7}$ cm/s | 454.3 |
| 土工膜 | 良 | 每英亩 1 个孔，$a = 0.1 \text{cm}^2$ | 12491.8 |
| 复合衬垫 | 良 | $K_s = 1 \times 10^{-7}$ cm/s<br>每英亩 1 个孔，$a = 0.1 \text{cm}^2$ | 3.0 |
| 压实黏土 | 优 | $K_s = 1 \times 10^{-8}$ cm/s | 45.4 |
| 土工膜 | 优 | 每英亩 1 个孔，$a = 0.1 \text{cm}^2$ | 1249.2 |
| 复合衬垫 | 优 | $K_s = 1 \times 10^{-8}$ cm/s<br>每英亩 1 个孔，$a = 0.1 \text{cm}^2$ | 0.38 |

注：①1 英亩 $= 4047 \text{m}^2$。

为了提高复合衬垫的防渗效果，土工膜必须与下卧的低透水土层实现良好的水力接触（通常叫作紧密接触）。如图 6.8a 所示，复合衬垫必须设法限制土中的水流只能在很小的面积内流动，且不允许液体沿土工膜和土的界面发生侧向蔓延。为保证实现良好的水力接触，黏土衬垫在铺设土工膜之前要用钢筒碾压机压平碾光，而覆盖土工膜时，要尽可能使折皱减至最少。另外，在土工膜和低透水土层之间不应再铺设高透水材料如砂垫层或土工织物等，因为这样将破坏低透水性土与土工膜的复合效果，如图 6.8b 所示。

图 6.9 给出通过现场试验分别从压实黏土衬垫和复合衬垫下收集到的渗漏量。两填埋单元位于同一地点，面积相同，但一个单元的主要衬垫为压实黏土，另一单元则为复合衬垫，两个单元填埋方式相同，堆填的固体废弃物体积也一样。从图中可明显看出，复合衬垫下的渗漏量要比压实黏土衬垫少得多。

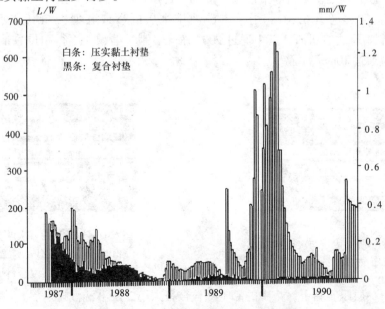

图 6.9　黏土衬垫和复合衬垫渗漏量比较[2]

## 6.3 淋洗液收集和排放系统的设计

填埋场淋洗液通常是由经过填埋场的降水渗流和对固体废物的挤压产生的。它是一种污染的液体，如未经处理直接排入土层或地下水中，将会引起土层和地下水的严重污染。影响淋洗液产生数量的因素有：降水量、地下水侵入、固体废弃物的性质及封顶设计等。

设计和建立淋洗液收集和排放系统的目的是为了将填埋场内产生的淋洗液收集起来。并通过污水管或积水池输送至污水处理站进行处理。为了尽量减少对地下水的污染，该系统应保证使复合衬垫以上淋洗液的量积不超过 30cm。淋洗液收集系统由排水层、集水槽、多孔集水管、集水坑、提升管、潜水泵和积水池组成。如果淋洗液能直接排入污水管，则积水池也可不要。所有这些组成部分都要按填埋场适用初期较大的淋洗液产出量设计，并保证该系统长期流通能力不发生障碍。

### 1. 淋洗液排水层

带有双层复合衬垫系统的城市固体废物填埋场，必须既有主层淋洗液排水层，又有次层淋洗液排水层。这些排水层应具有足够的能力来排除填埋场使用期所产生的最大淋洗液流量。根据有关资料，作用在排水层上的淋洗液水头通常不得大于 30cm。

填埋场衬垫系统由一层或多层淋洗液排水层和低透水性的隔离物（即衬垫）复合组成。衬垫和排水层的功能可以互补。衬垫可以阻止淋洗液和气体从填埋场中逸出和改善排水层覆盖条件；排水层则可以限制下伏衬垫上水头的增加，并可将渗入到排水层中的液体输送到多孔淋洗液收集管的网络中去。

当今广泛应用于美国城市固体废弃物填埋工程的双层复合衬垫系统都具有主层与次层两层淋洗液排水层，图 6.10 至图 6.15 表示带有两层淋洗液排水层的各类双层复合衬垫系统的构成。

在过去，砂和其他粗粒料经常被用作淋洗液排水层，主层淋洗液排水层 60cm 厚，次层淋洗液排水层 30cm（图 6.10）。用于淋洗液排水层的砂或其他粒料其透水率均应大于 $10^{-2}$cm/s，砂料应除去有机质，其中通过 200# 筛（美制）的颗粒不得超过总重量的 5%，而所有粒料均应通过 10mm 的筛。

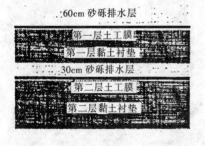

图 6.10 以砂作为主层与次层淋洗液排水层的双层复合衬垫系统

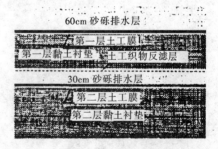

图 6.11 以砂作为首次淋洗液排水层和以土工织物及砂作为二次淋洗液排水层的双层复合衬垫系统

为防止第一层压实黏土衬垫中的黏土颗粒被挤入第二层淋洗液排水层，使排水层中砂的透水率降低，可在第一层衬垫和第二层排水层中间设置一层土工织物作隔离之用（图

6.11)。现今的美国已把土工织物和土工网广泛用作填埋场淋洗液排水材料（图 6.12）。土工网的透水率比砂要大，因此，很薄的土工网就可代替几十厘米厚的砂作为淋洗液排水层，可以减少衬垫系统总厚度，增大废弃物堆填容积。当土工织物和土工网用作主层淋洗液排水层时，其上应覆盖约 60cm 厚的砂作为保护层，这层砂的透水率应大于 $10^{-4}$cm/s。

防止衬垫系统边坡产生滑动，这一点在填埋场设计中十分重要。在边坡上如用土工织物和土工网作为淋洗液排水系统，则土工膜和土工网之间接触面上的摩擦角太小。为了增加土工膜和淋洗液排水层接触面上的摩擦，常在边坡改用土工复合材料来做淋洗液排水层（图 6.13）。这种土工复合材料由两层无纺土工织物中间夹一层高密聚乙烯（HDPE）土工网组成，通过不断加热使土工织物与土工网结合成一个牢固的、连续的整体。土工复合材料的透水率与土工网基本相同，但它与土工膜接触面上的摩擦角却比土工网和土工膜之间的摩擦角大得多，这就能使边坡衬垫系统的稳定状况得到很大改善。

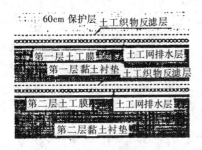

图 6.12 以土工织物和土工网作为
主层与次层淋洗液排水层的
双层复合衬垫系统

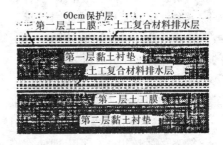

图 6.13 以土工复合材料作为主层
与次层淋洗液排水层的双层
复合衬垫系统

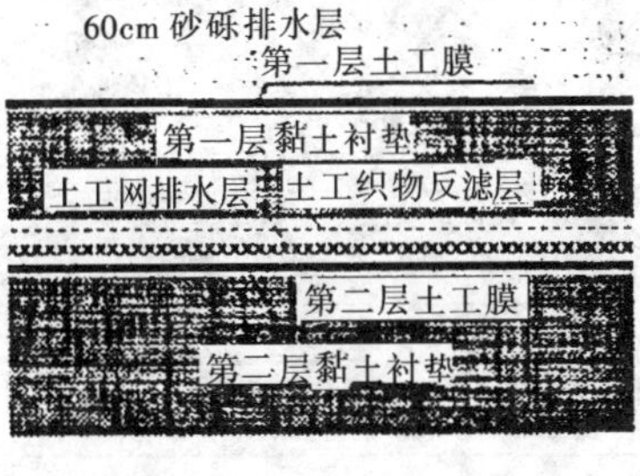

图 6.14 以砂作为主层淋洗液
排水层和以土工织物和土工网
作为次层淋洗液排水层的
双层复合衬垫系统

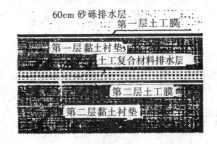

图 6.15 以砂作为主层淋洗液排水层和
以土工合成材料作为次层淋洗液
排水层的双层复合衬垫系统

**2. 淋洗液收集管的选择**

淋洗液收集管可能由于堵塞、压碎或设计不当而造成失效。有关淋洗液收集管的详细说明应包括：①集水管材料类型；②管径和管壁厚度；③管壁孔、缝的大小与分布；④管身基底材料的类型和为支持管身所必要的压实度。

多孔淋洗液收集管尺寸的确定应考虑所需的流量及集水管本身的构造强度，如果已知淋洗液流量，管子纵坡及管壁材料，可用曼宁公式计算出水管尺寸。接下来就是确定管壁布孔，它以集水管单位长度最长淋洗液流入量为依据。

若孔口尺寸及形状已知，可由伯诺里（Bernoulii）方程计算每一进水孔的集流能力。由Bernoulii方程可知，孔口的集流能力主要取决于孔口的大小尺寸和形状，还有淋洗液极限进口流速，该流速在计算集水管布孔时一般可假定为3cm/s，管壁进水孔的直径通常取6.25mm。

当单位长度最大淋洗液集流量及每个孔口的集流能力均求得后，集水管单位长度所需布孔数就极易确定了。为保持可能存在的最低淋洗液水头，放置集水管时，应使进水孔位于管子的下半部，不要让它翻过来。靠近起拱线的孔口会降低管壁强度，应尽量避免。

**3. 淋洗液收集管的变形和稳定性**

淋洗液收集系统的所有部分均应满足强度要求以承受其上固体废弃物和覆盖系统（封顶）的重量以及填埋场封闭后的附加荷载，还有由操作设备所产生的应力。系统各组成部分中最易因受压强度破坏而受损的是排水层管路系统，淋洗液收集系统中的管路有可能因过量变形被弯曲或压扁。因此，管路强度计算应包括管路变形的阻力计算和临界弯曲压力的计算。

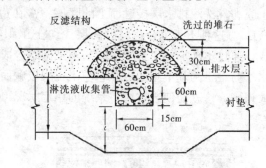

图 6.16　淋洗液收集槽示意图

**4. 淋洗液收集槽**

淋洗液收集管通常均埋入砾石填起来的槽中，槽的四周包以土工织物以减少微小颗粒从衬垫进入槽内，进而进入淋洗液收集管中，其详细布置可参见图 6.16 及图 6.17。实际上，由于收集槽下的衬垫很深，所以即使在槽下，衬垫也可用同样的最小设计厚度。

收集槽内的砾石应按碾压机械的荷载分布情况来填筑，这样可以保护集水管不被压坏，而作反滤用的土工织物则应包在砾石层的外面，也可以设计级配砂反滤层以减少废弃物中细颗粒渗入槽内。

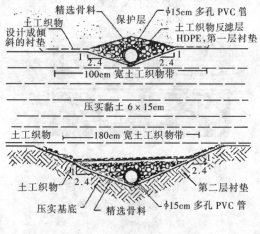

图 6.18　双层复合衬垫系统中的
淋洗液收集管及槽[3]

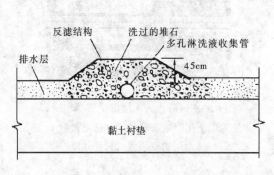

图 6.17　上埋模式的淋洗液收集管[2]

**5. 淋洗液收集坑**

淋洗液收集坑位于填埋场衬垫最低处，坑中填满砾石以承受上覆废弃物及封顶的重量和承受填埋场封闭后的附加荷载。通常在设置这些坑的地方，复合衬垫系统都是低下去的（图6.18）。设计淋洗液收集坑的关键是：①假定坑的尺寸；②计算坑的总体积；③计算坑中提升管所占体积；④计算坑的有效体积，这和所填砾石的孔隙率有关；⑤确定开启和关闭潜水泵的水位标高；⑥计算坑中需要抽取的蓄水体积；⑦计算提升管上应钻的孔并校核其强度。

此外还有淋洗液抽取泵应保证在淋洗液产出最大量时能正常排放，并具有一定的有效的工作扬程。

## 6.4 填埋场气体收集系统的设计

固体废物填埋场可看作一生物化学反应堆，输入物是固体废弃物和水，输出物则主要是填埋废气和淋洗液。填埋场气体控制系统被用来防止废气不必要地进入大气，或在周围土体内作侧向和竖向运动。回收的填埋废气可以用来产生能量或有控制地焚烧以避免其有害成分释放到空气中去。

固体废物置入填埋场后，由于微生物的作用，垃圾中可降解有机物被微生物分解，产生气体。最初，这种分解是在好氧条件下进行的，氧是由填埋废物时带入的，产生的气体主要有二氧化碳、水和氨，这个阶段可持续几天。当填埋区内氧被消耗尽时，垃圾中有机物的分解就在厌氧条件下进行，此时产生的气体主要有甲烷、二氧化碳、氨和水，还有少量硫化氢气体。卫生土地填埋场不同时间产生的气体成分示于图 6.19。从图中可以看出最终气体产物主要有二氧化碳和甲烷气体。

第一阶段：好氧分解；第二阶段：厌氧分解，不产甲烷；第三阶段：厌氧分解，产甲烷但不稳定；第四阶段，厌氧分解，产甲烷稳定。

卫生土地填埋场气体的产生量与处置的垃圾种类有关。气体的产生量可通过现场实际测量或采用经验公式推算得出。气体的产生量虽然因垃圾中的有机物种类不同而有所差异，但主要与有机物中可能分解的有机碳成比例。因此，通常采用下式推算气体产生量：

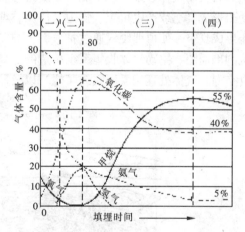

图 6.19　填埋废物产生主要气体的阶段示意图[2]

$$G = 1.866 \times \frac{C_g}{C} \qquad (6-1)$$

式中　　$G$——气体产生量，L；

　　　　$G_g$——可能分解的有机碳量，g；

　　　　$C$——有机物中的碳量，g。

收集填埋废物的系统有两种类型，即被动收集系统和主动收集系统。

### 6.4.1 被动气体收集系统

被动气体收集系统让气体直接排出而不使用机械手段，如气泵或水泵等（图 6.20）。这个系统可以在填埋场外部或内部使用。周边的沟槽和管路作为被动收集系统阻止气体通过土体向侧向流动并直接将其排入大气。如果地下水位较浅，沟槽可以挖至地下水位那个深度，然后回填透水的石渣或埋设多孔管作为被动系统的隔墙，根据周围土的种类，需要在沟槽外侧设置实体的透水性很小的隔墙，以增进沟槽内被动排水量。如果周围是砂性土，其透水性和沟槽填土相似，则需在沟槽外侧设置一层柔性薄膜，以阻止气体流动，让气体经排气口排出，如果周边地下水位较深，作为一个补救方法，也可用泥浆墙阻止气体流动。图 6.21 表示一种典型的被动排气方式，它既有覆盖又有封顶系统。被动气体收集系统的优点是费用较低，而且维护保养也较简单。

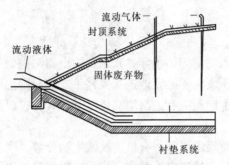

图 6.20　一个独立的被动气体
排放系统示意图[4]

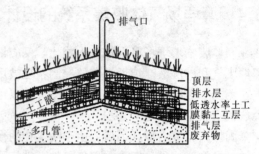

图 6.21　典型的填埋场排放气体
被动收集系统[4]

### 6.4.2　主动气体收集系统

若被动气体收集系统不能有效地处理填埋场气体，就必须采用主动气体收集系统，利用动力形成真空或产生负压，强迫气体从填埋场中排出。极大多数主动气体收集系统均利用负压形成真空，使填埋废气通过抽气井、排气槽或排气层排出。图 6.22 是一主动气体收集系统的剖面图。主动气体收集系统构造的主要部分有抽气井、集气管、冷凝水脱离和水泵站、真空源、气体处理站（回收或焚烧）以及监测设备等。

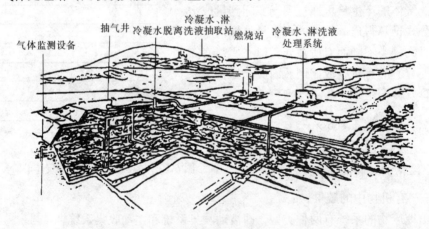

图 6.22　主动气体收集系统剖面图[2]

若使用主动气体收集系统收集填埋场废气，则必须对废气进行处理。废气处理通常包括通过燃烧造成有机化合物热破坏或者对废气进行清理加工和回收能量。

可通过脱水和去除其他杂质（包括二氧化碳）对填埋场废气进行清理。没有经过清理的填埋场废气其热量约为 4452kcal（1 kcal = 4.1868 × 10³J），这个热量大约只有天然气的一半，因为填埋场气体中只有接近一半是甲烷。经过清理可使气体的热量增加 1 倍，达到天然气的水平，气体就可以直接送入管道并像天然气一样使用了。在较大的填埋场，经过脱水和去除一氧化碳等清理后的气体可以用来烧锅炉和驱动涡轮发电机以回收能量。

## 6.5 填埋场封顶系统的设计

对于已填满的城市固体废弃物填埋场,合适的封闭是必不可少的。设计封顶的主要目的是阻止水流渗入废弃物,使可能渗入地下水的淋洗液减至最少,为此必须阻止液体重新进入填埋场,并使原来存在的淋洗液被收集和排除掉。在填埋场设计中,必须考虑最终封顶系统的设计,通常情况下应考虑如下因素:封顶的位置,低透水性土的有效利用率,优质表土的备料情况,使用土工合成材料以改善封顶系统性能,稳定边坡的限制高度,以及填埋场封闭后管理期间该地面如何使用等。填埋场封顶的目标是尽量减少今后维护和最大限度保护环境及公共健康。

现今复合封顶系统已广泛应用于城市固体废弃物填埋场,图 6.23a ~ 图 6.23f 为广泛用于美国城市固体废弃物填埋场设计中封顶系统的各类典型剖面,从下向上由气体排放层、低透水性压实土层、排水保护层和表面覆盖层组成。

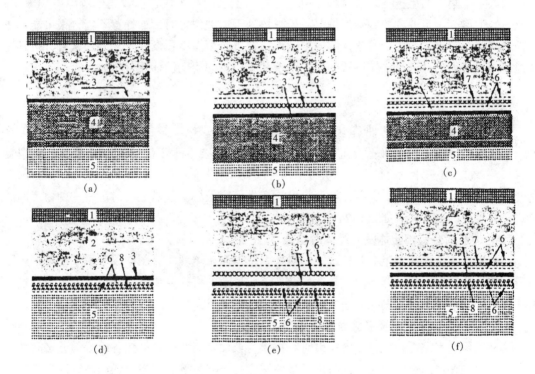

图 6.23 填埋场封顶系统各类典型剖面[4]

(a) 典型的填埋场封顶;(b) 具有土工织物及土工网排水层的填埋场封顶;

(c) 具有土工复合材料排水层的填埋场封顶;(d) 具有 GCL 的填埋场封顶;

(e) 具有土工织物和土工网排水层及 GCL 的填埋场封顶;

(f) 具有土工复合材料排水层及 GCL 的填埋场封顶

1—带有植被的表土;2—保护层;3—土工膜;4—压实土层;5—气体排放系统;

6—土工织物反滤层;7—土工网排水层;8—GCL

低透水性压实土层由土与土工膜构成的复合层，位于排气层之上，以限制表面水渗入填埋场中，其厚度不小于45cm，透水率 $K \leqslant 1.0 \times 10^{-5} cm/s$。土工膜要求具有耐久性，并能承受预期的沉降变形。

排水及保护层厚度应大于60cm，直接铺在复合覆盖衬垫之上，它可以使降水离开填埋场顶部向两侧排出，减少寒流对压实土层的侵入，并保护柔性薄膜衬垫不受植物根系、紫外线及其他有害因素的损害。

在近代封顶设计中，常将土工织物和土工网或土工复合材料置于土工膜和保护层之间以增加侧向排水能力。高透水的排水层能防止渗入表面覆盖层的水分在隔离层上积累起来。因为积累起来的水会在土工膜上产生超孔隙水应力并使表面覆盖层和边坡脱开。边坡的排水层常将水排至排水能力比较大的趾部排水管中。

## 6.6 填埋场边坡稳定分析

现代城市固体废弃物卫生填埋场具有非常复杂的衬垫系统，它一般由两层压实黏土衬垫、两层土工膜、两层土工复合材料（由土工网和土工织物组成，作收集及排除淋洗液用）组成，其上覆有一定厚度的砂砾保护层。当衬垫处于边坡位置时，如处置不当，很可能发生各种形式的稳定破坏，由于衬垫系统的复杂性，在进行填埋工程设计时，必须认真分析其边坡稳定破坏机理，并进行边坡位置的衬垫系统和废弃物的稳定性计算分析。

### 6.6.1 边坡稳定破坏类型

固体废弃物填埋场有两种基本类型：一种是上埋式，也就是在平地上堆一个大的垃圾堆，其衬垫系统基本处于水平位置，其边坡稳定破坏主要发生于固体废弃物及其最终覆盖（封顶）系统之中；另一种是下埋式，也就是将填埋场设置在一个洼地或进行适当的开挖，其处于边坡位置的衬垫系统和固体废弃物可能产生稳定破坏。我们主要讨论后一种稳定破坏形式，其潜在的破坏模式如图6.24所示。

**1. 边坡及衬垫底部土体发生整体滑动破坏**(图6.24a)

这种破坏类型可能发生在开挖或铺设衬垫系统但尚未填埋时。图中仅表示了地基产生圆弧滑动破坏的情况，但实际上由于软弱层及裂缝所导致的楔体或块体破坏也不能忽视。这种破坏模式可用常规的岩土勘探和边坡稳定分析方法来评价。

**2. 衬垫从锚沟中脱出及沿坡面滑动**(图6.24b)

这种破坏通常发生在衬垫系统铺设时。衬垫与坡面之间摩擦及衬垫各组成部分之间的摩擦能阻止衬垫在坡面上的滑移，同时由于最底一层衬垫与掘抗壁摩擦及锚沟的锚固作用也可阻止衬垫的滑动。其安全程度可由各种摩擦阻力与由衬垫系统自重产生的下滑力之比加以评价。

**3. 沿固体废弃物内部破坏**(图6.24c)

当废弃物填埋到某一极限高度时，就可能产生破坏。填埋的极限高度与坡角和废弃物自身强度有关。这种情况可用常规的边坡稳定分析方法进行分析，困难在于如何合理选取固体废弃物的容重和强度值。

**4. 沿废弃物内部及地基破坏**(图 6.24d)

破坏可以沿着废弃物、衬垫及场地地基发生。当地基土强度较小，尤其是软土地基时，更容易发生这种破坏。这种类型破坏的可能性常作为选择封闭方案的一个控制因素。

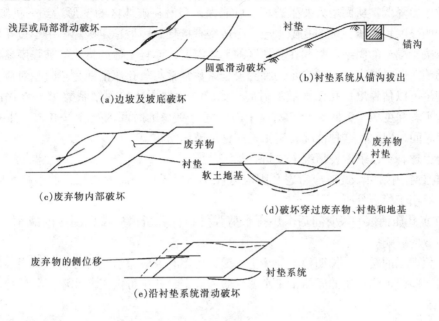

图 6.24　填埋工程中几种可能破坏的类型示意图

**5. 沿衬垫系统的破坏**(图 6.24e)

复合衬垫系统内部强度较小的接触面形成一滑动单元。这种破坏常受接触面的抗剪强度、废弃物自重和填埋几何形状等因素控制。

**6. 封顶和覆盖层的破坏**

由土或土及复合材料组成的封顶系统（最终覆盖）用于斜坡上时，抗剪强度低的接触面常导致覆盖层的不稳定而沿填埋的废弃物坡面向下滑动。

**7. 过大的沉降**

大的沉降尽管不是严格意义上的一种稳定破坏。但由于垃圾的压缩、腐蚀、分解产生过大沉降及地基自身的沉降可能导致淋洗液及气体收集监测系统发生破裂，填埋场的沉降会使斜坡上的衬垫产生较大的张力，可以导致破坏。此外，不均匀沉降也可以使有裂缝的覆盖层和衬垫产生畸变，如果水通过裂缝进入填埋场也会对其稳定性产生不利影响。

所有这些破坏类型都可能由静荷载或动（地震）荷载引发，在这些破坏类型中，衬垫系统的破坏最受关注，因为一旦衬垫破坏，填埋物的淋洗液就可能进入周围土体及地下水中，造成新的环境污染。

### 6.6.2　破坏机理

填埋场边坡稳定分析应从短期和长期稳定性两方面考虑，边坡稳定性通常与土的抗剪强度参数（总应力或有效应力强度指标）、坡高、坡角、土的容重及孔隙水应力等因素有关。对土层剖面进行充分的岩土工程勘察和水文地质研究是很必要的。在勘察中，对土性描述、地下水埋深、标准贯入击数应作详细记录并通过室内试验来确定土的各项工程性质和力学性质指标。

短期破坏通常发生在施工末期。因边坡较陡，在开挖结束后不久即发生稳定破坏。对于饱和黏土，由于开挖使土体内部应力很快发生变化，在潜在破坏区内孔隙水应力的增大相应地使有效应力降低，从而增大发生破坏的可能性。当潜在破坏区的变形达到一极限变形时，就会出现明显的负孔压，负的孔隙水应力消散常直接导致边坡稳定破坏。由于负孔压消散速率主要取决于黏土的固结系数和在破坏区的平均深度，而且土体的排水抗剪强度参数也随着负孔压的消散同时增大，边坡稳定的临界安全系数常常与负孔压消散完毕时相对应。用太沙基固结理论可以估算出负孔压消散的时间，如若一边坡土体的固结系数 $C_v = 0.01\text{m}^2/\text{d}$，潜在破坏区平均深度 $H = 0.5\text{m}$，已知对应于固结度为 90% 的时间因数 $T_v = 0.85$，则孔压的消散需 6 年时间，因此，这种情况就属于长期稳定破坏问题。

综合上述，对以下两种情况需要进行稳定分析：

1. 施工刚刚结束。此时应考虑孔隙应力快速、短暂且轻微的增长，对不排水强度指标进行修正后用于稳定分析。

2. 在负孔压消散一段时间后。用排水剪强度指标分析，应考虑围压的减小（或增大）对强度参数的影响。

对于填埋场的覆盖，长期稳定似乎更关键，可用有效应力法进行分析。所用参数可由固结排水剪试验或可测孔压的固结不排水剪试验来确定，孔压可由流网或渗流分析得出，安全系数取 1.5。

### 6.6.3 边坡位置多层复合衬垫的稳定性

填埋场复合衬垫系统中第一层黏土衬垫直接建于第二层淋洗液收集系统（由土工网和土工织物组成的土工复合材料）上面，而该系统又依次铺设于第二层土工膜之上（图 6.25），整个衬垫系统抗滑稳定性取决于系统各组成部分之间接触面的抗剪强度，通常第二层淋洗液收集系统与第二层土工膜衬垫的接触面上抗剪强度最小，因此这一接触面是危险的。如果土工膜衬垫是一层有纹理的高密聚乙烯膜，并且作为淋洗液收集系统的土工复合材料中间是一层无纺织物的土工网，两面均贴有带孔的土工织物，计算稳定性的各接触面上的摩擦角和凝聚力则应通过实验得出。

复合衬垫沿坡面滑动的稳定性因具有多层黏土衬垫、土工膜和土工复合材料变得非常复杂。废弃物荷载通过第一层土工复合材料和土工膜使第一层黏土衬垫的剪应力增加，这种应力的一部分通过摩擦传至第二层土工复合材料。这些接触面之间摩擦力的差值必须由第一层土工膜衬垫以张应力的形成来承担，并与土工膜的屈服应力对比以确定其安全度。传到第二层土工复合材料上的应力现在又传到下面的第二层衬垫系统中，其应力差也通过土工织物和土工网连续作用于第二层土工膜，不平衡部分最后再转移到土工膜下面的黏土衬垫中。图 6.25 表示作用于多层衬垫系统各接触面上的剪应力，图中 $F$ 与 $F'$ 是作用力与反作用力的关系。

**1. 施工期边坡衬垫系统稳定计算**

双楔体分析可以用来计算第一层或第二层压实黏土衬垫的稳定安全系数。如图 6.26 所示，土质衬垫可以分为两段不连续的部分，主动楔体位于坡面可导致土体破坏，被动楔体则位于坡脚并阻止破坏的发生。图上已标出作用于主动楔体和被动楔体上的力。为简化计算，假定作用于两楔体接触面上的力 $E_a$ 及 $E_p$ 的方向均和坡面平行。坡顶则存在一道张裂缝将

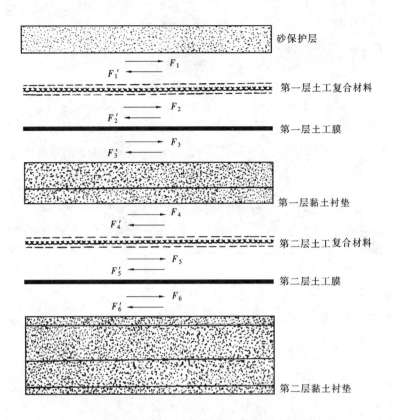

砂保护层

$F_1$
$F_1'$

第一层土工复合材料

$F_2$
$F_2'$

第一层土工膜

$F_3$
$F_3'$

第一层黏土衬垫

$F_4$
$F_4'$

第二层土工复合材料

$F_5$
$F_5'$

第二层土工膜

$F_6$
$F_6'$

第二层黏土衬垫

图 6.25　边坡位置双层复合衬垫系统的接触面剪力

滑动衬垫与坡顶其他土分开。图上各符号及摩擦角说明如下：

$W_a$——主动楔体重量；

$W_p$——被动楔体重量；

$\beta$——坡角；

$H$——土质衬垫的厚度；

$L$——坡面长度；

$H_v$——坡高；

$L_h$——边坡水平距离；

$\psi$——土体内摩擦角；

$\delta$——土体底部与邻近材料之间接触面摩擦角；

$N_a$——作用于主动楔体底部的法向力；

$F_a$——作用于主动楔体底部的摩擦力；

$E_a$——被动楔体作用于主动楔体的力（大小未知，方向假定与坡面平行）；

$N_p$——作用于被动楔体底部的法向力；

$F_p$——作用于被动楔体底部的摩擦力；

$E_p$——主动楔体作用于被动楔体的力，$E_a = E_p$；

$F_s$——土质衬垫稳定安全系数。

考虑主动楔体力的平衡，有

$$\sum F_y = 0 \qquad\qquad N_a = W_a\cos\beta \qquad\qquad (6-2)$$

$$\sum F_x = 0 \qquad\qquad F_a + E_a = W_a\cos\beta \qquad\qquad (6-3)$$

又因 $\qquad\qquad F_a = N_a\tan\delta/F_s \qquad\qquad (6-4)$

故有 $\qquad\qquad F_a = N_a\tan\delta/F_s \qquad\qquad (6-5)$

$$E_a = W_a\sin\beta - W_a\cos\beta\tan\delta/F_s$$
$$(6-6)$$

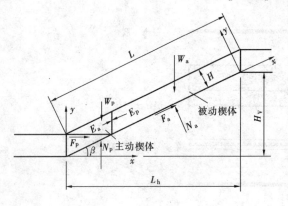

考虑被动楔体力的平衡及 $E_a = E_p$,

$$\sum F_y = 0$$

$$N_p = W_p + E_p\sin\beta$$
$$= W_p + W_a\sin^2\beta - W_a\sin\beta\cos\beta\tan\delta/F_s$$
$$(6-7)$$

$$\sum F_x = 0$$

$$F = E_p\cos\beta$$
$$= W_a\sin\beta\cos\beta - W_a\cos^2\beta\tan\delta/F_s$$
$$(6-8)$$

图 6.26　边坡位置覆盖土受力分析剖面图

同时有 $\qquad\qquad F_s = N_p\tan\psi/F_p \qquad\qquad (6-9)$

将式（6-7）、式（6-8）代入式（6-9），并经过整理可得一一元二次方程式

$$AF_s^2 + BF_s + C = 0 \qquad\qquad (6-10)$$

式中　$A = W_a\sin\beta\cos\beta$

$\qquad B = -(W_p\tan\psi + W_a\sin^2\beta + W_a\cos^2\beta\tan\delta)$

$\qquad C = W_a\sin\beta\cos\beta\tan\psi\tan\delta$

该方程式的合理根就是土质衬垫的稳定安全系数

$$F_s = \frac{-B + (B^2 - 4AC)^{0.5}}{2A} \qquad\qquad (6-11)$$

$F_s$ 求得后，可利用式（6-2）及式（6-5）求出 $N_a$ 及 $F_a$。

整个多层复合衬垫的安全评价可采取下列步骤：

A. 利用上述计算方法计算第一层黏土衬垫与第二层土工复合材料之间接触面上的安全系数 $F_{s4}$。

B. 计算第一层黏土衬垫与第二层土工复合材料之间的剪切力 $F_4 = W_a \cdot \cos\beta\tan\delta_4/F_{s4}$，$F_4' = F_4$。

C. 计算第二层土工复合材料与第二层土工膜之间接触面上的安全系数。若第二层土工复合材料和土工膜之间的摩擦角为 $\delta_5$，则接触面可提供的最大摩擦力为 $(F_5)_{max} = N_a\tan\delta_5$，若 $(F_5)_{max} > F_4'$，则 $F_5 = F_4'$，$F_5' = F_5$，而 $F_{s5} = (F_5)_{max}/F_5 = (F_5)_{max}/F_4'$。

D. 计算第二层土工膜和第二层黏土衬垫之间接触面上的安全系数。若第二层土工膜和其下黏土衬垫间的摩擦角为 $\delta_6$，则接触面可提供的最大摩擦力为 $(F_6)_{max} = N_a\tan\delta_6$，若 $(F_6)_{max} > F_5'$，则 $F_6 = F_6'$，而 $F_{s6} = (F_6)_{max}/F_6 = (F_6)_{max}/F_5'$。

**2. 竣工后边坡衬垫系统稳定计算**

同样采用双楔体分析，楔体受力情况见图 6.27，与施工期不同的是在黏土衬垫上已作用有上覆砂层的重量，图中符号除与图6.26相同之外，尚有：

$H_s$——覆盖砂层的厚度；

$\gamma_s$——覆盖砂层的容量；

$P_a$——砂层作用于主动楔体上部的法向力 $P_a = \gamma_s H_s (L_h - H/\sin\beta)$；

$P_p$——砂层作用于被动楔体上部的法向力 $P_p = \gamma_s H_s H/\sin\beta$；

$F_{ta}$——由邻近材料传递在主动楔体上部产生的摩擦力；

$F_{tp}$——由邻近材料传递在被动楔体上部产生的摩擦力。

同样对主动楔体进行力的平衡，有

$$\sum F_y = 0 \qquad N_a = W_a\cos\beta + P_a \tag{6-12}$$

$$\sum F_x = 0 \qquad F_a + E_a = W_a\sin\beta + F_{ta} \tag{6-13}$$

因 $\qquad F_a = N_a\tan\delta / F_s \tag{6-14}$

故有 $\quad F_a = (W_a\cos\beta + P_a)\tan\delta / F_s \tag{6-15}$

$$E_a = W_a\sin\beta + F_{ta} - (W_a\cos\beta + P_a)\tan\delta / F_s \tag{6-16}$$

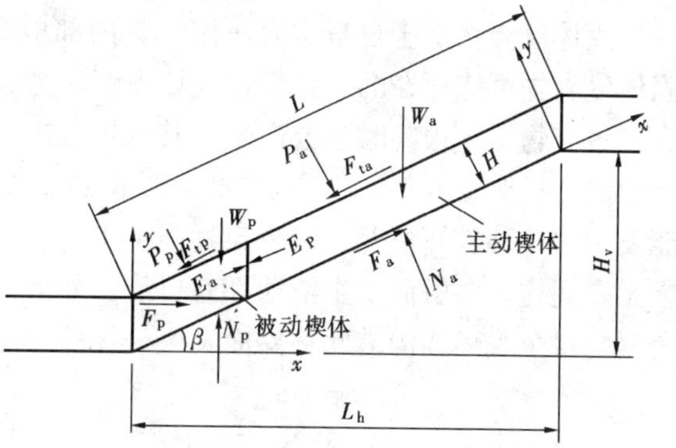

对被动楔体取力的平衡，同时考虑

图6.27 边坡位置第一层黏土衬垫受力分析剖面图

$$E_a = E_p \tag{6-17}$$

$$\sum F_y = 0$$

$$N_p = W_p\sin\beta\cos\beta + F_{ta} + F_{tp}\cos\beta - P_p\sin\beta - (W_a\cos\beta + P_a)\cos\beta\tan\delta / F_s \tag{6-18}$$

又因 $$F_s = N_p\tan\psi / F_p \tag{6-19}$$

将式（6-9）、式（6-10）分别代入式（6-11）并加整理后同样可得一元二次方程式

$$AF_s^2 + BF_s + C = 0 \tag{6-20}$$

式中 $A = W_a\sin\beta\cos\beta + F_{ta}\cos\beta - P_p\sin\beta$

$B = -\left[(W_a\cos\beta + P_a)\cos\beta\tan\delta + (W_p + W_a\sin^2\beta + F_{ta}\sin\beta + P_p\cos\beta)\tan\varphi\right]$

$C = (W_a\cos\beta + P_a)\sin\beta\tan\delta\tan\varphi$

$F_s$ 就是方程（6-20）的合理根。

整个复合衬垫系统各接触面的稳定安全系数采用与前面同样的方法自上而下逐层推求。

A. 先利用方程（6-20）求出上覆砂层和第一层土工复合材料接触面上的安全系数 $F_{s1}$，此时 $\varphi$ 用的是砂层的内摩擦角 $\varphi_s$，$\delta$ 用的是砂层和土工复合材料之间的摩擦角 $\delta_1$。然后利用式（6-9）和式（6-15）求出 $F_1$ 及 $N_a$，$F_1' = F_1$。

B. 求出第一层土工复合材料和第一层土工膜之间的剪切力及接触面安全系数。

$(F_2)_{max} = N_a \cdot \tan\delta_2$，$\delta_2$ 为土工复合材料与土工膜之间的摩擦角，若 $(F_2)_{max} > F_1'$，则 $F_2 = F_1'$，$F_2' = F_2$，$F_{s2} = (F_2)_{max} / F_1'$。

C. 用同样方法求出第一层土工膜与黏土衬垫之间接触面上的剪应力的安全系数 $F_{s3} =$

99

$(F_3)_{max}/F_3 = (F_3)_{max}/F_2'$。

D. 求出第一层黏土衬垫和第二层土工复合材料接触面的安全系数 $F_{s4}$。此时需注意在加上黏土衬垫的重量后，重新按式（6-20）求出 $F_{s4}$，并由式（6-2）、式（6-6）求出 $F_4$ 及 $N_a$，$F_4' = F_4$。

E. 重复同样步骤可分别求出第二层复合材料与土工膜，土工膜与第二层黏土衬垫等接触面上的安全系数 $F_{s5}$ 及 $F_{s6}$。

### 6.6.4 固体废弃物的稳定性

固体废弃物由于自身重力作用，其内部也会产生稳定性问题。图 6.28 表示邻近边坡的固体废弃物可能存在的几种稳定破坏类型。图 6.28a 表示在废弃物内部产生圆弧滑动，这只有在废弃物堆积很陡时才会产生，其分析方法与常规的土坡圆弧滑动法相同，但其抗剪强度参数的选择要十分小心。图 6.28b～图 6.28d 代表了当多层复合衬垫中存在有低摩擦面时可能发生的几种破坏情况，沿废弃物与土工膜、砂层与土工膜、土工膜与土工网及土工膜与湿黏土之间这些接触面发生滑动都有可能，如果临界破坏面发生在第二层土工膜的下面，则整个复合衬垫脱离锚沟沿此临界面发生破坏的可能性很大。

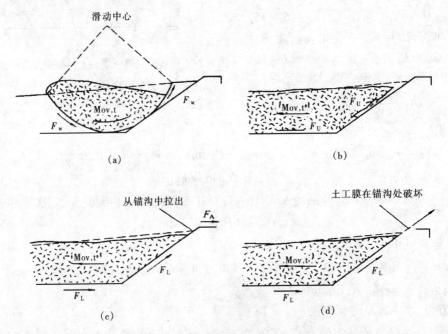

图 6.28 紧靠斜坡的固体废弃物几种可能的破坏形式

(a) 废弃物内部破坏；(b) 衬垫土楔形破坏；(c) 衬垫拉出的楔形破坏；(d) 衬垫拉断的楔形破坏

固体废弃物沿衬垫接触面滑动的稳定安全性评价，仍可采用双楔体分析的方法，其计算简图如图 6.29 所示。将固体废弃物分成不连续的两部分，在边坡上的是引起滑动破坏的主动楔体，而阻止滑动的被动楔体则位于边坡的底部。作用于两个楔体上的力如图 6.29 所示，图中符号及有关参数说明如下：

$W_p$——被动楔重量；

$N_p$——作用于被动楔体底部的法向力；

$F_p$——作用于被动楔体底部的摩擦力；

$E_{hp}$——主动楔体作用于被动楔体上的法向力，大小未知，方向垂直于两楔体分界面；

$E_{vp}$——作用于被动楔体边上的摩擦力，大小未知，方向平行于两楔体分界面；

$F_{sp}$——被动楔体的安全系数；

$\delta_p$——被动楔体底部多层复合衬垫接触面中最小的摩擦角；

$\psi_s$——固体废弃物内摩擦角；

$\alpha$——固体废弃物坡角；

$\theta$——填埋场基底的倾斜角；

$W_a$——主动楔体重量；

$N_a$——作用于主动楔体底部的法向力；

$F_a$——作用于主动楔体底部的摩擦力；

$E_{ha}$——被动楔体作用于主动楔体上的法向力，$E_{ha} = E_{hp}$；

$E_{va}$——作用于主动楔体边上的摩擦力；

$F_{sa}$——主动楔体的安全系数；

$\delta_a$——主动楔体底部多层复合衬垫接触面中最小的摩擦角（在边坡部位建议采用残余摩擦角）；

$\beta$——坡角；

$F_s$——整个固体废弃物的安全系数。

考虑被动楔体上力的平衡（图6.29）。

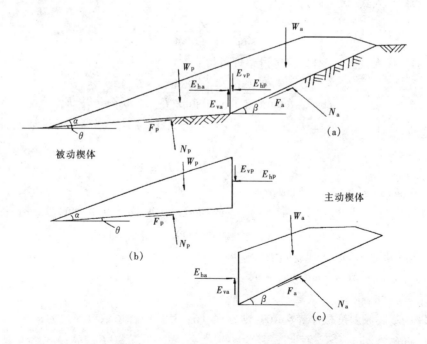

图6.29 填埋场中固体废弃物两相邻楔体上的作用力

$$\sum F_y = 0$$

$$W_p + E_{vp} = N_p \cos\theta + F_p \sin\theta \tag{6-21}$$

因 
$$F_p = N_p \tan\delta_p / F_{sp} \tag{6-22}$$

$$E_{vp} = E_{hp} \tan\psi_s / F_{sp} \tag{6-23}$$

得 
$$W_p + E_{hp} \tan\psi_s / F_{sp} = N_p (\cos\theta + \sin\theta \tan\delta_p / F_{sp}) \tag{6-24}$$

$$\sum F_x = 0$$

$$F_p \cos\theta = E_{hp} + N_p \sin\theta \tag{6-25}$$

将式 (6-14) 代入式 (6-17), 求出

$$N_p = \frac{E_{hp}}{\cos\theta \tan\delta_p / F_{sp} - \sin\theta} \tag{6-26}$$

将式 (6-26) 代入式 (6-24), 经过整理, 可得

$$E_{hp} = \frac{W_p (\cos\theta \tan\delta_p / F_{sp} - \sin\theta)}{\cos\theta + (\tan\delta_p + \tan\varphi_s)\sin\theta / F_{sp} - \cos\theta \tan\delta_p \tan\psi_s / F_{sp}^2} \tag{6-27}$$

考虑主动楔体上力的平衡 (图 6-27c),

$$\sum F_y = 0$$

$$W_a = F_a \sin\beta + N_a \cos\beta + E_{va} \tag{6-28}$$

因 
$$F_a = N_a \tan\delta_a F_{sa} \tag{6-29}$$

$$E_{va} = E_{ha} \tan\psi_s F_{sa} / F_{sa} \tag{6-30}$$

得 
$$W_a = N_a (\cos\beta + \sin\beta \tan\delta_a / F_{sa}) + E_{ha} \tan\varphi_s / F_{sa} \tag{6-31}$$

$$\sum F_x = 0 \qquad F_a \cos\beta + E_{ha} = N_a \sin\beta \tag{6-32}$$

将式 (6-29) 代入式 (6-32), 求出

$$N_a = \frac{E_{ha}}{\sin\beta - \cos\beta \tan\delta_a / F_{sa}} \tag{6-33}$$

将式 (6-33) 代入式 (6-31) 并经过整理可得

$$E_{ha} = \frac{W_a (\sin\beta - \cos\beta \tan\delta_a / F_{sa})}{\cos\beta + (\tan\delta_a + \tan\varphi_s)\sin\beta / F_{sa} - \cos\beta \tan\delta_s / F_{sp}^2} \tag{6-34}$$

因为 $E_{ha} = E_{hp}$, 且 $F_{sa} = F_{sp} = F_s$, 令式 (6-27) 与式 (6-34) 相等, 经过整理后得一元三次方程式

$$A F_s^3 + B F_s^3 + C F_s + D = 0 \tag{6-35}$$

式中 $A = W_a \sin\beta \cos\theta + W_p \cos\beta \sin\theta$

$B = (W_a \tan\delta_p + W_p \tan\delta_a + W_t \tan\psi_s) \sin\beta \sin\theta - (W_a \tan\delta_a + W_p \tan\delta_p) \cos\beta \cos\beta$

$C = -[W_t \tan\psi_s (\sin\beta \cos\theta \tan\delta_p + \cos\beta \sin\theta \tan\delta_a)$

$\qquad + (W_a \cos\beta \sin\theta + W_p \sin\beta \cos\theta) \tan\delta_a \tan\delta_p]$

$D = -[W_t \cos\beta \cos\theta \tan\delta_a \tan\delta_p \tan\varphi_s]$

$W_t = W_a + W_p$

若填埋场基底倾斜度极小, $\theta \approx 0$, 则方程 (6-35) 中各系数可简化为:

$A = W_a \sin\beta$

$B = -(W_a \tan\delta_a + W_p \tan\delta_p) \cos\beta$

$$C = - (W_t\tan\psi_s + W_p\tan\delta_a)\sin\beta\tan\delta_p$$

$$D = W_t\cos\beta\tan\delta_a\tan\delta_p\tan\varphi_s$$

利用数值选代的方法很容易求出方程（6-35）的解，这就是整个固体废弃物的稳定安全系数了。

如果城市固体废弃物填埋场位于地震活动带内，其设计应充分考虑填埋场、承重结构及下卧土层在地震荷载作用下的稳定性。此时稳定计算的关键是在填埋场使用和封闭以后，如何考虑水平地震加速度对填埋场边坡稳定性的影响。特别重要的是在计算中对于填埋场衬垫系统中土工膜衬垫的表面应使用较低的摩擦角。地基稳定性计算则应校核饱和松砂地层在地震时有无可能产生液化，这种液化是由砂层内因受剪而产生的超孔隙水应力引起的，在产生液化的瞬时，地基土的承载力将消失，从而造成整个填埋场衬垫系统的毁坏。

### 6.6.5 封顶系统的边坡稳定分析

封顶系统通常均是相对较薄的土层，当位于边坡位置时，由于重力作用，均有向下滑动的趋势。下列计算适用下排水层与土工膜之间存在的潜在破坏面，其滑动方向与坡面平行。

**1. 土工膜上无渗透水的情况**

边坡部位覆盖层的稳定分析，可以按整个边坡计算其向量力，包括坡脚的抗力在内，也可以稍加简化按无限边坡进行分析。采用何种方法取决于坡脚抗力与整个边坡阻力相比相对影响有多大，对下坡面覆盖比较长的情况，坡脚抗力通常仅占整个土坡阻力的5%，此时可按无限边坡分析。若无限边坡分析求出的安全系数小于期望值，也可用包括坡脚抗力在内的整体分析方法进行校核，并重新计算安全系数。

**2. 砂砾排水层，土工膜上有渗透水流的情况**

图6.30表示部分饱和边坡当土工膜上渗流方向与边坡平行时的一般几何形态。注意其孔隙水压力（孔隙水应力）是由流网确定的，流网的一部分已在图6.31中画出。对于砂砾排水层，当土工膜上存在渗流时封顶系统的稳定安全系数可用下式计算：

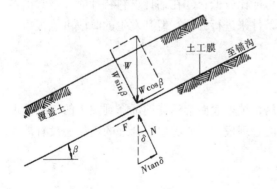

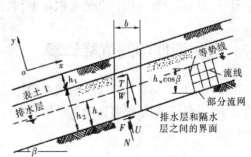

图6.30 封顶边坡土工膜与其
上覆土层界面上的力

图6.31 渗流与封顶边坡平行的
无限边坡稳定分析

$$F_s = \frac{\dfrac{c}{\cos\beta} + [\gamma_1 h_1 + \gamma_2(h_2 - h_w) + (\gamma_{2sat} - \gamma_w)h_w]\tan\delta}{[\gamma_1 h_1 + \gamma_2(h_2 - h_w) + \gamma_{2sat}h_w]\tan\beta} \qquad (6-36)$$

若 $c = 0$，则式（6-36）成为

$$F_s = \frac{[\gamma_1 h_1 + \gamma_2(h_2 - h_w) + (\gamma_{2sat} - \gamma_w)h_w]\tan\delta}{[\gamma_1 h_1 + \gamma_2(h_2 - h_w) + \gamma_{2sat}h_w]\tan\beta} \tag{6-37}$$

式中　　$W$——有代表性的覆盖层条块总重量，kN/m；

　　　　$U$——孔隙水扬压力，kN/m；

　　　　$N$——有效法向力，kN/m；

　　　　$T$——滑动力，kN/m；

　　　　$F$——抗滑力，kN/m；

　　　　$c$——覆盖层条块底部单位面积有效黏聚力，kPa；

　　　　$h_1$——表土层厚度，m；

　　　　$h_2$——排水层厚度，m；

　　　　$h_w$——排水层中垂于土坡的渗透水深，m；

　　　　$b$——所取代表性覆盖层条块宽度，m；

　　　　$\gamma_1$——表土的饱和容重，kN/m³；

　　　　$\gamma_2$——排水层的湿容重，kN/m³；

　　$\gamma_{2sat}$——排水层的饱和容重，kN/m³；

　　　　$\gamma_w$——水容重（9.81kN/m³）；

　　　　$\delta$——排水层和土工膜之间的有效摩擦角；

　　　　$\beta$——覆盖层的坡角。

**3. 关于安全系数的选择**

对于边坡的长期静力稳定分析，通常认为最小安全系数为1.5是比较合适的。但这常用于土坝设计，对于填埋场整体边坡稳定分析或封顶边坡稳定分析是否合适呢？美国环保局建议最小安全系数可取1.25~1.5，其大小安全取决于所取抗剪强度参数的正确程度。另外在选择封顶系统的最小稳定安全系数时，下列因素也应予考虑：①由于土工复合材料试验的相对历史比较短，所提供的材料特性其可信程度可能比较低；②在估计材料特性时，常常已经包括有一定的安全度在内；③通常取最不利的条件来进行分析，但其发生的时段可能很短。

# 6.7　卫生填埋中的沉降计算

通常在填埋达到设计高度，封闭填埋场以后，填埋表面会迅速地沉降到拟定的最终填埋高度以下。但是目前还没有预测这种沉降特性的合理模型，或者说，合理的模型还没有被大家所接受。

## 6.7.1　废弃料沉降机理

填埋保护系统，诸如覆盖系统、污染控制屏障、排水系统的设计，会受到填埋场沉降的影响，同样，填埋存贮容量、用于支撑建筑物和道路的垃圾填埋的费用及其可行性，以及填埋场的利用，也都受填埋场沉降的影响。过大沉降可能会给填埋场筑成池塘，积水成池，甚至会引起覆盖系统和排水系统开裂，由此可能使得进入填埋场的水分和渗滤所产生的淋洗液有所增加。

城市固体废弃料的沉降常常在堆加填埋荷载后就立即发生，并且在很长一段时期内持续发展。垃圾沉降的机理相当复杂，垃圾填埋所表现出来的极度非均质性和大孔隙程度甚至不亚于土体。垃圾沉降的主要机理如下：

（1）压缩：包括废弃料的畸变、弯曲、破碎和重定向，与有机质土的固结相似。压缩由填埋场自重及其所受到的荷载引起，在填埋期、主固结期、次固结（次压缩）期内都有可能发生。

（2）错动：垃圾填埋中的细颗粒向大的孔隙或洞穴中的运动。这个概念通常难以与其他机理区别开来。

（3）物理化学变化：废弃料因腐蚀、氧化和燃烧作用引起的质变及体积减小。

（4）生化分解：垃圾因发酵、腐烂及好氧和厌氧作用引起的质量减小。

影响沉降量的因素有很多，各因素之间是相互作用、相互影响的。这些影响因素包括：①垃圾填埋场的各堆层中的垃圾层及土体覆盖层和初始密度或孔隙比；②垃圾中的可分解的废弃料的含量；③填埋高度；④覆盖压力及应力积累；⑤渗滤水位及其涨落；⑥环境因素，诸如大气湿度，对垃圾有影响的氧化含量、填埋体温度以及填埋体中的气体或由填埋料所产生的气体。

沉降的出现很可能与大量的填埋气体的产生与排放有关。气体的产生及排放导致沉降的机理学说，虽然从岩土工程角度来看非常具体，但是还没有被完全解释清楚。同样，部分饱和料压缩中的水量平衡准则和水力效应概念也都没有被大家完全接受。

实际上，垃圾沉降不仅仅在自重作用下产生，在已填垃圾上面填埋新一层垃圾时，已填垃圾在受到新填垃圾所施加的荷重作用下也会产生沉降。自重和荷重作用下会引起填埋场应力改变，而在填埋堆层中的垃圾层上采用土体覆盖层则会使得这个应力改变值的计算相当复杂。此外，覆盖层土体还使我们难以对填埋场的容重进行测量和表述。因此，填埋场容重可以有两种定义形式：①实际垃圾容重（垃圾容重、垃圾重量）；②有效垃圾容重（每单位体积填埋中垃圾层与覆盖层的重量）。其中，实际垃圾容重很不稳定，没有规律。在一个填埋场中，实际垃圾容重的变化范围可达 $5 \sim 11 kN/m^3$。含水量（按干料重量的百分比计）的变化范围可达 $10\% \sim 50\%$。

垃圾沉降的特点就是它的无规律性。在填埋竣工后的 1 或 2 个月内，沉降较大，接下来，在相当长的一段时间内，大量产生的是次压缩（次固结）沉降。随着时间的流逝和距离填埋表面的埋置深度，沉降量逐渐减小。在自重作用下，垃圾沉降可以达到初始填埋厚度的 $5\% \sim 30\%$，大部分沉降发生在第一年或前两年内。

### 6.7.2  填埋场沉降速率

为了建立填埋场沉降速率的普通趋势，Yen 和 Scanlon（1975）对位于洛杉矶、加利福尼亚地区的三个已建填埋场进行了长达 9 年的现场沉降观测记录的研究。这三个填埋场的面积分别为 $1\,977\,000 m^2$，$80\,324 m^2$ 和 $2\,289\,000 m^2$，最大填埋高度约 38m，示意见图 6.32。沉降速率的定义为

$$m = \frac{测标点标高的变化量}{各测标点间的设置历时} \qquad (6-38)$$

这里使用的时间变量是一个"填埋柱龄期中值"的估计值。它是通过测量从填埋柱填埋

完成一半到沉降测标的设置日期这段时间间隔而得到。术语"填埋柱"被定义为直接位于所设沉降测标之下，天然土体之上填埋的土与垃圾柱。所采用的其他变量有，整个填埋柱深度 $H_f$ 及总填埋施工期 $t_c$，单位为月。选用这些参数，是因为卫生填埋的施工期或日填埋期通常历时较长，在沉降速率分析中应该把这段时间考虑进去。按图 6.32 所示，填埋柱龄期中值 $t_1$ 可用下式估算

$$t_1 = t - t_c/2 \qquad\qquad (6-39)$$

式中 $t$ 为从施工始起算的总历时。

这样，我们就可以用实测数据分析确定填埋龄期中值，填埋深度 $H_f$ 及施工 $t_c$ 之间的关系。填埋柱深度 $H_f$，反映了作用在垃圾之上或垃圾体内的平均应力的大小。因此，可以根据 $H_f$ 与施工历时 $t_c$ 的范围将填埋柱划分为一个柱段。这样，在每个柱段中，$H_f$ 与 $t_c$ 的变化范围受到限制，而且历时 $t_1$ 与沉降速率 $m$ 之间的关系会更加清晰明了。

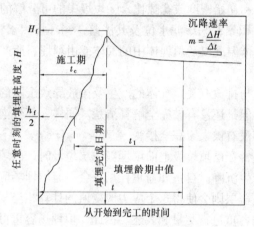

图 6.32　分析中所采用的
变量符号标示图[2]

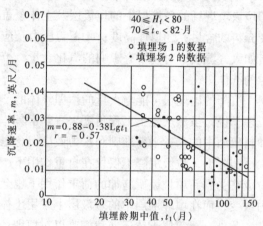

图 6.33　填埋深度介于 12~24m 间的
沉降速率与历时关系[68]

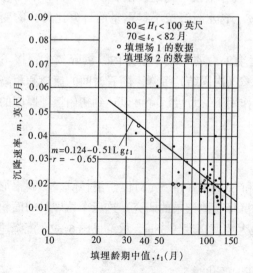

图 6.34　填埋深度介于 24~31m 间的
沉降速率与历时关系[68]

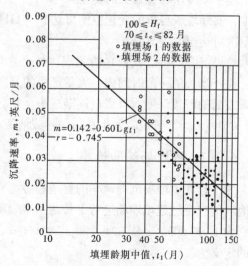

图 6.35　填埋深度大于 31m 的沉降
速率与历时关系[68]

点绘（12～24m），（24～31m）之间及大于 31 的填埋段的 $m$ 与 lg（$t_1$）关系曲线，如图 6.33、图 6.34、图 6.35 所示。图中 $m$ 与 $t_1$ 的线性关系是通过最小二乘法配以回归系数拟合得到的。这三条线仅仅代表的是 $t_c$ 介于 7～8 两个月之间的填埋柱段。表 6.3 归总了施工历时的 $t_c$ 范围从小于 1 年到接近 1 年的别的柱段的分析结果。不同深度范围的填埋柱的沉降速率 $m$ 的平均值如表 6.3 所示。其平均值 $m$ 是通过计算得到的，计算区间中至少应包含有三个现场实测数据。

表 6.3  沉降速率的平均值，$m$，英尺/月（Yen and Scanlon，1975）

| 完成的填埋高度 $H_f$（英尺） | 施工期 $t_c \leqslant 12$ 月 | 施工期 $24 \leqslant t_c \leqslant 50$ 月 | 施工期 $70 \leqslant t_c \leqslant 82$ 月 |
|---|---|---|---|
| （a）填埋龄期中值，$t_1 \leqslant 40$ 月 | | | |
| 40 | × | × | × |
| 41～80 | 0.030 | × | 0.030 |
| 81～100 | 0.050 | × | × |
| >100 | × | × | 0.057 |
| （b）填埋龄期中值，$40 \leqslant t_1 \leqslant 60$ 月 | | | |
| 40 | 0.016 | 0.016 | 0.015 |
| 41～80 | 0.010 | 0.026 | 0.029 |
| >100 | × | × | 0.041 |
| （c）填埋龄期中值，$60 \leqslant t_1 \leqslant 80$ 月 | | | |
| 40 | 0.016 | 0.010 | 0.009 |
| 41～80 | 0.009 | 0.012 | 0.016 |
| 81～100 | 0.036 | × | 0.025 |
| >100 | × | × | 0.025 |
| （d）填埋龄期中值，$80 \leqslant t_1 \leqslant 100$ 月 | | | |
| 40 | 0.008 | 0.0012 | × |
| 41～80 | × | 0.012 | 0.008 |
| 81～100 | × | × | 0.025 |
| >100 | × | × | 0.025 |
| （e）填埋龄期中值，$100 \leqslant t_1 \leqslant 120$ 月 | | | |
| 40 | × | × | × |
| 41～80 | × | × | 0.015 |
| 81～100 | × | × | 0.020 |
| >100 | × | × | 0.020 |

注：×号表明现场的沉降测量数据少于三个，特别是 $H_f$、$t_1$、$t_c$ 区间不能确定，因此不能计算沉降速率 $m$ 平均值；第二列数据仅取自于填埋场 2；第 3 列数据仅取自于填埋场 2 和 3；第 4 列数据仅取自于填埋场 1 和 2。

填埋龄期中值对沉降速率的影响从前述的每个图中的表 6.3 可看出，$m$ 随 $t_1$ 有减小的趋势。然而，在填埋竣工 6 年后（填埋龄期中值为 70～120 个月），沉降速率仍可望达到 0.006m/月。

同样值得我们关注的是，现场勘察之后沉降的范围。工后平均总沉降，可以通过图6.33，图6.34，图6.35中的 $m$ 与 $\lg(t_1)$ 关系函数，在填埋竣工期到外推 $m = 0$ 时的 $t_1$ 值这段历时区间上的积分来估算。结果表明，工后沉降的范围，在总填埋深度的 4.5% ~ 6% 之间，也就是说，对于不受任何外载影响，只受其自身重量及生物降解作用的 31m 高的填埋场，可望产生约 1.4 ~ 1.8m 的工后沉降。

**1. 填埋深度对沉降速率的影响**

从图 6.33 到图 6.35 中可以看出，在不考虑施工期 $t_c$ 及填埋龄期中值 $t_1$ 的情况下，较大的填埋深度通常表现出较快的沉降速率。但是，填埋沉降速率与填埋深度 $t_1$ 并不成线性关系。前述三个填埋场的研究结果表明，虽然沉降速率随填埋深度而增长，但是在深度超过27m 之后，其增长效果基本消失。实际上，对于填埋深度超过 31m 和填埋深度介于 24 ~ 31m 之间的填埋场，其 5 年后的填埋沉降速率是相等的。这不足为奇，因为深埋的垃圾类似于一个厌氧环境，因此其生化腐烂速度要比浅埋的来得慢，浅埋的垃圾或许更近似于好氧环境，其腐烂速率更快，因而沉降速率也更大。有的调查报告报道过，好氧处理后的沉降速率比厌氧处理后的大。例如，对好氧和厌氧环境在类似的孔隙以及上覆应力下的沉降速率进行了对比，结果表明，好氧环境下的沉降量普遍比厌氧环境下的沉降量大。

**2. 施工期对沉降速率的影响**

施工期 $t_c$ 的长短同样对沉降速率有影响，表 6.4 中，沉降完成（即 $m = 0$ 时）的时间是通过采用最小二乘法拟合 $m - \lg(t_1)$ 函数关系，计算而得。

表 6.4　沉降历时与施工历时比较表

| 填埋深度范围 $H_f$ (英尺) | 平均施工期 $t_c$ (月) | 施工与沉降总历时 (月) | 沉降完成约需时间 (月) |
|---|---|---|---|
| 40 ~ 80 | 12 | 113 | 101 |
| 40 ~ 80 | 72 | 324 | 252 |
| 80 ~ 100 | 12 | 245 | 233 |
| 80 ~ 100 | 72 | 310 | 238 |

从表 6.4 可以看出，施工速率越快（ $t_c$ 值越小），填埋沉降完成的时间就越短。这个效果对于埋深较浅的填埋场比较明显。这或许有助于说明，在施工可靠的条件下，可以尽可能地提高卫生填埋的施工速度，以达到加速沉降的目的。

### 6.7.3　固体废弃物的压缩性

对城市固体废弃物的压缩性的研究从 20 世纪 40 年代起就已经开始了。早期的工作主要集中在对填埋场址的特性及其可行性的研究上；随着卫生填埋实践的广泛开展，研究人员的兴趣已转移到如何提高废弃物的处理效率的问题上了。

早期的研究普遍发现：

(1) 大部分的沉降迅速地发生；

(2) 紧密填埋可以减小总沉降量；

(3) 城市固体废弃物在荷载作用下的沉降量随着龄期和埋深而减小。

可以确信，下列因素将会影响城市固体废弃物的沉降：废弃物的初始密度和填埋处理中的压缩作用力，影响压缩；含水量、埋深、废弃物的组构，一般采用与之相同的参数。一般

认为沉降由三个分量组成:

$$S_{total} = S_i + S_c + S_s \tag{6-40}$$

式中　$S_{total}$——总沉降量;

　　　$S_i$——瞬时沉降量;

　　　$S_c$——固结沉降量;

　　　$S_s$——次压缩(次固结)沉降量,或蠕变。

　　在填埋竣工后最初的前三个月内,由加载引起的城市固体废弃物的沉降就已经有了相当的发展。废弃物的沉降与泥炭土的沉降相似,在经历快速的瞬时沉降和固结沉降之后,接下来的主要是由长期的次压缩(次固结)引起的附加沉降,期间几乎不会产生超孔隙压力集中现象。由于固结完成得相当快,因此通常都将固结沉降集中到瞬时沉降一类,称之为"主沉降"。然而,与泥炭土的沉降不同的是,城市固体废弃物的次压缩中包含有一个重要的物化与生化分解成分。

　　常用于估算由竖向应力的增长引起的城市固体废弃物的主沉降的参数包括,压缩指数 $C_c$ 和修正的压缩指数 $C'_c$。这些参数被定义为:

$$C_c = \frac{\Delta e}{\lg(\sigma_1/\sigma_0)} \tag{6-41}$$

$$C'_c = \frac{\Delta H}{H_0 \lg(\sigma_1/\sigma_0)} = \frac{C_c}{1+e_0} \tag{6-42}$$

式中　$\Delta e$——孔隙比的改变;

　　　$e_0$——初始孔隙比;

　　　$\sigma_0$——初始竖向有效应力;

　　　$\sigma_1$——最终竖向有效应力;

　　　$H_0$——垃圾层的初始厚度;

　　　$\Delta H$——垃圾层厚度的改变。

　　这种处理方法还存在一些问题,它包括:垃圾层的初始孔隙比 $e_0$ 或初始厚度 $H_0$ 通常都不知道,尤其是老填埋场;有效应力是垃圾容重(和填埋场渗滤水位)的函数,其数值通常也不清楚;$e-\lg(\sigma)$ 关系一般是非线性的,因此 $C_c$ 和 $C'_c$ 值将随填埋场的初始应力、时间的改变而变化。

　　废弃物在恒载作用下,可以用次压缩指数 $C_a$ 或修正的次压缩指数 $C'_a$ 来估算主沉降完成以后产生的次沉降量。

　　值得注意的是,初始孔隙比、垃圾层的初始厚度、压缩指数以及次压缩指数,在每个施工阶段其值都会改变。因而在各个计算步骤中,这些值都应该重新核算。

$$C_a = \frac{\Delta e}{\lg(t_1/t_0)} \tag{6-43}$$

$$C'_a = \frac{\Delta H}{H_0 \lg(t_1/t_0)} = \frac{C_a}{1+e_0} \tag{6-44}$$

式中　$t_0$——初始时刻;

　　　$t_1$——最终时刻。

上述各指数参数被认为是会随着废弃物的蠕变和化学或生物降解作用而改变的。

为了测试加载作用下废弃物的压缩性，荷载试验、旁压试验和固结试验已经被用作试验研究的手段。测量恒载作用下的沉降速率的测标法也正被广泛地采用。测标法主要技术包括：比较不同时期的航片、测绘填埋表面的水准标点以及在填埋场上所筑的土堤之下设置沉降平台，另外还包括望远镜测斜技术。这些技术中所采用的设备可以测量在加载和恒载作用下填埋场不同深度处的沉降量。在填埋过程中，频繁地测读实验数据对于反演 $C_a$ 和 $C'_a$ 的离散值是很必要的。

与 $C_c$ 和 $C'_c$ 相似，$C_a$ 和 $C'_a$ 依赖于所采用的 $e_0$ 或 $H_0$ 值。$C'_a$ 同样也依赖于应力水平、时间以及初值时间的选取。填埋场的填埋期一般都较长，在分析沉降速率时应该把这段时间也考虑进去。零时刻的选取对 $C'_a$ 值的计算有较大的影响，特别是对早期沉降 $C'_a$ 值的计算影响较大。

在确定 $C'_a$ 值时将会遇到的另一个问题，即通常 $C'_a$ 不是常量。因为废弃物的沉降速率随填埋深度而增长，因此，填埋越厚则 $C'_a$ 值也就越大。这个增长效率在填埋深度达到 30m 时就基本消失。此外，城市固体废弃物的分解对其压缩是有影响的。但是对于压缩、热效应以及生物分解作用对总沉降的相对贡献效果一直都没有适当的定量描述。

### 6.7.4 填埋沉降的估算

常规的室内固结试验难以精确地获取废弃物这种颗粒尺寸变化很大的非均质材料的固结参数。通过分析从一些大规模填埋试验槽中测取的现场沉降数据，提出了一种估算填埋沉降量的方法。

这种方法所依据的假定、原理和计算步骤，以及由此决定的该模型的适用范围，如下所述：

**1. 初期主沉降**

（1）在填埋初期，覆盖压力变化很快，并且几乎不会产生孔隙压力集中，由此就会引起主压缩，这是因为填埋场一般都是在地下水位以上建造的，填埋场中的填埋料仅仅处于部分饱和状态。初期主沉降在不到一个月的时间内就会完成。

（2）由新填埋的垃圾层引起的任一已填垃圾层的主沉降可以用下列众所周知的方程来描述：

$$\Delta e_c = C_c \lg \frac{\sigma_0 + \Delta \delta}{\sigma_0} \qquad (6-45)$$

$$\Delta S_c = C_c \frac{H_0}{1 + e_0} \lg \frac{\sigma_0 + \Delta \sigma}{\sigma_0} \qquad (6-46)$$

式中　$\Delta e_c$——主压缩期内孔隙比的改变；

　　　$\Delta S_c$——主沉降量；

　　　$e_0$——垃圾层在沉降前的初始孔隙比；

　　　$C_c$——主压缩指数，假定它与垃圾层的初始孔隙比成正比；

　　　$H_0$——垃圾层在沉降前的初始厚度；

　　　$\sigma_0$——垃圾的前期平均覆盖压力；

　　　$\Delta \sigma$——填埋新的垃圾层时引起的平均覆盖压力增量（假定上部新填垃圾层引起的压

力增量 100%地传递到了所计算的垃圾层上）。

（3）假定各覆盖层土体和最终覆盖土体不受由覆盖压力引起的压缩。但是，由于覆盖层土体向垃圾层中大孔隙中的迁移，因而假定覆盖层的厚度在竣工后会减小为只有其初始厚度的 1/4。对于具有非常黏性的土体覆盖层，这个厚度或许会更大一些。这个假定是一个在有限的现场观测基础上的经验假定。

（4）对每个施工阶段，对每个垃圾层重复采用上述计算步骤，就可以得出所计算的某个施工阶段，某垃圾层对总压缩沉降的贡献量大小。到某个施工阶段为止的压缩，就是此前的各个施工阶段的贡献量大小之和。

**2. 长期的次沉降**

（1）竣工后的垃圾填埋场的沉降以某个速率持续发展着，填埋场竣工后的某段时期内，任一垃圾层的沉降量可以用下面的方程来描述：

$$\Delta e_s = C_a \lg \frac{\tau_a}{t_1} \qquad (6-47)$$

$$\Delta S_s = C_a \frac{H_0}{1+e_0} \lg \frac{t_2}{t_1} \qquad (6-48)$$

式中　$\Delta e_s$——长期次沉降过程中孔隙比的改变；

　　　$\Delta S_s$——长期次沉降量；

　　　$e_0$——次沉降开始发生前垃圾层的初始孔隙比；

　　　$C_a$——次压缩指数，假定它与次沉降开始发生前垃圾层的初始孔隙比成正比。

　　　$H_0$——次沉降开始发生前垃圾层的初始厚度；

　　　$t_1$——垃圾层的长期次沉降的预计起动时间，本式计算中假定其为 1 个月，亦即假定主压缩完成后的 1 个月之后，才开始发生次沉降；

　　　$t_2$——垃圾层的长期次沉降的预计结束时间。

（2）在某段给定时期内，可以对各个垃圾层重复采用上述计算步骤。各个垃圾层对次沉降的贡献量大小之和就是到该段时期为止的长期沉降量。

# 7  放射性有害废物的处置

放射性物质是一种不断衰变、放出射线的特殊物质，它在地球形成之时就已经存在了。因此，地球上生命的孕育、进化、繁衍是在放射辐射即电离辐射的参与下进行的。但是，自20世纪以来，特别是40~50年代，随着人类活动的扩展和科学技术的进步，环境中放射性物质的种类和数量也逐渐增加。对于人类来说，放射性物质既是一种广阔的有用物质，又是一种潜在的有害物质，因而引起了人们的普遍关注，已成为核科学和环境科学研究的重要对象，并形成了一些新的学科分支。环境岩土工程学主要从工程角度研究如何处置这些放射性有害物质，达到保护环境、保护人类自身的目的。

高放射性废物（简称高放废物）是核电生产中的必然产物，由于高放废物具有长期而特殊的危害性，如果处置不当，不仅将严重危及人类生存环境，也将严重制约核电事业的发展。所以，高放废物的安全处置构成了环境保护的重要组成部分，已经引起有核国家的高度重视。高放废物处置的目的就是把高放废物与人类的生存环境隔绝开来，以防放射性物质向生物圈迁移，或者至少将其限制在规定的水平。世界各国对高放废物处置问题提出了许多方案，如太空处置、海洋处置、海岛处置、冰层处置及深地质处置等等。通过各种方案的比较，最终对深地质处置的安全性和现实性达成了共识。许多国家相继在高放废物深地质处置研究领域投入了大量的人力和财力。

## 7.1  放射性废物管理的目标和原则

### 7.1.1  放射性废物的分类和特点

铀矿石开采和水冶、铀的提纯和浓集、反应堆燃料元件制造、反应堆运行直至乏燃料后处理的整个核燃料循环系统，放射性物质在工业、农业、科学研究及医学等各领域中的应用，都会产生含有放射性核素，或被放射性核素沾染而不再进一步利用的废弃物。当这类废弃物的放射性核素浓度或比活度大于审管机构所规定的清洁解控水平时，即应作为放射性废物加以妥善地管理。

从物理观点考虑，放射性核素浓度或比活度等于或低于清洁解控水平的废弃物仍然是放射性的，只是因其对公众健康和环境的辐射危害很低而可以解除核审管控制，这类免管废物可按一般非放射性废物加以管理。

#### 7.1.1.1  放射性废物的分类

IAEA推出的放射性废物安全标准提出了关于放射性废物分类的最新建议，我国按此建议的基本原则修订颁布了新的废物分类标准（GB 9133—1995），该标准采用的废物分类构架为：

（1）按最终处置的要求分类。按最终处置的安全要求，将固体废物分为高放废物、长寿命中低放废物（包括 α 废物）、短寿命中低放废物（简称为中低放废物）和免管废物（图7.1）。

表 7.1 所示为固体废物分类的定量依据。

固体废弃物的清洁解控水平可参阅表 7.2。

**表 7.1　固体放射性废物分类依据**

| 废物类型 | 特　　性 | 处置方式 |
|---|---|---|
| 免管废物 | 放射性比活度等于或小于清洁解控水平① | 不按放射性废物处置要求对待 |
| 中低放废物 | 比活度大于清洁解控水平，释热率小于 $2kW \cdot m^{-3}$ | 近地表处置或地质处置 |
| 短寿命废物 | 单个废物包装体中长寿命 $\alpha$ 核素比活度不大于 $4 \times 10^6 Bq \cdot kg^{-1}$，多个包装体平均值不大于 $4 \times 10^5 Bq \cdot kg^{-1}$ | 近地表处置或地质处置 |
| 长寿命废物 | 长寿命放射性核素比活度大于上述规定的限值 | 地质处置/工程处置 |
| 高放废物 | 释热大于 $2kW \cdot m^{-3}$，长寿命放射性核素比活度大于上述规定的限值 | 地质处置/工程处置 |

① 清洁解控水平是按公众成员年有效剂量小于 0.01mSv 的豁免水平导出的。

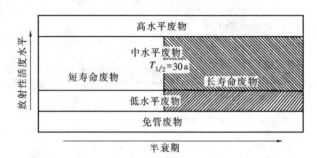

图 7.1　放射性废物分类框架

**表 7.2　固体废弃物核素比活度的清洁解控水平**

| 核　素　组 | 核　　　素 | 比活度豁免水平 $\dot{A}_1$（$Bq \cdot g^{-1}$） |
|---|---|---|
| 高能 $\beta - \gamma$ 辐射体 | $^{22}Na, ^{60}Co, ^{137}Cs$ | $0.1 \sim 1.0$ |
| 其他 $\beta - \gamma$ 辐射体 | $^{54}Mn, ^{106}Ru, ^{131}I$ | $1.0 \sim 10^2$ |
| $\alpha$ 辐射体 | $^{239}Pu, ^{241}Am$ | $0.1 \sim 1.0$ |
| 碳 | $^{14}C$ | $10^2 \sim 10^3$ |
| 短寿命 $\beta$ 辐射体 | $^{32}P, ^{35}S, ^{45}Ca$ | $10^3 \sim 10^4$ |

固体废弃物中含多种放射性核素，应按下式要求控制免管：

$$\sum_i \dot{A}_i / \dot{A}_{I,i} \leq 1.0 \qquad (7-1)$$

式中　$\dot{A}_i$——废物所含核素 $i$ 的比活度，$Bq \cdot g^{-1}$；

　　　$\dot{A}_{I,i}$——核素 $i$ 的清洁解控水平，$Bq \cdot g^{-1}$。

液态废物满足一定条件也可予以免管而排入城市下水道系统。

放射性废物经必要的去污或净化处理后，其核素浓度、比活度或活度等于或小于清洁解控水平时，可由审管机构核准，解除任何进一步审管控制，予以免管。

（2）按处置前管理要求分类。综合考虑废物处理、整备及处置要求，对气载废物、废水

（废液）及固体废物的定量分类依据见表 7.3、表 7.4 和表 7.5。

（3）放射性废物的非定量分类。除上述两个定量分类系统外，为了更明确地表明放射性废物的某些特征，还可按以下非定量依据进行分类：

1）按废物的产生来源，可分为矿冶废物、核电厂废物、乏燃料后处理废物、退役废物及城市废物等；

2）按废物采用的处理、整备方法，可分为可燃废物、可压缩废物等；

3）按废物某些特殊的物理性质，可分为挥发性废物、有机废物、生物废物等。

**表 7.3 气载放射性废物的分类**

| 级 别 | 名 称 | 放射性核素浓度 $C$ $(Bq \cdot m^{-3})$ |
|---|---|---|
| I | 低放 | $C \leqslant 4 \times 10^7$ |
| II | 中放 | $C > 4 \times 10^7$ |

**表 7.4 放射性废水（废液）的分类**

| 级 别 | 名 称 | 放射性核素浓度 $C$ $(Bq \cdot L^{-3})$ |
|---|---|---|
| I | 低放 | $C \leqslant 4 \times 10^6$ |
| II | 中放 | $4 \times 10^6 < C \leqslant 4 \times 10^{10}$ |
| III | 高放 | $C > 4 \times 10^{10}$ |

**表 7.5 非 $\alpha$ 固体放射性废物的分类[4]**

| 级 别 | 名 称 | 放射性比活度 $\dot{A}$ $(Bq \cdot kg^{-1})$ | | | |
|---|---|---|---|---|---|
| | | $T_{1/2} \leqslant 60d$① | $60d < T_{1/2} \leqslant 5a$② | $5a \leqslant T_{1/2} < 30a$③ | $T_{1/2} > 30a$ |
| I | 低放 | $\dot{A} \leqslant 4 \times 10^6$ | $\dot{A} \leqslant 4 \times 10^6$ | $\dot{A} \leqslant 4 \times 10^6$ | $\dot{A} \leqslant 4 \times 10^6$ |
| II | 中放 | $\dot{A} > 4 \times 10^6$ | $\dot{A} > 4 \times 10^6$ | $4 \times 10^6 < \dot{A} \leqslant 4 \times 10^{11}$ （或释热率不大于 $2kW \cdot m^{-3}$） | $\dot{A} > 4 \times 10^6$ （或释热率大于 $2kW \cdot m^{-3}$） |
| III | 高放 | — | — | $\dot{A} > 4 \times 10^{11}$ （或释热率大于 $2kW \cdot m^{-3}$） | $\dot{A} > 4 \times 10^{10}$ （或释热率大于 $2kW \cdot m^{-3}$） |

①包括$^{125}$I（$T_{1/2} = 60.14d$）；②包括$^{60}$Co（$T_{1/2} = 5.27a$）；③包括$^{137}$Cs（$T_{1/2} = 30.17a$）。

### 7.1.1.2 放射性废物的特点

放射性废物中所含核素的衰变及随之产生的电离辐射是其原子核本身固有的特性，其辐射强度（活度）只能随时间的推移按指数规律逐渐衰减，除了尚在研究之中的分离—嬗变技术之外，任何物理、化学、生物处理方法或环境过程都不能予以消除。因此，放射性废物在其所含核素的衰变过程中，始终存在着对公众健康和环境造成辐射危害的潜在危险（风险）。

有鉴于此，放射性废物管理的根本任务在于为废物中核素的衰变提供合适的时间和空间条件，将其对公众可能造成的辐射危害始终控制在许可水平以下。基本途径是将气载和液体放射性废物作必要的浓缩及固化处理后，在与环境隔绝的条件下长期安全地存放（处置）。净化后的废物则可有控制地排放，使之在环境中进一步弥散和稀释，固体废物则经去污、整备后处置，污染物料有时可经去污后再循环再利用。

放射性废物中同时也含有多种非放射性污染物质，应该指出的是，一般情况下放射性核素的质量浓度远低于非放射性污染物的浓度，但其净化要求极高。另一方面，由于放射性核素与其稳定同位素的化学性质基本相同，因此，去除废物中稳定性元素的常规处理方法亦可用于去除放射性同位素，例如，水质软化处理中，稳定性钙及$^{45}$Ca 同位素均可被有效地去除，该方法还可用于化学性质与钙相近的放射性锶、钡所污染废水的净化处理。

高放射性废物中常含有各种用途广泛的裂变产物同位素，如加以浓集回收，既可降低废物的活度水平，又可用以制造辐射源，如 $^{137}Cs$ 可取代 $^{60}Co$ 及 $^{226}Ra$ 制成密封式辐射源， $^{147}Pm$ 、 $^{3}He$ 可用作发光粉的激发能源。

废物处理过程中产生的各种浓缩物（沉渣、污泥、废离子交换树脂及其固化体）和乏燃料元件等中、高放射性废物，会对人造成外照射，核素的衰变会释放出大量的热量，有的物质会因辐射分解而产生有害气体，这类废物在处理、整备、运输、贮存、处置过程中需考虑必要的屏蔽防护及配备远距离操作的设备。工作场所或设备应具备必要的通风、散热、冷却等设施。

### 7.1.2 放射性废物管理的目标和原则

#### 7.1.2.1 放射性废物管理的目标

作为辐射环境管理中污染源控制的重要措施，放射性废物管理应根据最优化分析的结果，采用妥善的方式实施管理，其目标是防止废物中所含的放射性核素以不可接受的量释入环境，使公众和环境在当前或未来都能免受任何不可接受的辐射危害，使之保持在许可水平以下和考虑了经济和社会因素之后可合理达到的尽可能低的水平。

根据这一目标，放射性废物管理必须遵循辐射防护的基本原则。伴有放射性废物产生的任何核设施，都必须具备有效的废物管理设施，确保废物对公众与环境造成的危害及付出的相应代价与废物管理代价之和远小于核设施运行所带来的利益；应结合防护最优化和个人剂量限制和约束的原则，以有关的辐射环境管理标准为依据，采用合适的模式和参数，通过环境影响评价，确定环境对流出物释放或固体废物处置的可接受量（环境容量），使公众及环境在当前和未来都能免受任何不可接受的危害；在以上前提下，也应力求降低废物管理的经济代价。

长寿命放射性废物对公众与环境造成的辐射危害及风险将长期存在，因此，废物管理不仅要控制当代人的受照剂量，还必须控制后代受照的可能和剂量，后代可能受到的照射剂量同样不应超过目前适用的限值。

#### 7.1.2.2 放射性废物管理的基本原则

放射性废物管理应以安全为目的，以处置为中心。

废物管理设施或实践应保证操作人员和公众所受到的照射剂量不超过相应的剂量限值或约束值，并应在考虑经济和社会因素的条件下，使之保持在可合理达到的尽可能低的水平。

废物管理应贯彻保护后代的原则，即不增加后代对当前产生的放射性废物的管理责任和负担，对后代个人的防护水平按目前的标准控制。

一切伴有放射性废物产生的设施或实践，均应设立相应的放射性废物管理设施，并保证其与主体工程同时设计、同时施工、同时投入运行。

废物管理应遵循"减少产生、分类收集、净化浓缩、减容固化、严格包装、安全运输、就地暂存、集中处置、控制排放、加强监测"的方针。

任何废物管理设施或实践均应事前进行环境影响评价，放射性物质向环境排放的总量和浓度必须低于相应的排放管理限值。

废物管理应实施优化管理和废物最少化原则。应保持废物管理设施在使用寿期内的安全。

### 7.1.3 放射性废物管理的基本步骤

放射性废物管理涉及废物产生量的控制、废物流特性检测、废物预处理、处理、整备、运输、贮存直至最终处置，是由若干阶段构成的一个完整的过程和体系，图7.2所示为废物管理的基本步骤。废物管理设施的规划、设计、建造、运行、关闭和退役，都应妥善考虑各阶段各项管理步骤之间的相互关系。

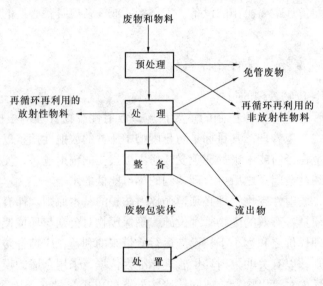

图7.2 放射性废物管理的基本步骤

#### 7.1.3.1 废物产生量和成分的控制

控制废物的产生量和污染物成分，是安全地管理放射性废物的基础，核设施运行应通过最优化分析，选择最佳的工艺和材料，遵循清洁生产的原则，尽量减少废物产生量，并使之易于经济地处理。应严格控制生产过程中各种试剂、材料及添加剂的使用，防止各类废物的混杂；严格控制设备、地面等表面的清洗去污方法及试剂的使用，尽可能使废物成分简单而易于处理；应选用处理效果好、二次废物量少、操作维护简便、投资和运行费用较低的废物处理方案和设备。

#### 7.1.3.2 废物的预处理

废物的预处理包括分类收集、废水的化学调制和固体废物的表面去污，有时还包括废物在相当一段时期内的中间贮存（暂时贮存）。预处理为废物的进一步分类提供了条件，根据废物的产生来源，按工艺参数及监测数据确定的放射性核素浓度或比活度、废物的物理状态和化学组成，确定各类废物的管理方案。核素浓度或比活度等于或低于清洁解控水平的废物，经批准后可予免管，作为非放射性废物进行管理。

废物的收集应确保不扩大污染，并避免交叉污染。非放射性废物与放射性废物应分别收集，以减少必须作专门处理的放射性废物数量；废物应与其他固体废物分别收集，以减少具有特殊处置要求的固体废物量；短寿命放射性废物经一定时期的贮存衰变后可予免管，应与其他废物分别收集，以降低管理成本；拟采用不同方法处理、处置的各类废物也应分别收

116

集；被放射性核素沾染的实验动物尸体也应采用专门装置和设施收集保存，避免腐烂。各类废物应有专用的收集设施，并应具有必要的检测和监督手段。

### 7.1.3.3 废物的处理

为满足安全和（或）经济的要求，可采用物理、化学或生物学方法改变废物的性质，目的在于减小废物的体积，从废物中去除放射性核素，改变废物的化学组成。处理方法有可燃性废物的焚烧，松散性固体废物的压实，湿固体的脱水及干化，气载废物的过滤、吸附和液体废物的蒸发、离子交换、过滤、絮凝及沉降，污染物料的去污等，许多情况下需要几种方法配合使用，以提高净化去污效果。

放射性废物处理效果的评价，不仅要考虑处理后废物中所含核素浓度或比活度的降低程度，还应考虑处理后浓缩物相应于处理前废物体积减小程度。废物处理应尽可能选择去污比（比污效率）高、减容比（体积浓缩倍数）大的处理方法。

（1）去污比（净化系数）——$DF$，处理前后废物中所含核素浓度或比活度的比值称为去污比（净化系数）。

$$DF = \frac{C_b}{C_a}\left(或\frac{\dot{A}_b}{\dot{A}_a}\right) = 10 \qquad (7-2)$$

式中　$DF$——去污比（净化系数），常以核素浓度或比活度降低的数量级 $n$ 表示；

$C_b$——处理前废物中核数的浓度，对气载废物为 $Bq \cdot m^{-3}$，对液体废物为 $Bq \cdot L^{-1}$；

$C_a$——处理后废物中核素的残留浓度，$Bq \cdot m^{-3}$ 或 $Bq \cdot L^{-1}$；

$\dot{A}_b$——处理前（固体）废物的比活度，$Bq \cdot kg^{-1}$；

$\dot{A}_a$——处理后（固体）废物的残留比活度，$Bq \cdot kg^{-1}$。

（2）去污效率——$K$，处理过程对废物中所含核素总活度的去除百分率称为去污效率。

$$K = \frac{A_b - A_a}{A_b} \times 100\% \qquad (7-3)$$

式中　$K$——去污效率，%；

$A_b$——处理前废物中核素的总活度，$Bq$；

$A_a$——处理后废物中核素的残留活度，$Bq$。

当处理过程减容比很大，处理后浓缩物体积很小，处理前后废物体积改变不大时，有

$$K \approx \frac{\dot{A}_b - \dot{A}_a}{\dot{A}_b} \times 100\%$$

或　　　　　　　$$K \approx \frac{C_b - C_a}{C_b} \times 100\% \qquad (7-4)$$

去污比 DF 与去污效率 K 之间的换算关系如表 7.6 所示。

**表 7.6　去污比 $DF$ 与去污效率 $K$ 之间的换算关系**

| $DF$ | $K$（%） | $DF$ | $K$（%） | $DF$ | $K$（%） |
|------|---------|------|---------|------|---------|
| 2 | 50 | 20 | 95 | $5 \times 10^2$ | 99.8 |
| 5 | 80 | 50 | 98 | $1 \times 10^3$ | 99.9 |
| 10 | 90 | $1 \times 10^2$ | 99 | $1 \times 10^4$ | 99.99 |

(3) 减容比（体积浓缩倍数），处理前废物体积与处理后浓缩物体积之比值称为减容比。

$$CF = \frac{V_b}{V_c} \tag{7-5}$$

式中　$CF$——减容比；

　　　$V_b$——处理前废物的体积，$m^3$ 或 L；

　　　$V_c$——处理后浓缩物的体积，$m^3$ 或 L。

### 7.1.3.4　废物的整备

废物整备的目的是将放射性废物转化为适合于装卸、运输、贮存和处置的形态，整备方法有废物的固化（固化、埋置或包容）、装入容器及加外包装。通常的固化方法包括中放废液的水泥或沥青固化和高放废液的玻璃固化等，固化后的废物装入钢桶或厚壁工程容器中进行贮存或处置。许多情况下，整备过程是和处理过程连续一次完成的。

### 7.1.3.5　废物的贮存

在某些情况下，出于不同的目的，放射性废物需在专用设施内暂时存放一段相当长的时期。短寿命低放射性废物经贮存衰变后，可予以解控，作为非放射性废物处置；反应堆乏燃料元件从堆中卸出后，在冷却池中存放 5~10 年，待短寿命裂变产物核素衰变完，释热率明显降低后再进行后处理或作最终处置；许多国家后处理高放废液玻璃固化工厂尚未投入运行，这些废液也都暂时存放在地下贮槽内；在高放废物地质处置库还未建造使用之前，乏燃料元件及其他高放固体废物目前还都处于中间贮存状态。相对于最终处置的永久性不可回取的贮存而言，这类中间贮存又称为暂时贮存或可回取的贮存。

## 7.2　放射性废水的管理

铀矿石开采和水冶、铀的精制和 $^{235}$U 的浓集、燃料元件制造、反应堆运行、乏燃料暂存和后处理、同位素生产和使用，都会产生放射性废水或废液。除乏燃料后处理第一循环萃余残液为高放射性废液外，一般均为中、低放射性废水。

### 7.2.1　中、低放射性废水的净化处理

#### 7.2.1.1　贮存衰变

有些放射性核素的半衰期较短，如核医学诊断、治疗常用的 $^{32}$P（14.3d）、$^{131}$I（8.04d）、$^{198}$Au（2.69d）、$^{99}$Mo（2.75d）、$^{99}$Tc（6.02h），反应堆运行产生的某些裂变产物及活化产物核素如 $^{92}$Sr（2.71h）、$^{93}$Y（10.1h）、$^{97}$Zr（16.9h）、$^{132}$Te（3.26d）、$^{133}$I（20.8h）、$^{139}$Ba（1.38h）、$^{142}$La（1.54h）等。含这类核素的废水可在贮槽中存放一段时间，待这类短寿命核素衰变到相当低的水平时，可排入下水道或有控制地排入地面水体。

这一方法简单易行，效果可靠，但要有相当容量的贮槽，其净化效果取决于废水中所含核素半衰期的长短及废水的滞留贮存时间。由放射性活度指数衰减规律可知，经过 10 个半衰期后，核素的活度将降至其初始活度的 1/1000 以下。因此，采用这一方法时，废水在贮槽内的滞留贮存时间一般按其所含寿命最长的核素半衰期的 10 倍考虑。

当废水中同时含有半衰期较长的放射性核素时，这一方法可作为预处理方法使用，废水

在贮槽中滞留贮存一定时间，待短寿命核素大部分衰变后，再对其他长寿命核素进行净化处理。

#### 7.2.1.2 絮凝沉淀和过滤

放射性核素及其他污染物质，通常以悬浮固体颗粒、胶体或溶解离子状态存在于废水中。其中，除较大的悬浮物颗粒之外，一般都不能用简单的静止沉降或过滤方法除去。向废水中投加明矾、石灰、铁盐、磷酸盐等絮凝剂，在碱性条件下所形成的水解产物是一种疏松而具有很大表面积和吸附活性的氢氧化物絮状物（矾花），缓慢搅拌条件下，矾花不断凝聚长大，废水中细小的固体颗粒、胶体及离子状态的污染物质均可被其吸附载带，除去这些矾花，即可达到净化废水的目的。

废水的酸碱度对絮凝净化效果影响很大，随着 pH 值的上升，废水碱度的提高，水中一系列杂质阳离子（包括某些高价阳离子）本身均能形成氢氧化物沉淀。同时，由于碱度提高，矾花表面负电荷增加，对仍处于溶解状态的阳离子的吸附能力也随之增加，去污效果随之明显提高（图 7.3）。

放射性废水中数量最多的是酸性废水。设备、地面去污用的洗液多为柠檬酸、盐酸、硝酸及乙二胺四乙酸钠（Na – EDTA）等溶液，其废液亦有较强的酸性；某些实验室及废物处理过程本身也会产生一定数量的酸性废水。为了达到良好的絮凝去污效果，通常需采用中和法预先对废水进行化学调制。常用的中和剂有 $NaOH$、$Na_2CO_3$、$NH_4OH$、生熟石灰、石灰石和重碳酸盐等，其中 $NaOH$、$Na_2CO_3$ 及 $NH_4OH$ 的反应性能好，使用方便，不产生污泥，可用于任何酸性废水的中和，但成本较高。石灰是最常用的中和剂，同时又起到絮凝剂的作用。

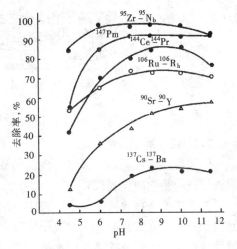

图 7.3  pH 值对聚合铝去除水中
各种放射性核素效率的影响[11]

各种絮凝剂对放射性核素的去除有明显的选择性，当废水中存在多种核素时，必须考虑几种絮凝剂的复合使用和合理配比，针对废水的水质情况，通过实验确定。

当废水中含有碘、铯、钌等以阴离子或两性离子状态存在的放射性核素时，上述絮凝剂不能有效地将它们去除。此时，可向废水中投加适量的粉末活性炭将其吸附，或采用特殊的化学试剂使之形成沉淀，这些活性炭粉末或沉淀物可被絮凝剂水解形成的矾花捕集载带而得以去除。

废水中混有各种水生物、润滑剂等有机杂质时，絮凝处理效果将明显下降，甚至完全失效。此时，加入适量的 $KMnO_4$ 等氧化剂破坏有机物，可提高去污效果。此外，废水温度、絮凝剂与废水的混合程度、搅拌速度、反应时间的长短等因素对去污效果都有一定的影响。

聚丙烯酰胺等高分子助凝剂是一类水溶性线型大分子化合物，分子量通常在 $10^6 \sim 10^7$ 之间，适量投放在废水中可促进矾花的形成和长大，明显提高去污效果；减少絮凝剂的用量，从而减少污泥量。

图 7.4 所示为用于废水絮凝处理的连续式加速沉淀池的结构示意图。废水在这类沉淀池

中的接触、滞留和澄清时间为 1.5～2h。

絮凝沉淀法产生的矾花沉渣（污泥）约为总处理水量的2%左右，其活度水平高，含水率在90%以上。常用过滤法使之脱水并进一步减容，经水泥固化后贮存或处置。

废水经絮凝沉淀处理后，水中大部分核素已随矾花沉渣得以去除，但仍难免有细小的颗粒残留在水中，影响去污净化效果，因此，澄清水常需进一步采用压力过滤器作过滤处理，以提高净化效果。核事故后水源受到污染时，可采用城市自来水厂的沉淀、过滤设备进行净化处理。

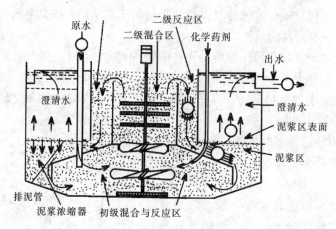

图 7.4　加速沉降池示意图[11]

### 7.2.1.3　离子交换

经絮凝沉淀处理后，废水中残留的放射性物质多为溶解离子状态，必要时可采用离子交换法作进一步的净化处理。

离子交换法在放射性废水处理中应用十分广泛，某些天然材料（如沸石）对废水中放射性离子分离去除的机制是其对离子的吸着作用，它包括吸附及离子交换两种过程。对于高放射性废液，人工合成的离子交换树脂因其抗辐射性能差而不宜采用，但某些天然无机交换材料如黏土和一些硅酸盐矿物都具有良好的交换性能。在处理中、低放射性废水时，离子交换树脂对去除含盐类杂质较少的废水中可溶性放射性离子具有特殊的作用，因而常用作基本的处理方法。离子交换法常用于反应堆回路水的净化，处理成分单纯的实验室废水。它还广泛用于分离回收各种放射性核素。离子交换法处理废水常用的动态操作系统是以树脂作为滤层的滤柱式操作，其形式有阳、阴交换柱串联或混合交换柱等。离子交换树脂吸着饱和后，用适当的酸、碱溶液或盐溶液淋洗、再生后复用，再生废液经蒸发浓缩、固化后贮存或处置。

废水中的悬浮物会使离子交换柱堵塞，造成水在柱内呈不均匀流动，出现"沟流"现象，使树脂的有效交换容量大为降低，为此，应采用过滤装置预先除去废水中的悬浮物。

废水的酸碱度对交换作用有一定的影响，一般说来，废水 pH 值较低时，裂变产物核素处于离子状态，因而交换效率较高；碱性条件下，高价离子生成氢氧化物沉淀，如先行滤除后进行交换处理，可达到很高的净化效果。

废水中存在络合物时，宜使用混合树脂床。有机溶剂及油类杂质会使树脂"中毒"而降低交换能力，并使树脂再生不完全。肥皂会堵塞树脂表面的孔隙，油类会在树脂表面形成憎水性膜层，为此，应采用活性炭除油器一类装置对废水进行预处理。

120

废水中可溶性非放射性杂质离子也能被树脂交换吸着,这就大大降低了对放射性离子的去除效率,因此,可在离子交换柱之前设置电渗析、反渗透等装置先行除去非放射性离子,以提高交换柱对放射性核素的去污效果,延长树脂层的再生周期。

### 7.2.1.4 蒸发

废水在蒸发器内加热沸腾,水分逐渐蒸发,形成水蒸气,而后冷凝成水,废水中所含非挥发性放射性核素及其他各种化学杂质大部分残留在蒸发浓缩液中,冷凝水的污染程度大为降低,一般可予排放,蒸发浓缩液则进一步固化。

蒸发处理几乎可以去除废水中全部非挥发性污染物质,在废水净化处理工艺中去污效果最好而且最为可靠,对各种成分的废水处理适用性相当广泛。在联合采用蒸发设备和二次蒸汽净化设备的流程系统中,对非挥发性放射性核素的最佳去污比可达 $10^6 \sim 10^7$,废水中如含有氚、碘、钌等挥发性核素时,去污效率将大为下降。

蒸发器本身的去污效率随蒸发速率的增大而下降,但旋风分离器及填料塔等二次蒸汽净化设备要求有相当大的气流速度才能有效地去除二次蒸汽中夹带的液滴,因此,随蒸发速率的增大,蒸发系统总的去污效率将逐渐增大,超过某一极限速率后,去污效率即急剧下降。

蒸发器内浓缩液中含盐浓度愈高,蒸发过程中液滴飞溅愈多,去污效率随之下降,因此,蒸发中的体积浓缩倍数不可过大,一般为 $10 \sim 50$ 倍。

蒸发时如出现泡沫,去污效率亦将明显降低,装设泡沫破碎器,或向蒸发器中投加适量的化学抗泡沫剂,能有效地消除泡沫,提高去污效果。

废水中 $Ca^{2+}$、$Mg^{2+}$ 离子浓度较高时,蒸发器传热管壁上将形成结垢而使传热效率降低,并导致蒸发过程中液滴的飞溅,降低净化效果。在废水中投加适量的硫酸钙晶体、硫酸镁溶液或 EDTA 一类有机化合物,蒸发过程中加强对蒸发液的搅拌或采用强制循环措施,都能有效地防止结垢。结垢严重时,须采用机械刷洗或用稀盐酸溶液清洗蒸发器。

废水中如含有某些有机溶剂(如萃取剂 TBP、稀释剂氢化煤油等)或硝酸,高温下可能发生爆炸,因此,蒸发器设计和使用时都应注意防止爆炸,必要时废水应预先去除这类杂质后再行蒸发。

蒸发之后再进行离子交换,是一种相当可靠而有效的净化方法,但蒸发处理成本很高,一般只适用于数量较少的中放废液的净化处理,而且,只有在有可靠热源供应时才可选用。

### 7.2.1.5 电渗析与反渗透

电渗析装置采用的选择性渗透膜是一类离子交换膜。在电解质溶液中,阳离子交换膜上的活性基团发生电解,其正电荷扩散到溶液中,膜上形成负电场,因此,可以吸附溶液中的阳离子而排斥阴离子。在外加直流电场的作用下,吸附在膜表面上的阳离子即可穿透,而溶液中的阴离子则不能通过。反之,阴离子交换膜则只允许阴离子穿透,而阳离子则不能通过。如将两种膜间隔排列插入电解质溶液中,在直流电场作用下,相邻两膜之间便间隔地形成了淡化区和浓集区,将淡化液(除盐水)和浓缩液分别排除,电渗析过程即可持续进行。除盐后的淡化液可用离子交换法作进一步的净化处理,浓缩液经进一步浓集后固化贮存或处置。

电渗析装置用于废水除盐相当有效,作为离子交换的前级处理使用,可大大提高树脂对放射性核素的吸着交换容量,延长树脂的再生周期。而且,电渗析对废水中放射性离子也有相当的去污效果,但对胶体状态的核素去污效果极差。

反渗透装置采用的醋酸纤维膜是一类半渗透膜，将其插放在溶液中，由于渗透压的作用，水分子可由溶液杂质浓度较低的一侧透过膜到达浓度较高的一侧，使膜两侧的杂质浓度趋于平衡。如在高浓度一侧施加一个大于渗透压的压力，就会出现反渗透现象，水分子将由高浓度一侧向低浓度一侧渗透，使高浓区杂质浓度愈来愈大，低浓区溶液即可得以净化。为能承受较高的压力，反渗透膜常制成螺旋管或中空纤维管形。

反渗透装置能有效地去除水中的盐类杂质，在纯水制备及废水处理中都得到了广泛的应用。用作离子交换装置的前道预处理工艺，对放射性废水中非放射性杂质及放射性核素离子均有相当的净化去污效果。

### 7.2.2 低放射性废水的排放

低放射性废水经净化处理后，应排入专设的排放槽，根据主工艺参数和取样测量结果，确定槽内废水所含核素的种类、总量和浓度。核素总量和浓度如低于排放管理限值，可有控制地排入地面水体；如符合免管要求，可排入下水道系统中。

#### 7.2.2.1 向地面水体排放的控制原则

为控制废水排放对公众造成的照射剂量，核设施向地面水体排放放射性废水时，各类核素的排放总量不应超过相应的归一化排放量管理限值，并应进一步根据废水排放后在受纳水体中的稀释、弥散、迁移，公众对水体的利用情况（饮水、灌溉、水生物的食用）及相应的照射途径，按排放控制标准所规定的原则，采用适当的模式和参数，通过辐射环境影响评价，确定核素排放量与关键人群组年有效剂量之间总的转换因子 $R_{i,k}^*$。然后，根据审管机构核准的对核设施废水排放规定的剂量管理限值，确定废水的许可排放量限值。

放射性废水向江河和海洋排放时，排放口位置、排放量限值（排放废水中核素的总活度和浓度）必须得到审管机构的批准认可。排放地域应避开经济鱼类产卵区、水生生物养殖场、盐场、海滨游泳和娱乐场所等。含半衰期大于 30 年的长寿命放射性核素的废水严禁向封闭式湖泊排放。

#### 7.2.2.2 免管排放的控制原则

当一个核设施每月排放的低放射性废水中所含某种核素的总活度不超过表 7.7 中给出的许可限值 $A_1$，一次排放总活度不超过 $0.1A_1$，也不超过 $1.0 \times 10^7 Bq$ 时，可予以免管而排入城市下水道系统中。

免管废水应在固定排放点处排放，排放后需用水冲洗排放口，以免污染物积累，排放口应设置相应的标志。

当废水中含有多种放射性核素时，免管排放应按下述原则控制：

每月排放的各种核素的总活度应满足

$$\sum_i \frac{A_i}{A_{1,i}} \leq 1.0 \qquad (7-6)$$

一次排放的活度不超过 $1.0 \times 10^7 Bq$，且满足

$$\sum_i \frac{A_i}{A_{1,i}} \leq 0.1 \qquad (7-7)$$

式中　$A_i$——核素 $i$ 的排放活度，Bq；

　　　$A_{1,i}$——核素 $i$ 的许可免管月排放限值，Bq。

122

表 7.7  某些放射性核素免管排放的月排放限值（$B_q$）

| 核素 | $A_1$ | 核素 | $A_1$ | 核素 | $A_1$ | 核素 | $A_1$ |
|---|---|---|---|---|---|---|---|
| $^3$H | $3 \times 10^9$ | $^{90}$Y | $2 \times 10^7$ | $^{210}$Po | $2 \times 10^4$ | $^{228}$Th | $4 \times 10^2$ |
| $^{14}$C | $9 \times 10^3$ | $^{95}$Zr | $5 \times 10^6$ | $^{226}$Ra | $2 \times 10^4$ | $^{232}$Th | $4 \times 10^1$ |
| $^{32}$P | $1 \times 10^7$ | $^{99}$Tc | $3 \times 10^9$ | $^{59}$Fe | $1 \times 10^7$ | $^{238}$U | $2 \times 10^3$ |
| $^{35}$S | $8 \times 10^7$ | $^{106}$Ru | $4 \times 10^5$ | $^{60}$Co | $1 \times 10^6$ | $^{239}$Pu | $2 \times 10^2$ |
| $^{45}$Ca | $3 \times 10^7$ | $^{140}$Ba | $2 \times 10^7$ | $^{65}$Zn | $1 \times 10^7$ | $^{241}$Am | $2 \times 10^2$ |
| $^{89}$Rb | $1 \times 10^9$ | $^{144}$Ce | $5 \times 10^5$ | $^{131}$I | $1 \times 10^6$ | $^{242}$Cm | $1 \times 10^4$ |
| $^{89}$Sr | $5 \times 10^6$ | $^{204}$Te | $6 \times 10^7$ | $^{134}$Cs | $3 \times 10^6$ | $^{244}$Cm | $4 \times 10^2$ |
| $^{90}$Sr | $1 \times 10^5$ | $^{210}$Po | $9 \times 10^3$ | $^{137}$Cs | $4 \times 10^6$ | $^{252}$Cf | $1 \times 10^3$ |

### 7.2.3  放射性废液的贮存

乏燃料后处理流程中，第一循环所产生的高放废液中含有大量的裂变产物、残留的钚及铀同位素和相当量的超铀元素，其活度水平很高，其中 $^{90}$Sr、$^{137}$Cs、$^{238-242}$Pu、$^{241,242}$Am、$^{242-244}$Cm 等核素的半衰期为 13 年至 38 万年，对公众的辐射危险将长达几百年以至几十万年。

在高放废液玻璃固化工厂投入运行之前，大多数国家都将乏燃料后处理高放废液经蒸发浓缩后贮存在地下的不锈钢贮槽内，为了确保贮存安全，保证废液不致泄漏，需要采取以下几项防护措施：

1. 采取由不锈钢废液贮罐、混凝土罐体的钢质内覆面、混凝土罐体、吸附材料及罐体外黏土回填层组成的"多重屏障"防护体系，保证对废液泄漏起到安全可靠的屏蔽作用；

2. 贮罐内设置冷却系统，使废液中核素衰变释放的热量得以带出，将废液温度保持在沸点以下，并减轻对罐体的热腐蚀；设置排气系统，防止因罐内氢气积累而发生爆炸；

3. 设置废液泄漏监测系统、泄漏废液的抽吸转运系统及备用贮槽，杜绝废液向环境泄漏；

4. 设置搅拌与取样系统，使槽内废液不发生固相沉积，随时取样监视废液的状态，必要时可及时采取对策；

5. 按一级核设施厂址要求选定贮存库址。

后处理流程中第二、三循环产生的中、低放废液经蒸发浓缩后贮存于地下双层碳钢贮槽内。

虽然采取了以上各种安全措施，但中高放废液的贮存仍存在着许多安全隐患，最好的措施是尽早地进行固化。

### 7.2.4  放射性废物的固化或固定

拟固化或固定的废物包括中、高放射性浓缩废液，中、低放射性泥浆，废树脂，水过滤器芯子，焚烧炉灰渣等。某些废物固化前应经脱水，固化或固定后的产物应予以包装，以便于废物的贮存、运输和处理。

**7.2.4.1  废物的脱水减容**

离心机、烘干机、脱水槽、预涂层过滤器、机械过滤器及擦膜式薄膜蒸发器等都可用于泥浆的脱水减容，浓缩液则常用硫化床干燥器及擦膜式薄膜蒸发器进行干化。

**7.2.4.2　中低放废物的固化**

固化的目标是使废物转变成适宜于最终处置的稳定的废物体。固化材料及固化工艺的选择应保证固化体的质量，应能满足长期安全处置的要求，应满足进行工业规模生产的需要，对废物的包容量要大，工艺过程及设备应简单、可靠、安全、经济。固化体应满足以下几项要求：

1．放射性核素的浸出率低；

2．游离液体量不超过废物体积的 1%；

3．具有良好的化学、生物、热和辐射稳定性；

4．具有足够的机械强度；

5．比表面积小，整体性好。

中、低放射性废物常采用水泥、沥青及塑料固化工艺进行固化。

（1）水泥固化。水泥固化适用于中、低放废水浓缩物的固化，泥浆、废树脂等均可拌入水泥而予以固化，水泥与废物的配比约为 1:1，要求搅拌均匀，待凝固后即成为固化体。水泥固化设备简单，经济代价小，操作方便，但增容大，核素的浸出率较高。锶、镅、钚离子与水泥结合比较牢固，铯、钌离子则易为雨水、地下水或海水浸出。

（2）沥青固化。沥青固化适用于中、低放废水浓缩物的固化，沥青固化体核素浸出率较低，减容大，经济代价小，固化温度不应超过 150～230℃，否则固化体可能燃烧。硝酸盐及亚硝酸盐废液不宜采用沥青固化。

**7.2.4.3　高放废液的玻璃固化**

高放废液的玻璃固化已经实现工业化规模应用，玻璃固化体具有良好的抗浸出、抗辐射和抗热性能，但玻璃固化技术复杂，成本高，因此，对高放废物管理的最佳策略仍处于探索阶段。

# 7.3　浅地层处置

## 7.3.1　概述

自从 1942 年人类实现了第一次自控链式反应以来，核工业得到迅速发展。随着核工业的发展，放射性废物也越来越多。核工业主要包括核燃料的制备、热核材料的加工与生产、各类反应堆的建造和辐射后的燃料处理以及核武器的研制等工业过程。目前，作为核燃料的裂变物质为铀[235]、铀[233]和钚[139]。铀是天然存在的，铀[233]和钚[239]只能人工生产。由于铀矿品位低，无论采用何种开采方式，固体废物量都很大。美国华盛顿州某露天铀矿每开采 1t 铀矿石，废石量达 3t。铀矿加工过程中产生的固体废物主要是提取铀以后的尾矿，由于铀矿品位低，尾矿数量与原矿数量几乎相等，化学成分与原矿石相差不大，尾矿中保留了原矿石中总放射性的 70%～80%；经核燃料辐照后产生的裂变产物主要有被放射性污染的设备、材料、废弃的过滤器等；反应堆内非核燃料物质经辐照后产生的活化产物，主要包括废离子交换树脂过滤器、过滤器上的泥浆、蒸发器残渣、燃料元件碎片等，这些都含有大量的放射性。因此，放射性废物的处理处置是环境保护的重要课题。

关于固体废物的处置，目前以放射性固体废物的处置较为成熟，其中，中低放废物处置已有几十年的实践经验，某些设施和技术已用于一般固体废物，特别是有毒有害固体废物的最终处置方面。

日本把放射性固体废物处置方法归纳为四大类型。

**1. 扩散型**

对有自然扩散可能性的气态、液态放射性废物通过稀释扩散进行处置。如核电站或核研究中心的放射性废气和废水当其放射性浓度低于法令规定的限值时向环境释放。但不适用于固体放射性废物处置。

**2. 管理型**

对于放射性水平低而且几乎不含极长半衰期放射性核素的放射性固体废物，在能够有意识地依靠其衰减效果而使放射性水平降到不需要安全保障的这段期限内，通过与放射性水平相适应的阶段性管理而进行的处置。例如中低放固体废物的浅地层处置是典型的管理型处置。

**3. 隔离型**

对于来自使用过的核燃料的后处理所产生的高放废物，由于其产生量很少，放射性很高，而且还含有相当数量的长半衰期核素，在其放射性衰减使环境污染或放射性影响的担忧充分减轻之前，有必要使其与生活环境长期地充分隔离开，并在稳定的场所安全地隔离。这种隔离型处置的例子是高放废物的深地层处置和放射性废物的海洋处置。

**4. 再利用型**

对于极低水平的放射性固体废物，在不需要安全保障的限度内，力图考虑再利用。例如，核反应堆等的退役解体所产生的大量混凝土类废物用作造地时的填埋材料，或把极低放射性水平的金属配管类材料作为原料再利用。

### 7.3.2 放射性固体废物的定义与分类

**1. 放射性固体废物的定义**

放射性固体废物是指任何含有放射性核素或被其玷污，其比活度超过国家规定限值的废物。根据放射性废物分类标准，固体废物中放射性比活度大于 $7.4 \times 10^4 \mathrm{Bq \cdot kg^{-1}}$ 的或仅含天然 $\alpha$ 辐射体，比活度大于 $3.7 \times 10^5 \mathrm{Bq \cdot kg^{-1}}$ 的为放射性固体废物。放射性固体废物中，超铀核素（原子序数大于 92，半衰期大于 20 年的 $\alpha$ 辐射的放射性核素的放射性比活度大于或等于 $3.7 \times 10^6 \mathrm{Bq \cdot kg^{-1}}$ 的为超铀废物；表面放射性污染水平超过国家关于放射性物质表面污染控制水平规定值，而比活度小于或等于 $7.4 \times 10^4 \mathrm{Bq \cdot kg^{-1}}$ 的固体废物称为放射性污染废物。

**2. 放射性固体废物的来源及种类**

放射性固体废物的来源

（1）铀矿开采，选矿及水洗过程产生的尾矿。这类废物一般数量大，放射性比活度低，通常就地堆存或回填矿井。

（2）核燃料辐照后产生的裂变产物。它是放射性废物产生量最多的环节，主要有被放射性污染的设备、材料、废弃的过滤器、废液处理时形成的泥浆和废弃的防护用品等。

（3）反应堆内非核燃料物质经辐照后产生的活化产物。主要包括废离子交换树脂、过滤器上的泥浆、蒸发器残渣、燃料元件碎片及废弃的防护用品等。

除按来源分为以上三类外，还有两种分类方法：

（1）除超铀废物外，放射性废物按其所含最长的放射性核素的半衰期（$T_{1/2}$）长短分为四种：①（$T_{1/2}$）≤60天；②60天≤（$T_{1/2}$）≤5年；③5年<（$T_{1/2}$）≤30年；④（$T_{1/2}$）>30年。

（2）按放射性比活度水平分三级：第Ⅰ级为低放废物；第Ⅱ级为中放废物；第Ⅲ级为高放废物。各级废物的放射性比活度水平参见 GB 9133。

### 7.3.3　浅地层处置方法

**1. 浅地层处置定义**

浅地层处置是指地表或地下的，具有防护覆盖层的，有工程屏障或设有工程屏障的浅埋处置，埋藏深度一般在地面下 50m 以内。浅地层处置场由壕沟之类的处置单元及周围缓冲区构成。通常将废物容器置于处置单元之中，容器间的空隙用砂子或其他适宜的土壤回填，压实后再覆盖多层土壤，形成完整的填埋结构。这种处置方法借助上部土壤覆盖层，既可屏蔽来自填埋废物的射线，又可防止天然降水渗入，如果有放射性核素泄漏释放，可通过缓冲区的土壤吸附加以截留。

**2. 适于处置废物的种类**

根据处置技术规定，适于浅地层处置的废物所含核素及其物理性质、化学性质和包装容器必须满足以下条件：

（1）含半衰期大于 5 年、小于或等于 30 年放射性核素的废物，比活度不大于 $3.7 \times 10^{10}$ $B_q \cdot kg^{-1}$；

（2）含半衰期小于或等于 5 年放射性核素的废物，比活度不限；

（3）在 300～500 年内，比活度能降到非放射性固体废物水平的其他废物；

（4）废物应是固体形态，液体废物需先进行固化或填加足够的吸收剂，固体废物允许含少量的非腐蚀性水，但其容积不得超过 1%；

（5）废物应具有足够的化学、生物、热和辐射稳定性；

（6）比面积小，弥散性低，且放射性核素的浸出率低；

（7）废物不得产生有毒有害气体；

（8）废物包装容器必须具有足够的机械强度，以满足运输和处置操作要求；

（9）包装容器表面的剂量当量率应小于 2mSv/h；

（10）废物不应含有易燃、易爆、危险物质，也不含易生物降解及病毒等物质。

为使处置的废物满足上述条件，必须根据废物的性质在处置前进行去污、包装、切割、压缩、焚烧、熔融、固化等预处理。

浅地层处置的设计规划程序与卫生土地填埋场地的设计规划程序大体相同，不再赘述。下面仅就场地的选择、场地的设计规划和两种处置方法作一简单介绍。

### 7.3.4　场地选择

**1. 场地选择原则**

浅地层埋藏处置场地的选择要遵循两个基本原则：一是防止污染（安全原则）；二是经济合理（经济原则）。并要从水文、地质、生态、土地利用和社会经济等几个方面加以考虑，场地选择要求如下：

（1）处置场应选择在地震烈度低及长期地质稳定的地区；

（2）场地应具有相对简单的地质构造，断裂及裂隙不太发育；

（3）处置层岩性均匀，面积广，厚度大，渗透率低；

（4）处置层的岩土具有较高的离子交换和吸附能力；

（5）场地应选择在工程地质状况稳定，建造费用低和能保证正常运行的地区；

（6）场地的水文地质条件比较简单，最高地下水位距处置单元底部应有一定的距离；

（7）场地边界与露天水源地的距离不少于500m；

（8）场地宜选择在无矿藏资源或有资源而无开采价值的地区；

（9）场地应选择在土地贫瘠，对工业、农业、旅游、文物以及考古等使用价值不大的地区；

（10）场地应选择在人口密度低的地区，与城市有适当的距离；

（11）场地应远离飞机场，军事试验场地和易燃易爆等危险品仓库。

**2. 场地选择步骤**

场地的选择是一个连续、反复的评价过程。在此期间要不断排除不适宜的地址，并对可能的场址进行深入调查，在选出可使用的场址后应作详细评价工作，以论证所作的结论是否确切。场地的选择一般分区域调查、场址初选和场址确定三步进行。

区域调查的任务是确定苦干可能建立处置场的地区，并对这些地区的稳定性、地震、地质构造、工程地质、水文地质、气象条件和社会经济因素进行初步评价。

场址初选是在区域调查的基础上进行现场勘察和勘测，通过对勘察资料的分析研究，确定3~4个候选场址。

场地确定是对候选场址进行详细的技术可行性研究和分析，以论证场址的适宜性，并向国家主管部门提出详细的选址报告，最终批准确定一个正式场地。

浅地层埋藏法是处置中低放射性废物的较好方法，尤其在我国，考虑到处置技术的发展趋势和我国的经济承受能力，中低放射性废物宜选用浅地层埋藏处置方法。

# 7.4 高放废物深地质处置

深地质处置就是把高放废物埋藏在距地表深约500~1 000m的地下深处，使之永久与人类生存环境隔离。埋藏高放废物的地下工程即为高放废物处置库。

高放废物深地质处置库一般采用的是"多重屏障系统"设计，即把废物储存在废物容器中，外面包裹回填材料，再向外为围岩。一般把地下设施及废物容器和回填材料称为工程屏障，把周围的地质体称为天然屏障。

在这样的体系中，地质介质起着双重作用。既保护源项，也保护生物圈。具体地说，它保护着工程屏障不使人类闯入，免受风化作用；在相当长的地质时期内为工程提供屏障和保持稳定的物理和化学环境；对高放废物向生物圈迁移起滞留和稀释作用。各屏障之间具有相互加强的作用，其中天然屏障对于长期圈闭的作用至关重要。

## 7.4.1 高放废物的产生及特点

在核燃料循环的每一环节都有核废物产生，但是，对于高放废物而言，主要来自化工后处理厂和反应堆的乏燃料。其特点是放射性水平高，所含的某些放射性核素可产生显著的衰变热，而且多数是半衰期长、主要释放 $e$ 射线的核素（大部分是锕系元素）。这种废物的储存、处理和处置方式必须充分适应这些特点。

后处理厂排出的高放废液，首先要进行蒸发、浓缩减容，以便冷却和储存。通常待放射性降低 1 个数量级后进行固化。固化的目的是使高放废液中所含的核素转变成稳定形态，封闭隔离在稳定的介质中，以便阻止核素泄漏和迁移，使之适宜于处置。目前已被采用的固化介质以浸出率很低的硼硅酸盐系的玻璃为主。同时，其他一些可能代用的固化介质如陶瓷、合成矿物、结晶化玻璃也正在研究中。刚刚固化的固化体，其衰变热量很大，放射性水平也高，如果立即放入处置设施则可能使包装容器和周围岩体性能受到破坏，因此，将固化体暂时放在暂存设施内冷却，比如暂存在水冷式或空气冷却的设施里冷却，冷却所需时间长短因最终处置库围岩性质以及玻璃固化体中放射性核素含量而异，短则 20 年，长则 50 年左右。

我国目前的高放废物以液态为主，先存在不锈钢大罐中，等待玻璃固化。国内现已引进高放废液玻璃固化的全套工程冷台架设施，待冷试验运行后即可进行固化厂房的设计和建设，热的玻璃固化体可望在今后的十余年内产生，暂存 30 ~ 50 年后即可按要求进行最终地质处置。

### 7.4.2　天然屏障及其功能

高放废物为什么必须处置在深地质介质中，原因在于目前所能建造的地表建筑物，其服役年限都远远小于长寿命放射性核素的半衰期。而在深部地质介质中建造的处置库能够保证放射性核素的长期圈闭，并且能够适宜于高放废物长期圈闭的地质介质在地壳中的分布十分广泛。

首先，深部地质介质之所以具备长期圈闭的功能，原因之一是这种介质本身就构成了阻止核素迁移的天然屏障，它既可以有效地限制核素的迁移，又可以避免人类的闯入。说到屏障，它不仅是良好的物理屏障，而且也是有效的化学屏障。因为核素在随地下水流动的过程中，将与介质发生各种作用，如吸附作用、沉淀作用等等，这种作用可以有效地降低核素的迁移速度。

其次，深部地质介质的演化十分缓慢，只要避开某些地区，如现代火山地区和强烈构造活动地区等，就能够保证放射性核素在限定期内有效圈闭。

此外，建造处置库所开凿的岩体体积只能占整个岩体体积的很小部分，这就是说，处置库的建造不会严重影响围岩的整体圈闭功能。

处置库的岩石类型是关系到处置库能否长期安全运行及有效隔离核废物的重要条件，具有举足轻重的意义。多年来，世界各国对处置库的可能围岩进行了详细研究，通过对比，对花岗岩、黏土、岩盐的适宜性达成了共识。当然，一个国家最终选择什么样的岩石作为处置库围岩，还要根据本国的地质条件和国情而定，如美国选择内华达州的凝灰岩、德克萨斯州的岩盐和华盛顿州的玄武岩作为高放废物处置库的围岩，并进行了大量的研究。

我国地域辽阔，适宜于处置库建造的地质环境、岩石类型繁多，因此，在围岩选择中具有很大的回旋余地。通过多年研究和对比，现已确定以花岗岩作为我国高放废物处置库的围岩。

选择高放废物处置库围岩要考虑很多因素，概括地说，围岩的矿物组成和化学成分、物理特征能有效地滞留放射性核素；岩石在水力学方面具有低渗透特征，能有效地阻止核素的迁移；岩石的力学性质有利于处置库的施工建造及安全运行等等。

### 7.4.3　工程屏障及其功能

如上所述，处置库的地下设施、废物容器及回填材料统称为工程屏障，它与周围的地质介质一起阻止核素迁移。

废物容器是防止放射性核素从工程屏障中释放出去的第一道防线。目前，世界各国在废物容器的设计上大同小异，所选用材料多为耐热性、抗腐蚀性能良好的不锈钢材料。为了寻求更优质的材料，氧化锆等陶瓷材料和其他合金材料也都在研究中。容器的形状多为圆柱体，一般认为，容器保持完好的时间可持续千年以上。

回填材料作为高放废物处置库中的工程屏障填充在废物容器和围岩之间，也可以用它封闭处置库，充填岩石的裂隙，对地下处置系统的安全起着保护作用。回填材料应具备的性能是：对放射性核素具有强烈的吸附能力，阻止和减缓放射性核素向外泄漏；具有良好的隔水功能，延缓地下水接触废物容器的时间，降低核素向外泄漏的速度；同时应具有良好的导热性和机械性能，以便使高放废物衰变热量及时向周围地质体扩散，并对废物容器起支护作用，防止机械破坏和位移。

虽然玻璃固化体中的核素封闭于多重屏障系统内，但不管该系统的设计多么完美，也不能永远地阻止核素向生物圈迁移。因为再坚固的设施也不可能永远存在。一旦工程屏障损坏，核素就将随地下水一起向地质介质中迁移，通过地质介质，最终到达生物圈。核素从处置库向生物圈迁移的过程可以设想为：首先，虽然处置库一般建在地下水贫乏、且渗透性很低的岩体中，但深度一般都在 500～1 000m 的地下深处，这个深度一般均属于饱水带，在处置库运行的初期，地下水将从周围压力较高的地区向处置洞室低压区运动，而地下水最先接触的将是回填材料。穿过回填层的水随后将与废物容器接触，一旦容器破损或腐蚀，地下水便直接与玻璃固化体接触，于是水与固化体间的相互作用便开始了。固化体中的核素或溶于地下水，或以微粒的形态转移到水中。与此同时，整个处置库便达到完全饱水的程度，于是，处置库洞室中的水压力与围岩体中的水压力达到平衡状态，从这一平衡点开始，地下水的运动将不再是由周围岩体流向处置库，而是开始受控于处置库地区的地下水流场。一般由补给区流向排泄区，于是转移到地下水中的核素便通过破损的容器沿水流方向返回到回填层中，在回填层中，某些核素被吸附或生成沉淀，但回填材料的吸附容量是有限的，很快核素将随地下水一起穿过回填层进入到地质介质中，在天然屏障中开始了向生物圈的迁移历程。可见，良好的工程屏障将大大延迟核素向地质介质、向生物圈迁移的时间，对保证处置库的安全运行是十分必要的。由此，可将工程屏障的功能概述如下：

（1）使大部分裂变产物在衰变到较低水平的相当长的时期内（1 000 年左右）能够得到有效包容；

（2）防止地下水接近废物，减少核素的衰变热对周围岩石的影响，防止和减缓玻璃固化体、岩石和地下水的相互作用；

（3）尽可能延缓和推迟有害核素随地下水向周围岩体迁移。为了实现这些功能，目前，世界许多国家都在对工程屏障的各个方面进行研究，许多国家也正在研究如何把它们作为整体系统，综合、有效地发挥其功能。

### 7.4.4 我国高放废物地质处置研究进展

1985年，核工业总公司提出了"中国高放废物深地质处置研究发展计划"，同年，高放废物处置库选址工作便开始起步。现已完成全国筛选、区域筛选及地区筛选工作。

全国筛选工作主要完成于1985~1986年。参照其他国家选址工作经验，在全国区域地质资料综合分析、对比的基础上，通过各地区地质条件、地质构造、岩石类型、水文地质条件、自然地理、经济地理及核工业布局等因素的进一步分析对比，在全国范围内选出了五大区域作为进一步开展工作的候选区，它们是西南地区、广东地区、内蒙地区、华东地区和西北地区。当时所考虑的处置库候选围岩包括花岗岩、凝灰岩、泥岩和页岩。

区域筛选工作完成于1986~1988年。在全国筛选的基础上，根据高放废物处置库选址条件和要求，进行了一系列内容广泛的调查研究和实地地质考察工作，从上述五大区域中筛选出21个小区，供进一步研究。

自1989年以来，我国高放废物处置库选址工作的重点转移到了某干旱地区，该区域气候干旱，年降水量仅为几十毫米，地表水和地下水都十分贫乏。地表为典型的荒漠、戈壁景观。这里人烟稀少，没有工业和农业活动，大面积分布的花岗岩岩体构成了良好的处置库围岩，具有建造高放废物处置库得天独厚的自然地理和经济地理条件。

通过开展了地震地质、构造地质、地壳稳定性、水文地质、工程地质方面的研究工作。初步研究结果表明，北山地区地质条件、水文地质条件十分有利于处置库的建造，值得在这里开展进一步的研究工作。

高放废物深地质处置研究是一项综合性的研究工作，在过去的十几年中，我国除开展选址工作外，还开展了以下工作：

(1) 国外地下实验室调研；
(2) 国外地质处置系统性能评价方法调研；
(3) 国外高放废物处置研究、地球化学软件引进及开发研究；
(4) 放射性核素迁移实验研究；
(5) 缓冲/回填材料力学、热学性能研究；
(6) 高放废物处置库预选场地地学信息库建库研究。

这些工作的开展，大大缩短了我国高放废物地质处置研究领域与发达国家的距离，并为今后工作提供了必要的人才和技术储备。

## 7.5 高放废物处置库选址及其标准

高放废物处置库选址是整个处置工程的重要环节，是深部处置库开发中最关键的部分。目前世界上许多国家的选址工作都已相继开展，其中美国起步较早，德国、瑞典、加拿大、比利时、英国、法国、日本等国家也在选址方面做了大量的工作。

选址工作的基本目标是选择一个适合于进行高放废物处置的场址，并证明该场址能够在预期的时间范围内确保放射性核素与周围环境之间的隔离，使放射性核素对人类环境影响保持在立法机关规定的可接受的水平以下。

一般说来，选址工作可分为4个阶段进行：①方案设计与规划阶段；②区域调查阶段；

③场址性能评价阶段；④场址确认阶段。

从某一阶段向下一阶段的过渡没有明显的界限，因为选址活动有许多工作相互重叠。此外，在每个阶段的工作中，均应考虑下一步更深入的工作。一般说来，随着整个选址工作的不断深入，资料的数量和精度都会不断地增加和提高，从而不断接近选择合适场址的总体目标。

方案设计与规划阶段的目标是确定选址工作进程的整体规划，并利用现有资料，确定出可供区域调查的候选岩石类型和可能的场址区。该阶段工作的另一部分内容是明确对处置设施所在场址的前景有影响的各种因素，这些因素应该从长期安全性、技术可行性、社会、政治和环境等方面加以确定。

区域调查阶段的目标是在综合考虑前一阶段确定的选址因素基础上，圈定出可作为处置场址的地区。可以通过对有利地区的初步筛选来进一步圈定小区，该阶段一般包括两个步骤：

（1）区域分析（区域填图），以圈定潜在适宜场址所在的靶区；

（2）筛选潜在场址以供进一步评价。

场址特征评价阶段的目标是对某一个或若干个潜在场址进行研究和调查，从不同角度，特别是从安全角度证明这些场址能否被接受。该阶段应取得场址初步设计所需的信息。

场址特征评价阶段要求掌握具体的场址资料，以确定处置场中与处置设施具体位置有关的场址特征和参数变化范围。这就需要进行场址勘查和调查，以便获得场址的地质、水文地质及环境条件等资料，其他与场址特征评价有关的资料，如运输线路、人口统计及社会学的某些问题，也应一并收集。该阶段的最终成果是圈定一个或若干个优选场址，以供进一步研究。同时，应就工作的全过程提交报告并附上所有资料（包括初步安全评价在内的、场地分析工作在内的所有文件）。

场址确认阶段的任务是就优选的场址进行详细的场址调查，其目的是证实优选场址的可靠程度，提供详细设计、安全分析、环境影响评价及申请许可证所必需的具体场址补充资料。

此阶段还应按国家有关部门的规定进行环境评价。评价的内容可以十分广泛，其中包括拟建处置设施对公众健康、安全及环境的影响等等。也可以讨论如何避免或减少上述影响以及该处置设施产生的其他局部和区域性影响。

一旦确认处置场址是合适的，就应该向有关的立法机构提出建议，提交的建议书应包括根据调研、特性评价和场址确认工作所作安全评价的结果。立法机构将审查场址，确认研究结果，并作出场址适宜性方面的决策。如果所确认的场址能够满足所有必需的要求，则可进行处置库建造的批准文件（许可证等）的办理或下达。

总之，选址工作直接关系到未来处置库的安全性、实用性和经济性。这项工作涉及地质、地震、气象、水文、环境保护、自然地理、社会活动等多方面，是一项综合性很强的工作。随着选址工作的开展和深入，许多国家开始意识到这一工作必须有章可循，才能保证选址工作的顺利进行。因此，选址标准的制定工作也应运而生。但由于各国的具体条件不同，很难制定出世界上通用的标准。于是许多国家便根据本国的条件制定出各自的标准。下面是国际原子能机构（IAEA）1994年制定的选址导则，可供各国在选址工作中参考。

（1）地质条件，处置库的地质条件应有利于处置库的整体特征，其综合的几何、物理和化学特征应能在所需的时间范围内阻止放射性核素从处置库向环境中迁移。

（2）未来的自然变化，在未来的动力地质作用（气候变化、新构造活动、地震活动、火山作用等等）的影响下，围岩和整个处置系统的隔离能力应该达到可接受程度。

（3）水文地质条件，水文地质条件应有助于限制地下水在处置库中的流动，并能在所要求的时间内保证废物的安全隔离。

（4）地球化学，地质环境和水文地质环境的物理化学特征和地球化学特征应有助于限制放射性核素由处置设施向周围环境释放。

（5）人类活动影响，处置设施选址应考虑到场址所在地及其附近现有的和未来的人类活动。这类活动会影响处置库系统的隔离能力并导致不可接受的严重后果。这种活动的可能性应该减少到最低程度。

（6）建造与工程条件，场址的地表特征与地下特征应能够满足地表设施与地下工程最优化设计方案的实施要求，并使所有坑道开挖都能符合有关矿山建设条例的要求。

（7）废物运输，场址位置应保证在向场址运输废物的途中公众所受的辐照和环境影响限于可以接受的限度之内。

（8）环境保护，场址应选择在环境质量能得到充分保护，并在综合考虑技术、经济、社会和环境因素的条件下，不利影响能够减少到可以接受的程度的地点。

（9）土地利用，在选择适宜场址的过程中，应结合该地区未来发展和地区规划来考虑土地利用问题。

（10）社会影响，场址位置应选择在处置系统对社会产生的整体影响能够保持在可接受水平的地点。在某一地区和行政区域设置处置库，在任何可能的情况下应给地方上带来有益的影响，任何不利的影响应降低至最低水平。

# 8 人类工程活动造成的环境岩土工程问题

人类为发展生产进行的各种各样的工程活动都会对周围的环境造成这样或那样的影响。这就是所谓工程活动与环境之间的共同作用问题。以往,设计工程师的主要责任是考虑工程本身的技术问题;现在,还应该考虑工程建设过程中以及工程完成以后对环境的影响等问题。可持续发展的道路,不能以牺牲环境为代价,片面地追求短期经济效益,而造成巨大的经济损失和引发各种各样的社会问题。

工程活动对环境的影响是不可避免的,为此应根据具体情况分别考虑工程与环境之间的矛盾。根据长期的实践经验,可归纳为以下几点原则:

(1)环境补偿的原则。当工程活动不可避免地影响或破坏某些环境问题时,待工程建设结束后应重新恢复。例如,被破坏的草坪,毁坏的树木应重新绿化;公用的管道暂时移位的也应重新就位等等。换句话说,环境暂时照顾工程建设。

(2)工程避让的原则。如果环境非常复杂,工程活动可能会对四周的环境造成巨大的经济损失和重大的社会影响时,工程项目应该另选场地或改变设计。

(3)环境保护的原则。当环境和工程都不能退让时,工程应该采取各种措施(包括赔偿措施)来保护环境。例如,在城建中由于打桩的挤土、深基坑开挖、地铁掘进等引起地层的移动造成的影响。措施力求有效而经济,将影响减小到最低的限度。

(4)环境治理的原则。某些工程活动对环境的影响是长期的,或一时难以估计的,或不可避免的。对于这种情况就应采取整治的办法。例如,上海由于工业生产发展造成苏州河的污染,政府制定了大规模的治理计划,采用合流污水集中排放、搬迁工厂等措施来改善苏州河水质。

随着工程建设的发展,工程建设与环境之间所发生的相互作用越来越复杂,这是摆在工程界面前的一个新课题,现将有关问题,作一简单的介绍。

## 8.1 打桩对周围环境的影响

预制桩及沉管灌注桩等挤土桩,在沉桩过程中,桩周地表土体隆起,桩周土体受到强烈挤压扰动,土体结构被破坏。如在饱和的软土中沉桩,在桩表面周围土体中产生很高的超孔隙水压力,使得有效应力减小,导致土的抗剪强度大大降低,随着时间的推移,超孔隙水压力逐渐消散,桩间土的有效应力逐渐增大,土的强度逐渐恢复。探讨受打桩扰动后桩周土的工程特性,对合理进行桩基设计具有重要意义。Casagrande指出,重塑区离桩表面约$0.5d$($d$为桩的直径,下同),而土的压缩性受到较大影响的区域(压密区)可达$1.5d$。但是具体各区域的大小往往取决于土的种类、状态、桩本身的刚度及设置方法。

在桩贯入土中时,桩尖周围的土体被排挤,出现水平方向和竖直方向的位移,并产生扰动和重塑,有关研究资料表明,由沉桩而引起的地面隆起仅发生在距地表约$4d$深度范围内，在这一深度以下，土体的位移，即桩底附近土体的位移仍受到桩尖的影响。本节将通过理论分析研究打桩对周围土体的扰动影响特性。

### 8.1.1　打桩挤土效应的理论分析

**1. 小孔扩张理论**

目前对桩的挤土效应多采用小孔扩张理论，如图 8.1 所示，对饱和软土，其塑性区任一点的应力两个方向上的总应力增量：

$$\frac{\sigma_r}{c_u} = 2\ln\left(\frac{R}{\rho}\right) + 1 \qquad (8-1)$$

$$\frac{\sigma_t}{c_u} = 2\ln\left(\frac{R}{\rho}\right) - 1 \qquad (8-2)$$

弹性区任一点的应力两个方向上的应力增量：

$$\sigma_r = \left(\frac{R}{\rho}\right)^2 \qquad (8-3)$$

$$\sigma_t = -\left(\frac{R}{\rho}\right)^2 \qquad (8-4)$$

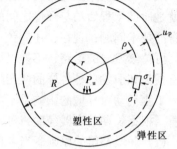

图 8.1　小孔扩张示意图

塑性区边界上径向位移、塑性区半径 $R$ 及桩土界面的挤压力 $P_u$ 为分别为：

$$u_p = \frac{1-\mu}{E} R c_u \qquad (8-5)$$

$$\frac{R}{r} = \sqrt{\frac{E}{2(1+\mu)c_u}} \qquad (8-6)$$

$$\frac{P_u}{c_u} = \ln\frac{E}{2(1+\mu)c_u} + 1 \qquad (8-7)$$

以上各式中，各参数的意义为：

$R$——塑性区半径；

$r$——小孔扩张半径，即桩的半径；

$P_u$——桩土界面径向挤压应力；

$\sigma_r$——径向挤压应力；

$\sigma_t$——切向挤压应力；

$c_u$——土的不排水强度；

$u_p$——塑性区边界上的径向位移；

$E$——土的弹性模量；

$\mu$——土的泊松比。

但对于非饱和土，内摩擦角 $\varphi$ 不为 0，因此不能直接使用上述公式，需进行修正，按照小孔扩张塑性理论可推导以下公式：

其塑性区任一点的应力在两个方向上的总应力增量：

$$\sigma_r = \frac{\sigma_c}{\xi-1}\left[\frac{2\xi}{\xi-1}\left(\frac{R}{\rho}\right)^{\frac{1+\xi}{\xi}} - 1\right] \qquad (8-8)$$

134

$$\sigma_t = \frac{\sigma_c}{\xi - 1}\left[\frac{2}{\xi - 1}\left(\frac{R}{\rho}\right)^{\frac{1+\xi}{\xi}} - 1\right] \qquad (8-9)$$

弹性区任一点的应力在两个方向上的应力增量：

$$\sigma_r = \frac{\xi}{1+\xi}\sigma_c\left(\frac{R}{\rho}\right)^2 \qquad (8-10)$$

$$\sigma_t = -\frac{\xi}{1+\xi}\sigma_c\left(\frac{R}{\rho}\right)^2 \qquad (8-11)$$

塑性区边界上的径向位移及塑性区半径 $R$ 分别为：

$$u_p = \frac{1-\mu}{E}\frac{\xi}{1+\xi}\sigma_c Rc_u \qquad (8-12)$$

$$\frac{R}{r} = \sqrt{\frac{E(1+\xi)}{2(1+\mu)\xi c_u}} \qquad (8-13)$$

小孔扩张压力，即桩土界面的挤压应力 $P_u$ 为：

$$P_u = \frac{\sigma_c}{\xi - 1}\left\{\frac{2\xi}{1+\xi}\left[\sqrt{\frac{E(1+\xi)}{2(1+\mu)\xi\sigma_c}}\right]^{\frac{1+\xi}{\xi}} - 1\right\} \qquad (8-14)$$

以上各式中，

$$\xi = \frac{1+\sin\varphi}{1-\sin\varphi} = \tan^2\left(45° - \frac{\varphi}{2}\right) \qquad (8-15)$$

$$\sigma_c = 2c\tan\left(45° - \frac{\varphi}{2}\right) \qquad (8-16)$$

其余各量意义同前。

**2. 强扰动区的范围**

由塑性区半径公式可知，当土体确定后，即土的力学指标 $E$、$\mu$、$c$、$\varphi$ 不变，塑性区半径与小孔半径呈线性关系。图 8.2 给出的 $R/d$ 与土的强度指标的关系曲线，图 8.3 给出了 $R/d$ 与土的弹性模量的关系曲线。由图可知，当土体的泊松比 $\mu$ 一定时，$R/d$ 值随着土体强度指标 $c$、$\varphi$ 的增大而逐渐减小，$R/d$ 值随着土体弹性模量的增大而逐渐增大。

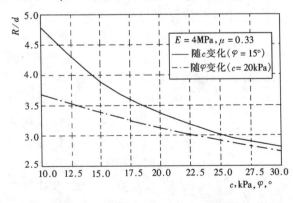

图 8.2 $R/d$ 与土的强度指标关系曲线[8]

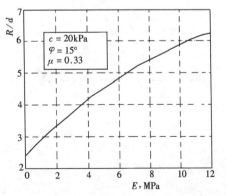

图 8.3 $R/d$ 与土的弹性模量的关系曲线[8]

### 8.1.2 沉桩挤土效应的数值模拟

随着高层建筑的不断增多，沉桩向深、大方向发展，用有限元方法研究沉桩时土体的侧移、隆起及其对周围构筑物的影响已势在必行，沉桩问题的数值分析方法正日趋完善。可以用平面四边形单元模拟土体区域，以接触面单元模拟土与桩间的相互作用，以弹塑性模型描述土体本构关系，并考虑初始应力，通过土力学求解，对压入单桩、双桩情况下的沉桩挤土效应进行了数值模拟计算。

**1. 沉桩挤土过程的模拟方法**

模拟沉桩挤土过程，除应考虑土体本身的弹塑性外，还须考虑桩的连续压入过程。在研究这类问题时，如何正确地对其施工过程进行模拟，将直接影响到分析结果的精确性。

(1) 基本假定

在进行有限元分析时，基于这些假定：①按平面应变问题考虑，利用对称性取半截面分析。此方法模拟单桩或两根的情形与实际情况差别较大，需将弹性模量和挤土位移作较大折减；而模拟群桩则较为合理，只需进行少量折减。②假定所研究的土为饱和软土。③假定桩入土过程是一个分段的、侧向的挤土过程。④土体采用八节点等参单元，弹塑性材料；桩体也采用八节点单元，考虑为线弹性材料；土与桩体之间设接触面单元，以模拟二者之间可能发生的脱离和滑动。

(2) 沉桩过程的模拟

由于桩入土的连续性过程较难模拟，可作简化处理。即将桩的入土过程分成几个工况，每一工况桩体进入一定的深度，再将每一工况中桩体水平向的挤土简化为按一定速率进行的扩张，即进行增量计算。

每次桩体排土引起的应力增量 $\{\Delta\sigma_i\}$ 和位移增量 $\{\Delta\delta_i\}$ 与前次过程所得的应力场 $\{\sigma_{i-1}\}$ 和位移场 $\{\delta_{i-1}\}$ 叠加，得到此时的应力场和位移场，以此类推直到这一工况水平位移等于固定位移，然后进入下一工况。图8.4可说明工况循环时的边界约束情况。

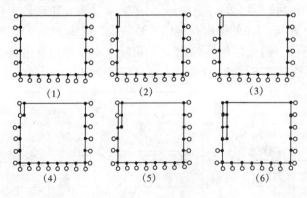

图 8.4 工况循环
(1) 工况1；(2) 工况2第一步；(3) 工况2第二步；
(4) 工况2第三步；(5) 工况3；(6) 工况4

(3) 初始应力场的计算

土体的破坏性状及大地受到土体内的初始应力的影响，尤其是受到沿可能破坏面上的初始法向应力以及初始剪应力与初始法向应力之比的影响。因此，应当进行初始应力的计算，为后续工况的循环提供必要的初始应力场。

施工前地层中已存在初始应力场，故应首先在土体内部按增量法施加自重荷载，用弹塑性有限元法求出每一单元的静应力，从而得到第一工况的初始应力场 $\sigma_0$。施工中土体产生扰动，会引起初始应力场和位移场的变化。设应力变化为 $\Delta\sigma$，位移变化为 $\Delta\delta$，则此时的应力为 $\sigma = \sigma_0 + \Delta\sigma$。然后将此时的应力场作为下一工况的初始应力场，依此类推，至施工结束。

（4）弹性模量的折算方法

用平面问题分析周围有邻桩的桩体时，必须进行折算。如图 8.5，在距沉桩点为 $R$ 处有 $n$ 根桩时，可将由 $n$ 根桩及桩间土所组成的矩形体看作是由另一种等效的均质弹性材料组成的；对于在距沉桩点为 $R$ 处有一根桩时，考虑到桩挤土的影响范围，仍将一定范围内由土和桩所组成的矩形体看作是由一种等效的均质弹性材料组成的。如果假定其轴向刚度等效，则可分别推得等效材料的弹性模量。

由于桩间土的刚度较混凝土桩小得多，其刚度可忽略不计。根据总刚度等效的原则，推得 $n$ 根桩时的等效弹模 $E' = (nA/A')E$，其中 $E$ 为桩体弹模，$n$ 为桩数，$A$ 为桩身横截面积，$A'$ 为矩形面积。而仅有 1 根桩时，仍可根据桩挤土的影响范围按该式进行计算。

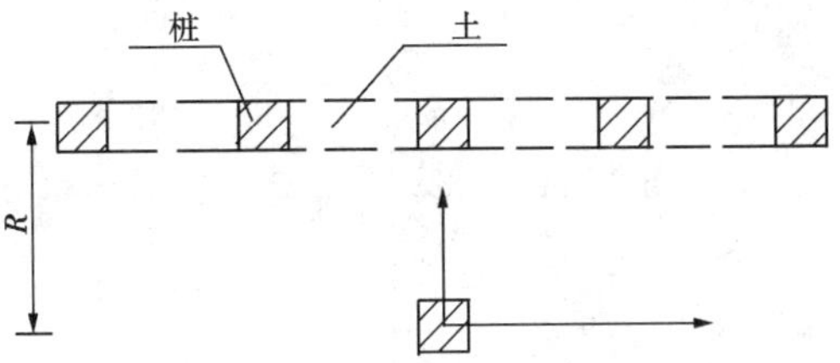

图 8.5 弹模折算示意图

（5）挤土位移的折算方法

用平面问题分析桩的挤土问题时，也需进行必要的近似处理。将桩在入土时的挤土位移进行折减，具体折算方法同样需分类进行。由于土体是粘弹塑性介质，具有可压缩性，因而其位移不是简单的叠加，需将实测数据与计算进行拟合，方可得出合理的折算公式。在实际计算中，通过试算，将对挤土位移进行合理的折减。当计算所得到的位移场与实测值相近时，对应的应力场的计算结果才最符合实际。

**2. 数值模拟结果分析**

将有限元计算结果与相关的模型试验结果进行比较，以验证计算程序的正确性。

（1）模型参数的选取

由于模型试验土样为上海地区典型灰色淤泥质黏土，土体及桩体参数取值可如表 8.1 所示。

表 8.1 土样与桩体的物理力学指标

| 材料 | 密度 $\rho$（g/cm³） | 弹性模量 $E$（kPa） | 泊松比 $\mu$ | 渗透系数 $k$（m/min） | 黏聚力 $c$（kPa） | 内摩擦角 $\phi$（°） | 强化参数 $H'$ |
|------|------|------|------|------|------|------|------|
| 土体 | 1.72 | 2 000 | 0.3 | 3E−9 | 10.0 | 9.8 | 2 000 |
| 桩体 | 10 | 1E5 | 0.3 | | 1E7 | 9.8 | 2 000 |

接触面计算参数选取如表 8.2 所示。

表 8.2 接触面单元的力学指标

| 模量系数 $k_1$ | 模量指数 $n^*$ | 破坏比 $R_f^*$ | 黏聚力 $c^*$（kPa） | 内摩擦角 $\phi$（°） |
|------|------|------|------|------|
| 35.9 | 0.77 | 0.95 | 100 | 9.84 |

（2）施工过程的模拟

模型试验表明，单桩压入时，将向四个方向进行挤土，挤土位移近似为桩径的 1/4，挤土速率为 5mm/min，从扩张开始到结束，共 6.75min。模拟计算时工况的循环步骤应为：①

施加自重应力，计算初始应力场；②工况 1：由地面到地下 300mm 水平挤土 11.25mm；③工况 2：由地下 300mm 到 600mm 水平挤土 11.25mm；④工况 3：由地下 600mm 到 900mm 水平挤土 11.25mm。

（3）单桩挤土的计算成果及检验

在计算时，选取计算区域与模型试验（半模试验）区域相同。图 8.6 为模拟在试验槽中压入单桩而划分的有限单元网格及边界约束示意图，除上面外，其余三边均为不透水边界。

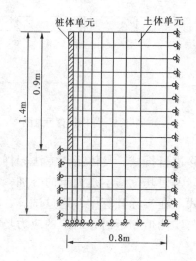

图 8.6　有限元网格划分
及边界示意图[75]

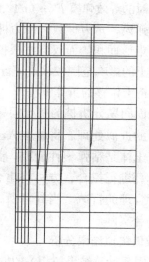

图 8.7　计算位移图[75]

1）土体位移分布规律

图 8.7 为模拟单桩压入时，计算所得的周围土体位移变化图。由图 8.7 可知，土体即使在离桩轴 10 倍桩径处，也发生隆起；在桩端以上，土体均产生隆起，且随深度的增加几乎呈线性减少；土体的水平位移随离桩壁距离及深度的增加而减少，其变化趋势与试验结果较为吻合。

由图 8.7 可知，桩端以下的土体也发生了隆起，这与模型试验结果不一致。因为桩端以下的土体是在压桩时受压的，所以只可能向下运动，这是计算结果与试验结果的主要差别。与模型试验相比，计算结果得到的桩的挤土范围要比模型试验得到的结果大。同时由于模型试验中存在测量误差，所以水平位移的变化规律不如计算结果好。

图 8.8 是计算出的地表隆起与实测值的比较。由该图可知，试验与计算出的地表隆起趋势基本一致，但计算值比实测值要大，且实测曲线衰减较快。

2）土中应力的分布规律

图 8.9 为土体应力等值线图。沉桩时土体应力场的主要规律为：沉桩结束后的土体水平应力场 $\sigma_x$ 在桩尖处出现严重的应力集中现象，土中应力在桩尖以上主要是压应力，桩尖以下则以拉应力为主，沉桩挤土的影响范围为 $6d$（$d = 45mm$）；土体竖向应力场 $\sigma_y$ 的分布规律与 $\sigma_x$ 类似，在桩尖处仍出现应力集中，沉桩的影响范围为 $6 \sim 7d$，此范围外等值线则与地面基本平行；剪应力场 $\tau_{xy}$ 在桩尖处的应力集中表明该处已进入塑性破坏状态，解出的弹塑

138

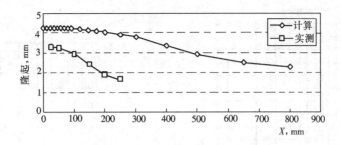

图 8.8　地表隆起的计算曲线与实测曲线[8]

性应力解并无实际意义。

　　总之，单桩贯入土中后，桩端周围的 $\sigma_x$ 较桩贯入前增加很多，土中应力主轴由垂直向转为水平向，离桩越近，转轴效应越强。这一事实反映了桩贯入时，周围土体应是先被下压而后被挤向四周，这也与他人的结论相近。

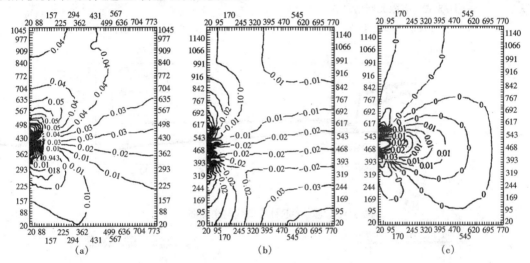

图 8.9　土体应力等值线图（N/mm）[75]

（a）单桩 $\sigma_x$ 等值线；（b）单桩 $\sigma_y$ 等值线；（c）单桩 $\tau_{xy}$ 等值线

　　（4）双桩挤土的计算成果及检验

　　图 8.10 为模拟在模型槽中有邻桩存在时，压入单桩时划分的有限元网格及边界约束示意图，计算时仍选择计算区域与试验区域相同。

　　1）土体位移分布规律

　　图 8.11 和图 8.12 为模拟有邻桩存在时压入单桩，周围土体水平和竖向位移的计算结果。由图 8.12 可知，两桩之间的隆起与水平位移要比桩外的大得多，相差 1~2 个数级。计算结果表明二群桩中土体的隆起及水平位移主要发生在二群桩包围的范围内，此范围以外的相应值较小，模型试验也证实了这一点。这一结论也与 Hagerty（1971）的结论一致。

　　2）土中应力的分布规律

　　图 8.13～图 8.15 分别为土体应力等值线图，可以看出沉桩结束后的土体水平应力场 $\sigma_x$ 在桩尖和两桩之间均出现严重的应力集中现象，特别是在桩尖处等值线沿45°向下发展，然

139

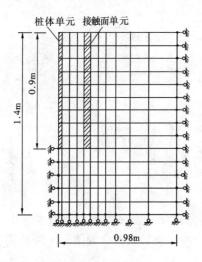

图 8.10 有限元网格划
分及边界示意图

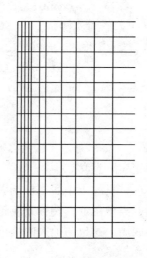

图 8.11 计算位移图

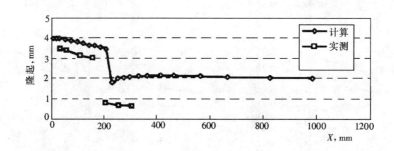

图 8.12 地表隆起计算曲线与实测曲线[75]

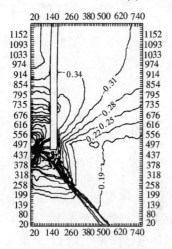

图 8.13 双桩 $\sigma_x$ 等
值线图 （N/mm）[76]

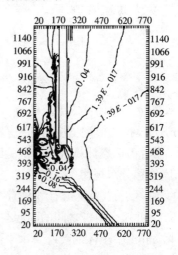

图 8.14 双桩 $\sigma_y$ 等值
线图 （N/mm）[76]

后变为近垂直分布。这说明桩尖处和桩壁土体均已进入塑性破坏状态，桩尖处土体沿 45°产

140

生剪切破坏，剪切面以内相当于弹性核，$\sigma_x$ 基本与地面平
行，沿水平方向发展，剪切面以外因受沉桩影响，$\sigma_x$ 由下至
上不断增大，故等值线变为垂直方向发展。$\sigma_x$ 以压应力为
主，且两桩之间 $\sigma_x$ 变化较桩外大，等值线变为垂直向分布。
土体竖向应力场 $\sigma_y$ 的分布规律与 $\sigma_x$ 类似，在桩尖处及邻桩
壁仍出现应力集中，两桩之间应力较桩外大，且等值线变为
垂直向分布。$\sigma_y$ 变为小于 $\sigma_x$。剪应力场 $\tau_{xy}$ 的变化规律仍与
单桩的计算结果类似。

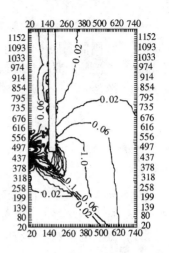

总之，邻桩的存在对土中应力产生了较大影响，两桩之
间的应力比桩外的应力大得多。故邻桩对应力的传递起到了
阻隔作用。

3）沉桩效应对已压入桩的影响

图 8.16 为桩体应力图，桩体所受侧向压力 $\sigma_x$ 沿全长均
为压应力，轴向应力 $\sigma_y$ 均为拉应力。

图 8.15　双桩 $\tau_{xy}$ 等
值线图（N/mm）[76]

图 8.17 的计算结果表明，有邻桩压入时，离已压入桩桩顶 1/6～1/3 桩长范围内的土体
隆起要比桩体轴向变形大，因而在此范围内可认为土体对桩体施加了向上的侧摩擦力（即上
拔力）；此范围以下土体隆起则比桩体轴向变形小，可认为土体对桩体施加了向下的侧摩擦
力（即抗拔力）。因而桩体必受到轴向拉力作用。

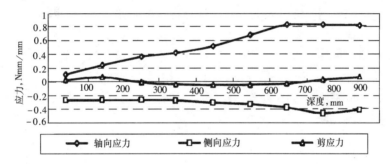

图 8.16　桩体的应力分布图[8]

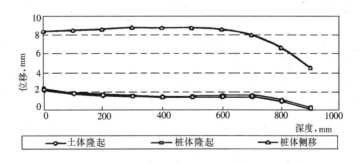

图 8.17　桩体的位移分布图[8]

计算表明，桩体所受侧应力比土中应力大得多（大 1～2 个数量级），且在直接受挤压影
响一侧的侧应力要比另一侧的大（大 1 个数量级）。

图 8.17 表明，桩体的侧向变形在桩长 1/3 处较大，其变形有一折点。综合考虑桩体的轴向变形和侧向变形可知，桩体的易断部位应在桩长 1/6～1/3 处，这也与实际施工中常遇到的沉管灌注桩的断裂位置相符。所以施工中多采用沉管前预钻孔的方法来控制桩体及土体变形过大的影响，一般施工中预钻孔深 6m。

### 8.1.3 沉桩对周围环境的影响

在密集建筑群中间打桩施工时，对周围环境的影响主要表现在以下几个方面：

（1）噪音的影响。打桩时柴油锤产生的噪音可高达 120dB 以上，一根长桩至少要锤击几百次乃至几千次。这对附近的学校、医院、居民、机关等都具有一定的干扰作用，打桩产生的噪音影响人们学习、工作和休息。

（2）振动的影响。打桩时会产生一定的振动波向四周扩散。振动对人来说，较长时间处在一个周期性微振动作用下，会感到难受。特别是住在木结构房屋内的居民，地板、家具都会不停地摇晃，对年老有病的人影响尤大。

在通常情况下，振动对建筑物不会造成破坏性的影响。打桩与地震不一样，地震时地面加速度可以看作一个均匀的振动场，而打桩是一个点振源，振动加速度会迅速衰减，是一个不均匀的加速度场；现场实测结果表明，打桩引起的水平振动约为风振荷载的 5%左右，所以除一些危险性房屋以外，一般无影响。但打桩锤击次数很多时，对建筑物的粉饰、填充墙会造成损坏；另外，振动会影响附近的精密机床、仪器仪表的正常操作。

（3）挤土效应的影响。桩打入地下时，桩身将置换同体积的土。因此在打桩区内和打桩区外一定范围内的地面，会发生竖向和水平向的位移。大量土体的移动常导致邻近的建筑物发生裂缝、道路路面损坏、水管爆裂、煤气泄漏、边坡失稳等等一系列事故。

图 8.18 是上海著名的外白渡桥立剖面图，它始建于 1906 年，次年竣工。20 世纪 30 年代在苏州河北岸，离桥墩约 40m 处建造上海大厦时，基础打桩，造成桥墩移动，致使桥面桁架支座偏位而重新检修。

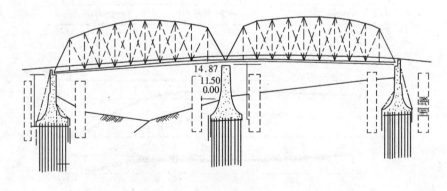

图 8.18 上海外白渡桥立剖面图

土效应主要是与桩的排挤土量有关。按挤土效应，桩可分为：

排挤土桩—如混凝土预制桩、木桩等；排土的体积与桩的外包体积相等；

非排挤土桩—排挤土的体积为零。如钻孔灌注桩、挖孔桩等；

低排挤土桩—排挤土的体积小于桩的外包体积，如开口的钢管桩，工字钢桩等。

桩的挤土机理十分复杂，它除与建筑场地土的性质有关外，还与桩的数量、分布的密度、打桩的顺序、打桩的速度等因素有关。桩群挤土的影响范围相当大，根据工作实践的经验，影响范围大约为距桩基过 1.5 倍的桩长。在同一测点上，水平位移比竖向位移大。

为了减少打桩对周围环境的影响，根据不同的情况采取不同的措施。仅为了减少噪音和振动的影响，可采用静力压桩，但这种施工方法丝毫不能减少挤土的影响，当压桩速率较高时，挤土的影响可能比打桩更大。

减少挤土影响的措施很多，上海地区目前常采用的环境保护措施有以下几种方法：

（1）预钻孔取土打桩。先在打桩的位置上用螺旋钻钻成一直径不大于桩径 2/3、深度不大于桩长 2/3 的孔，然后在孔位上打桩；

（2）设置防挤孔。在打桩区内或在打桩区外，打设若干个出土的孔。出土孔的数量可按挤土平衡的原理估算；

（3）合理安排打桩顺序和方向。对着建筑物打桩比背着建筑物打桩的挤土效应要不利得多；

（4）控制打桩速率。打桩速度越快，挤土效应越显著；

（5）设置排水措施。促使由打桩挤压引起的超孔隙水应力消散；

（6）其他。如设置防振沟等等。

为了减少打桩对周围环境的影响，在施工过程中应加强监测，通过实际周边的反映，来控制施工的速度和施工的方向，从而达到保护环境的目的。

## 8.2  基坑开挖造成地面移动或失稳

随着经济建设的发展，高层建筑的基坑面积越来越大，深度也越来越深。基坑常处在密集的建筑群中，基坑周围密布各式各样的建筑物、地下管线、城市道路等等。开挖基坑，大量卸荷，由于应力释放，即使有刚度很大的支护体系，坑周土体仍难于避免会发生水平方向和竖直方向的位移。再由于地下水的渗流，基坑施工期长，坑周土体移动对建筑物、道路交通、供水供气管线、通讯等造成很大的威胁。例如上海某建筑物基坑施工时，附近道路路面沉陷了近 30~50cm，民房大量开裂而最终不得不拆除。

在超压密土层中开挖时，卸载作用有可能使基坑附近的地面发生膨胀回弹而使建筑物上抬。例如，杭州京杭运河与钱塘江沟通工程中，开挖运河深度 8m，宽 70m，离开坡顶 3m 处一幢五层住宅向上抬高了 50 多毫米，影响范围 15~20m。

在基坑开挖工程中，由于设计时计算失误，设计方案存在问题而导致基坑失稳，倒塌等事故，例如：

1. 石家庄某高层建筑地上 28 层地下 4 层，基坑深 20.5m，基坑东西 120m，南北 100m，采用护壁桩并设三道铺杆，由于设计时计算出错，致使第一层铺杆被拔出，挡土桩向坑内大尺寸移位，第二层、第三层铺杆的腰梁的支点处，桩承受不了弯距而折断发生倒塌事故。

2. 长春某广场工程主楼 42 层，地下室埋深 16m，及济南某大厦工程地上 23 层，地下 3 层，基坑开挖深 12m，都是由于基坑支护方案有错误，护坡桩折断而出现倒塌，地面开裂，道路中断，公共设施受损。

南京某工程基坑深 7m，因设计方案有误，实施时工序有问题，致使邻近的教学楼水平向下移动 9cm，垂直沉降 11cm，台阶隆起开裂，墙体开裂，缝宽达 15cm，邻近平房也因不均匀沉降开裂，无法使用。

3. 武汉某大厦最大开挖深度 13m，因承压水埋藏于场地中细砂卵石和粉细砂层中，其水位随长江，汉江水位变化，开挖过程中因垂直止水帷幕未形成，透水使坑外向坑内大量涌水、涌砂而引发事故。

同样，南京某大楼基坑深 6.7m，不按设计方案施工，未形成止水帷幕，出现大量涌泥涌砂，支护结构向基坑内侧位移达 20cm 以上，桩后形成 5～10cm 地面裂缝，放坡地段滑移、失稳，相邻建筑物及道路开裂。

4. 支护结构埋入坑下深度不足造成管涌，如上海某基坑开挖深度 5～7m，设计支护方案为支护水泥搅桩长 12m，当挖到 7m 时发生管涌，涌砂、涌水，由于大量砂土冒出，导致支护结构部分全部倒塌。

此外，还有地基失稳造成涌砂、地下管道漏水，设计施工管理混乱等导致事故发生，引起地面移动，邻近建筑不均匀沉降，造成经济损失。

为减少基坑开挖对周围环境的影响，首先要有合理的支护体系以及防渗措施；第二是需要挖土施工的密切配合；第三要建立一套行之有效的监测系统，及时发现问题，及时采取必要的措施。基坑支护方案要作优化比较，以保证安全稳妥、经济合理，设计方案中必须重视水的问题，不论止水帷幕，还是地下管道漏水等，在设计方案时均应考虑周全。

### 8.2.1 深、大基坑工程及其环境土工问题

**1. 地表沉降与土层位移**

软土深、大基坑工程，在我国多采用地下连续墙或水泥土搅拌加灌注式排桩为坑壁围护结构，其所引起的地表沉降与土层位移，一般由以下 6 个部分组成：

（1）墙体弹性变位；

（2）基坑卸载回弹、塑性隆起、降水不当引起的管涌、翻砂；

（3）墙外土层固结沉降；

（4）井点或深井降水带走土砂（也是一种地层损失）；

（5）墙段接头处土砂漏失；

（6）槽壁开挖，地层向槽内变形。

其中，（1）～（3）主要造成了墙后土层位移和地表沉降，已可通过计算逐一考虑；而（4）～（6）则应从施工技术、经验与管理上加以控制，使之降低到最小的允许限度。

**2. 基坑变形控制的环保等级标准**

有关基坑变形控制的环保等级标准，如表 8.3 所述：

**表 8.3　基坑变形控制环保等级标准**

| 保护等级 | 地面最大降量及围护结构不平位移控制要求 | 环　境　保　护　要　求 |
| --- | --- | --- |
| 特级 | 1. 地面最大沉降量 0.1%H<br>2. 围护墙最大水平位移 0.14%H<br>3. $K_s \geqslant 2.2$ | 基坑周围 10m 范围内设有地铁、共同沟、煤气管、大型压力总水管等重要建筑及设施、必须确保安全 |

| 保护等级 | 地面最大降量及围护结构不平位移控制要求 | 环 境 保 护 要 求 |
|---|---|---|
| 一级 | 1. 地面最大沉降量 0.2%$H$<br>2. 围护墙最大水平位移 0.3%$H$<br>3. $K_s \geqslant 2.0$ | 离基坑周围 $H$ 范围内没有重要的干线水管、对沉降敏感的大型构筑物、建筑物 |
| 二级 | 1. 地面最大沉降量 0.5%$H$<br>2. 围护墙最大水平位移 0.7%$H$<br>3. $K_s \geqslant 1.5$ | 离基坑周围 $H$ 范围内没有较重要支线管道和建筑物、地下设施 |
| 三级 | 1. 地面最大沉降量 1%$H$<br>2. 围护墙最大水平位移 0.7%$H$<br>3. $K_s \geqslant 1.2$ | 离基坑周围 30m 范围内没有需保护的建筑设施和构筑物、地下管线 |

注：$H$ 为基坑挖深，$K_s$ 为基底隆起安全系数，按圆弧滑动公式算出（$c$，$\varphi$ 取峰值的 70%）。

**3. 基坑施工的时空效应问题**

（1）基坑施工稳定和变形

基坑施工稳定和变形，除决定于土性外，应按变形控制进行施工，它与以下几方面密切相关：

1）基底土方每步开挖的空间尺寸（平面大小和每步挖深）。它直接决定了每步开挖土体应力释放的大小；

2）开挖顺序。采取支撑提前、快撑快挖的措施；

3）无支撑情况下，每步开挖土体的暴露时间 $t_r$。它关系到土体蠕变变形位移的发展；

4）围护结构水平位移。坑底以下，围护结构内侧，被动土压区土体水平向基床系数 $\beta_{KH}$ 的计算，$\beta_{KH}$ 是因土体流变而折减的被动土压力系数；

5）基底抗隆起的稳定性。计算出抗隆起安全系数 $K_s$。

（2）基坑施工的时空效应

按上述各点，考虑基坑施工的时空效应是谋求最大限度地调动、利用和发挥土体自身控制地层变形位移的潜力，以求保护工程周边环境的重要举措，可概括为：

1）开挖－支撑原则：分段、分层、分步（分块）、对称、平衡、限时；

2）对分段、分部捣筑的现浇钢筋混凝土框架支撑，要注意开挖时尚未形成整体封闭框架体系前的局部平衡；

3）理论导向，量测定量，经验判断。用现场积累的第一手实测资料来修正、完善，甚至建立新的设计施工理论与方法；

4）摈弃以大量人工加固基坑来控制其变形的传统做法；

5）施工参数的选择。

①分层开挖的层数 $N$（每支撑一排为一层）；

②每层开挖的深度 $h$（基本上即为上下排支撑的竖向间距）；

③每层分步的步长 $l$（每 2 个支撑的宽度为一开挖步）；

④基坑挡墙内的被动区土体，在每层土方开挖后，挡墙未有支撑前的最大暴露时间 $t_r$；

⑤新开挖土体暴露面的宽度 $B$ 和高度 $h$；

对大面积、不规则形状的高层建筑深基坑，采用分层盆式开挖，则还有：

⑥先开挖基坑中部，挡墙内侧被动区土堤被保留，用于支撑挡墙、土堤的断面尺寸确定等。

**4．地铁车站深大基坑的施工技术要求**

对地铁车站基坑等长条形深大基坑的施工技术要求，如图8.19的示意，其特点为：

(1) 撑后挖，留土堤；

(2) 对支撑施加设计轴力（30%～70%）的预应力；

(3) 每步开挖及支撑的时限 $t_r \leqslant 24h$；

(4) 坑内井点降水以固结土体、改善土性，减少土的流变发展。

**5．变形监控**

变形监控工作的内容主要包括：

(1) 施工工况实施情况跟踪观察；

(2) 日夜不中断的现场监测与险情及时预测和预报；

(3) 定量反馈分析，信息化设计施工；

(4) 及时修改、调整施工工艺参数；

(5) 及时提出、检验、改进设计施工技术措施。

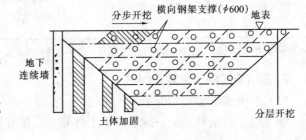

图8.19 基坑分段、分层、分步开挖－支撑施工示意

**6．控制基坑变形的设计依据**

控制基坑变形的设计依据及其设计流程框图，如图8.20所示：

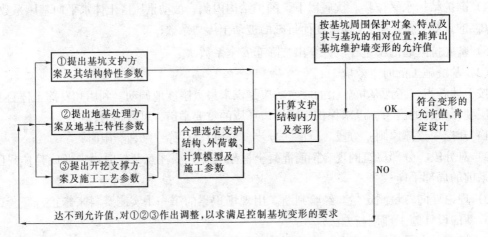

图8.20 软土基坑工程控制变形的设计程序框图

**7．减少沉降的措施**

(1) 采取刚度较大的地下连续结构；

(2) 分层分段开挖，并设置支撑；

(3) 基底土加固；

(4) 坑外注浆加固；

146

（5）增加维护结构入土深度和墙外帷幕；

（6）尽量缩短基坑施工时间；

（7）降水时，应合理选用井点类型，优选滤网，适当放缓降水漏斗线坡度，设置隔水帷幕；

（8）在保护区内设置回灌系统；

（9）尽量减少降水次数。

### 8.2.2 深基坑开挖对临近地下管线的影响

基坑开挖使土体内应力重新分布，由初始应力状态变为第二应力状态，致使围护结构产生变形、位移，引起基坑周围地表沉陷，从而对临近建筑物和地下设施带来不利影响。不利影响主要包括，临近建筑物的开裂、倾斜，道路开裂，地下管线的变形、开裂等。由基坑开挖造成的此类工程事故，在实际工程中屡见不鲜，给国家和人民财产造成了较大损失，越来越引起设计、施工和岩土工程科研人员的高度重视。

深基坑围护结构变形和位移以及所导致的基坑地表沉陷，是引起建筑物的地下管线设施位移、变形，甚至破坏的根本原因。

可以利用 Winkler 弹性地基梁理论，对受基坑开挖导致的地下管线竖向位移、水平位移进行分析。根据管线的最大允许变形 $[\delta]$，可以求出围护结构的最大允许变形，并可依此进行围护结构的选型及强度设计；也可根据围护结构的变形，预估地下管线变形，来预测地下管线是否安全。

**1. 地下管线位移计算**

地下管线位移计算可按竖向和水平两个方向的位移分别计算。

（1）理论假定

基坑地表沉陷包括两个基本要素，地表沉陷范围和沉陷曲线形式。假定基坑地表沉陷区域为一矩形区域 $ABB'A'$，如图 8.21 所示，当地下管线位于此范围内时，则考虑基坑开挖对其的影响，否则，不予考虑。

1）地表沉陷范围

设沉陷区长度取基坑边长的 2 倍，宽度 $w$ 取为：

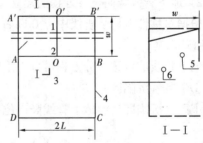

$$w = H\tan\left(45° - \frac{\varphi}{2}\right) \qquad (8-17)$$

式中　$H$——围护结构高度，m；

　　　$\varphi$——土的内摩擦角，计算表明最好取三轴快剪试验测定的内摩擦角。

图 8.21　基坑地表沉陷与管线位移
1—地下管线；2—基坑地表沉陷区；3—深基坑；4—围护结构；5—初始位置管线；6—变形后的管线

2）纵向沉陷曲面，纵向沉陷曲面取为抛物面，顶点位于 $OO'$ 线（中轴线）上，$AA'$、$BB'$ 上总的沉陷值为零。

（2）地下管线竖向位移计算

1）地下管线受荷分析

地下管线受到上覆土压力、自重、管线内液体重量、地面超载、地基反力的作用。在求解竖向位移时，可把地下管线看作一弹性地基梁来考虑，如图 8.22 所示。

①地下管线的自重、管内水重及上覆压力 $q_0$ 按等效法计算或参考有关文献。

②地面超载对地下管线的竖向作用力 $q_1$ 在图 8.22 中，设地表沉陷曲线方程为：

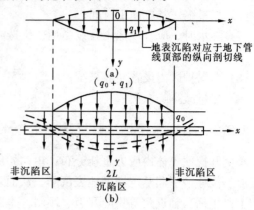

$$y = ax^2 + bx + c \qquad (8-18)$$

式中 $a$、$b$、$c$——常数，由以下边界条件决定：

$$x = l, y = 0; x = -l, y = 0, y = \delta$$

得 $a = -\delta/l^2; b = 0; c = \delta_0$

从而，式（8-16）转化为：

图 8.22 地下管线位移曲线
(a) 铰支座情况；(b) 固定支座情况

$$y = -\frac{\delta}{l^2}x^2 + \delta \qquad (8-19)$$

地面超载传至地下管线顶部的竖向荷载为 $q_1$：

$$q_1 = k_v y \qquad (8-20a)$$

式中 $k_v$——地基竖向基床换算系数，kPa，$k_v = k_0 d$；

$k_0$——地基竖向基床系数，$kN/m^3$，由试验确定或参考有关文献；

$d$——地下管线外径；

$y$——地下管线对应于 $x$ 轴的纵向沉降曲线方程，按式（8-17）计算。

从而得 $$q_1 = k_v\left(-\frac{\delta}{l^2}x^2 + \delta\right) \qquad (8-20b)$$

2）地下管线竖向位移方程的建立

根据对称性取地下管线中点 0 以右部分为分析对象，如图 8.23 所示，建立两个坐标系 $xoy$ 和 $x'o'y'(y = y')$。

地下管线的位移微分方程可分为 Ⅰ 区（沉陷区）、Ⅱ 区（非沉陷区）两部分来表达：

① Ⅰ 区（沉陷区）

Ⅰ 区（沉陷区）内地下管线竖向位移的微分方程为：

$$EI\frac{d^4y}{dx^4} = -k_v y + k_v\left(\frac{\delta}{l_2}x^2 + \delta\right) + q_0 \qquad (8-21)$$

式（8-21）的求解方法可采用短梁初参数法。

求得竖向位移修正项 $f_{竖向修}$ 为：

$$f_{竖向修} = \frac{1}{EI\beta^3}\int_0^x [k_v(az^2 + b) + q_0]\varphi_4[\beta(x - z)]dz$$

$$= a\left[x^2 - \frac{2}{\beta^2}\varphi_3(\beta x)\right] + b\left(b + \frac{q_0}{k_v}\right)[1 - \varphi_1(\beta x)] \qquad (8-22)$$

所以得 Ⅰ 区（沉陷区）的竖向位移方程 $y(x)$：

148

$$y(x) = y_0\varphi_1(\beta x) + \theta_0 \frac{1}{\beta}\varphi_2(\beta x) - \frac{M_0}{EI\beta^2}\varphi_3(\beta x)$$

$$- Q_0 \frac{1}{EI\beta^3}\varphi_4(\beta x) + f_{\text{竖向修}} \qquad (8-23)$$

其中 $\varphi_1(\beta x)$、$\varphi_2(\beta x)$、$\varphi_3(\beta x)$、$\varphi_4(\beta x)$ 为雷洛夫函数；

式中 $\beta = \sqrt[4]{\dfrac{K_v}{4EI}}$；

$EI$——管线刚度，$kN\cdot m^2$；

$y_0$——0 端截面处竖向位移，m；

$\theta_0$——0 端截面处转角，rad；

$M_0$——0 端截面处弯矩，$kN\cdot m$；

$Q_0$——0 端截面处剪力，kN；

$y_0$、$\theta_0$、$M_0$、$Q_0$ 为常数，由边界条件决定，其余符号同前。

2）Ⅱ区（非沉陷区）

如图 8.23 所示，以 $o'$ 为坐标原点，建立坐标系 $x'o'y'$，则Ⅱ区段地下管线的竖向位移微分方程为：

$$EI \frac{\mathrm{d}^4 y'}{\mathrm{d}x'^4} + k_v y' = q_0 \qquad (8-24)$$

式（8-24）的解为：

$$y''(x)' = e^{\beta x'}(C\cos\beta x' + D\sin\beta x') + e^{-\beta x}(M\cos\beta x' + N\sin\beta x') + \frac{q_0}{K_v} \qquad (8-25)$$

式中 $C$、$D$、$M$、$N$——常数，由边界条件决定，其余符号同前。

3）竖向位移方程中常系数的确定

应根据边界条件，确定地下管线竖向位移方程中的常系数，边界条件不同，求得的常系数亦不同，从而得到不同的位移方程，此时应根据实际测试结果，选择较符合实际情况的位移方程。对于图 8.23 中，沉陷区与非沉陷区的交界处 0′，可假定为铰支座和固定支座两种情况，下面分别讨论。

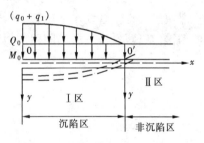

图 8.23　地下管线隔离体受力分析

①0′点为铰支座情况

边界条件有四个，表示如下：

由 $x=1$，$y=0$ 得 $y_0$ 与 $M_0$ 的关系方程；

Ⅰ区 0′点处转角 $\theta_{0'\text{Ⅰ}}$ 等于Ⅱ区 0′点处的转角 $\theta_{0'\text{Ⅱ}}$，即 $\theta_{0'\text{Ⅰ}} = \theta_{0'\text{Ⅱ}}$；

Ⅰ区 0′点处弯矩 $M_{0'\text{Ⅰ}}$ 等于Ⅱ区 0′点处的弯矩 $M_{0'\text{Ⅱ}}$，即 $M_{0'\text{Ⅰ}} = M_{0'\text{Ⅱ}}$；

$$x \to +\infty, y \to \frac{q_0}{k_v}, \text{得：} C = D = 0$$

②0′点为固定支座情况

在 0′点处，竖向位移为零，转角也为零，即：$x=L$，$y=0$，$\theta=0$，可得到下列关于 $y_0$ 和 $M_0$ 的方程组：

$$y_0\varphi(\beta L) - \frac{M_0}{EI\beta^2}\varphi_3(\beta L) + \frac{2a}{\beta^2}\varphi_3(\beta L) - \left(b + \frac{q_0}{k_v}\right)\varphi_1(\beta L) = 0 \tag{8-26}$$

$$-4y_0\beta\varphi_4(\beta L) - \frac{M_0}{EI\beta}\varphi_2(\beta L) + a\left[2L - \frac{2}{\beta}\varphi_2(\beta L)\right] + \left(b + \frac{q_0}{k_v}\right)4\beta\varphi_4(\beta L) = 0 \tag{8-27}$$

解得 $y_0$ 和 $M_0$，从而确定了管线的竖向位移：

$$y(x) = \left(y_0 - b - \frac{q_0}{k_v}\right)\varphi_1(\beta x) - \left(\frac{M_0}{EI\beta^2} + \frac{2a}{\beta^2}\right)\varphi_3(\varphi x) + ax^2 + b + \frac{q_0}{k_v} \tag{8-28}$$

（3）基坑开挖引起地下管线的水平位移计算

基坑开挖打破了基坑土体原有的应力平衡，使得围护结构侧向位移，土体也随之发生侧向位移，必然导致地下管线发生向基坑内方向的侧向位移。可以把地下管线看成一水平方向上的弹性地基梁计算其水平位移，方法类似于地下管线竖向位移的计算方法。

1）地下管线受力分析

基坑开挖，地下管线发生向坑内方向的侧向位移，达到新的平衡。此时，地下管线受到土体及地面超载的侧向压力及侧向地基压力，不考虑地下管线的自重和管内水重的影响。

地面超载对管线的侧向压力 $q$：

$$q = k_h y = k_h(a'x^2 + b'x + c') \tag{8-29}$$

式中   $y$——地下管线处土体水平位移曲线方程，取为抛物线形式，$y = a'x_2 + b'x + c'$，其中系数 $a'$，$b'$ 和 $c'$ 由边界条件确定，得 $a' = -\delta_h/l^2$，$b' = 0$，$c' = \delta_h$；

    $\delta_h$——地下管线背向基坑侧处的土体位移量，取线性插值得，$\delta_h = \delta'(w-s)/w$；

    $\delta'_h$——地下管线轴线所对应的围护结构水平位移；

    $s$——地下管线初始位置到围护结构的距离。

2）地下管线水平位移微分方程的建立

基坑进行地下管线水平位移分析时，因基坑影响范围以外管线无水平位移，故可把基坑影响范围内管线看作一两端固定的短梁来考虑。地下管线侧向位移方程为：

$$EI\frac{d^4y}{dx^4} = -k_h y + q \tag{8-30}$$

式中 $k_h$——地基水平基床换算系数，为竖向基床换算系数 $k_v$ 的 $1.5\sim2.0$ 倍，其余符号同前。

3）地下管线水平位移微分方程的求解

①求水平位移修正项 $f_{水平修}$

$$f_{水平修} = \frac{1}{EI\beta^3}\int_0^x\left[k_h(a'z^2 + c')\right]\varphi_4[\beta(x-z)]$$

$$= a'\left[x^2 - \frac{2}{\beta^2}\varphi_3(\beta x)\right] + c'\left[1 - \varphi_1(\beta x)\right] \tag{8-31}$$

②地下管线水平位移方程 $y(x)$

$$y(x) = y_0\varphi_1(\beta x) + \theta\frac{1}{\beta}\varphi_2(\beta x) - \frac{M_0}{EI\beta^2}\varphi_3(\beta x)$$

$$- Q_0\frac{1}{EI\beta^3}\varphi_4(\beta x) + f_{水平修} \tag{8-32}$$

150

式中  $y_0$——0 端截面处竖向位移，m；

  $\theta_0$——0 端截面处转角，rad；

  $M_0$——0 端截面处弯矩，kN·m；

  $Q_0$——0 端截面处剪力，kN；

且 $y_0$、$\theta_0$、$M_0$、$Q_0$ 为常数，由边界条件决定，其余符号同前。

③式（8－32）中常系数的确定

由管线左端条件 $Q_0 = 0$，$\theta_0 = 0$ 和管线右端条件 $x = l$ 时，$y = 0$，$\theta = 0$ 可得 $y_0$ 和 $M_0$ 的方程组，从而确定了水平位移方程（8－32）。

（4）地下管线合理计算模型分析

从图 8.24a 得出，地下管线的最大竖向位移，发生在支座（即地下管线与沉陷区交界处）附近，最大已达 18cm，这显然是不符合实际情况的，发生这种情况的原因是，地下管线与沉陷区交界处假定为铰支座，地下管线在此处可以自由转动，势必受非沉陷区段荷载的影响，当外荷载较大或竖向地基基床系数较大时，这种影响越大。图 8.24b 得到如同抛物线式的竖向位移，与实际情况较为吻合。因此，进行地下管线竖向位移分析时，按固定支座的弹性地基梁分析是能满足实际要求的，是较合理的计算模型。

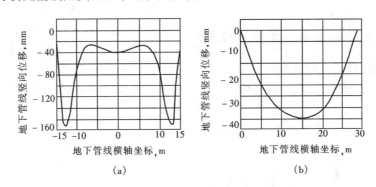

图 8.24　地下管线位移曲线[8]
（a）铰支座情况；（b）固定支座情况

## 8.3　软土隧道推进时的地面移动

在软土地层中，地铁、污水隧道等常采用盾构法施工。盾构在地下推进时，地表会发生不同程度的变形。地表的变形与隧道的埋深、盾构的直径、软土的特性、盾构的施工方法、衬砌背面的压浆工艺等因素有关。

### 8.3.1　盾构掘进中的环境问题

由于盾构掘进引起地层扰动，诸如土体地表沉降和分层土体移动、土体应力、含水量、孔隙水压力、弹性模量、泊松比、强度和承载力等物理力学参数的变化是不可避免的。土体的扰动往往引发一系列环境公害，遇到下述复杂情况时，环境影响比较突出，需要进行很好的解决。

（1）盾构在地下管网交叉、密集区段掘进施工；

（2）盾构穿越大楼群桩；

（3）盾构通过不良地质地段（流塑性粉砂、富含沼气软弱夹层等）掘进施工；

（4）盾构紧贴城市高架（立交）或贴邻深大基坑掘进施工；

（5）同一地铁区间内，上、下行线盾构同向或对向掘进施工；

（6）上、下行线地铁，上、下位近距离交叠盾构掘进施工；

（7）盾构进、出工作井施工；

（8）浅埋、大直径盾构沿弯道呈曲线形掘进，而曲率半径很小；

（9）盾构纠偏，周边土体受挤压而产生过大的附加变形；

（10）超越或盾构遇故障停推，作业面土方坍塌；

（11）盾构作业面因土压或泥水加压不平衡，而导致涌泥、流沙；

（12）盾尾脱离后，管片后背有较大环形建筑空隙（地层损失），而压（注）浆不及时或效果不佳。

为此，研究盾构掘进中土体受施工扰动的力学机理，探讨其变形位移和因地表沉降产生的环境土工问题，进而对设计、施工等主要参数进行有效控制，达到防治的要求，是工程建设中的当务之急。

### 8.3.2 盾构施工土体受扰动的特点

**1. 盾构周边土体因开挖而卸荷变形**

（1）图 8.25a，按"收敛－约束曲线"（convergence－confinement curve）绘制的 $p$-$u$-$t$ 示意图，图中：

$p$—支护前，为开挖面上的土体释放力；支护后，为支护抗力；

$u$—位移；

$t$—持续时间；

$p_{min}$—理论上的最小支护抗力；

$a_o$—支护前的土体自由变形。

①—土体变形收敛线；

②—支护位移约束线；

③—支护位移多随时间增长，而其变形加大。

（2）图 8.25b，盾构作业面上，实测的土体－支护"收敛－约束曲线"：土体的应力释放与隧洞支护，图中：

a→b，支护前，沿隧洞径向，随土体位移加大而应力释放，土体卸荷变形不断增长发展；

b→c，支护后，土体卸荷情况大有改善，位移速率逐步减缓；点 c 处，隧道支护受力与土体卸荷释放力达到平衡；

b→e，如果不及时支护，土体将持续卸荷，最终将导致土体失稳破坏，隧洞坍塌；

d→c，变形受支护约束，支护结构承担上覆土重和土体流变压力。

**2. 盾构掘进时周边土体超孔隙水压力分布及其变化**

（1）图 8.26，实测结果说明：

152

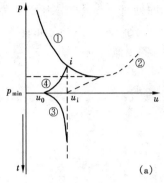

①—土体变形收敛线；

②—支护位移约束线；

③—支护位移随时间而持续增长；

④—如未及时支护，土体应力和变形释放过大，最终导致失稳和破坏；

$i$—地应力释放与支护抗力达到平衡

(a)

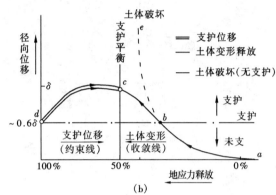

(b)

图 8.25　土体–支护"收敛–约束曲线"[9]

(a) $p$-$u$-$t$ 示意图；(b) 实测土体–支护"收敛–约束曲线"

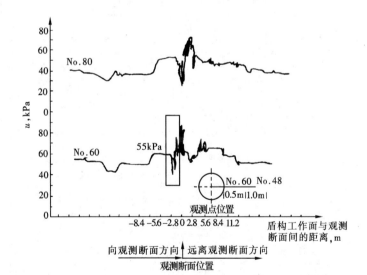

图 8.26　盾构掘进引起的孔隙压力变化[9]

当盾构掘进速度 > 出土速度时，超孔隙水压积聚和升高；

当盾构掘进速度 < 出土速度时，孔隙水压消散和降低。

此外，管片后背注浆，也引起周边土层内超孔隙水压急剧增大，且其幅度有时也比较

153

大。从图 8.26 可见，当盾构作业面到达观测断面处时，超孔隙水压的值为最大。

（2）图 8.27 所示为（a）沿水平方向，土体超孔隙水压力的分布；（b）沿垂直方向，土体超孔隙水压力的分布 [分布规律（a）、（b）两者相似]。

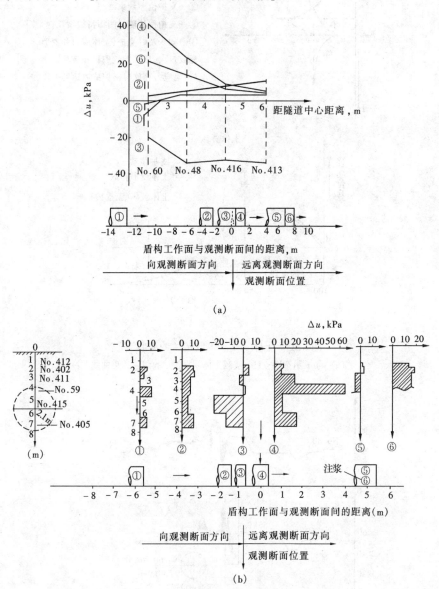

图 8.27

（a）水平方向 $u$ 分布图[9]；（b）垂直方向 $u$ 分布图[9]

从图可见①→⑥不同位置处的 $\Delta u$ 变化。盾构前方和侧向土层内的孔隙水压力分布等值线图可见图 8.28a 和图 8.28b

**3. 盾构掘进时土体受施工扰动的变形地表沉降**

（1）沿盾构掘进方向，地表位移可划分为 5 个不同区段（图 8.29）。

（2）土体产生过大附加位移的主要原因：因盾构掘进施工而土体受扰动——施工扰动。

154

（3）土体变形位移是：主固结压缩、弹塑性剪切、黏性时效蠕变，三者的叠加与组合。

（4）土体受扰动的土层厚度 $\Delta r$ 与隧道壁径向位移 $\delta_w$ 间的关系式（Romo，1984）：

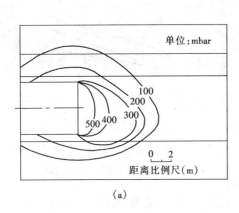

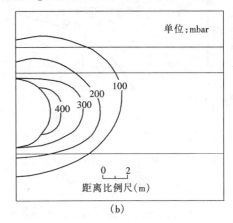

图 8.28

（a）盾构前方超孔隙水压力分布等值线[9]；（b）盾构侧向超孔隙水压力分布等值线[9]

$$\Delta r = \frac{E_i(1 - R_f)}{0.6\sigma_f}\delta_w \qquad\qquad (8 - 33)$$

式中　$\Delta r$——从隧道壁起算，沿隧道向受扰动土层的厚度；

$E_i$——受扰动土体的初始切线模量（取平均值）；

$R_f$——强度比（破坏比），$R_f = \dfrac{\sigma_f}{\sigma_\mu}$；

$\sigma_f$——土体的破坏应力，即摩尔库仑强度；

$\sigma_u$——按双曲线模型得出的土体强度渐近值，$\sigma_u > \sigma_f$，故 $R_f < 1$；

$\delta_w$——隧壁径向位移，其

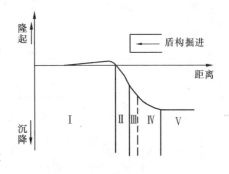

图 8.29　盾构掘进时地表位移分区[9]

$\delta_{wmin} = 0$；

$\delta_{wmax} =$ 盾尾与管片外壁之间的隙量。

**4. 受施工扰动土体力学性质的变异**

（1）盾构开挖，周边土体应力释放，使上覆土体有效应力减小，其变形模量呈非线性，降低（仅为初始值的 30% ~ 70%）。变形增大。

（2）受施工扰动土体抗剪强度参数 $c$、$\varphi$ 值降低，土体的应变增加，土体扰动，结构破坏，原先土体结构的吸附力部分丧失，土体模量降低。

**5. 盾构轴线上方地表中心沉降与土体受施工扰动范围的关系**

大冢将夫（1989）给出了实测的盾构轴线上方地表中心沉降与土体受施工扰动范围的关系曲线如图 8.30 所示。

**6. 地表沉降与施工条件的关系**

（1）地表中心总沉降与盾构推力 $F(t)$ 及建筑空隙回填率的关系如图 8.31 所示。

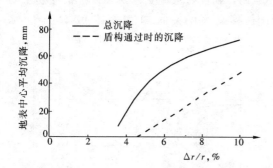

图 8.30　盾构轴线上方地表中心沉降与土体
受施工扰动范围的关系[9]

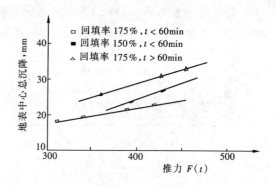

图 8.31　地表中心总沉降与盾构推力 $F(t)$
及建筑空隙回填率的关系[9]

（2）地表中心总沉降与注浆时间先后及建筑空隙回填率的关系如图 8.32 所示。

（3）地表中心总沉降与覆盖土层厚度/隧道外径（$H/D$）及土层性质的关系如图 8.33 所示。

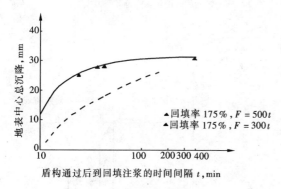

图 8.32　地表中心总沉降 – 注浆时间先后及建
筑空隙回填率的关系[9]

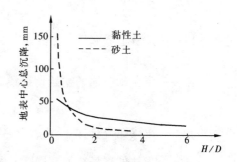

图 8.33　地表中心总沉降与覆盖土层厚度/隧
道外径（$H/D$）及土层性质的关系[9]

## 7. 盾构施工引起地面沉降的计算方法

1969 年派克（Peck）提出了盾构施工引起地面沉降的估算方法，派克认为地表沉槽的体积应等于地层损失的体积，并根据这个假定给出了地面沉降量的横向分布估算公式：

$$\begin{cases} S(x) = \dfrac{V_1}{\sqrt{2\pi}\,i} \exp\left(-\dfrac{x^2}{2i^2}\right) \\[3mm] S_{\max} = \dfrac{V_1}{\sqrt{2\pi}\,i} \dfrac{V_1}{2.5i} \end{cases} \tag{8-34}$$

式中　　$S(x)$——沉降量；

$V_1$——地层损失量；

$x$——距隧道中心线的距离；

$i$——沉降槽宽度系数。公式（8-34）表示的沉降曲线，其反弯点在 $x = i$ 处，该点出现最大沉降坡度。

刘建航院士根据上海延安东路隧道施工数据，得到预测纵向沉降槽曲线的公式，并提出

"负地层损失"的概念，得出的纵向沉降预估经验公式为：

$$S_y = \frac{V_{L1}}{\sqrt{2\pi i}}\left\{\varphi\left[\frac{y - y_i}{i}\right] - \varphi\left[\frac{y - y_f}{i}\right]\right\}$$

$$+ \frac{V_{L2}}{\sqrt{2\pi i}}\left\{\varphi\left[\frac{y - y'_i}{i}\right] - \varphi\left[\frac{y - y'_f}{i}\right]\right\} \tag{8-35}$$

式中  $V_{L1}$、$V_{L2}$——盾构开挖面和盾尾后部间隙的地层损失；

$y_i$、$y_f$——盾构推进起始点和盾构开挖面到坐标原点的距离。

### 8.3.3 盾构掘进引起的土体沉降机理

**1. 水和泥浆的扰动**

盾构经过的地区，可能引起地下水含量和紊流运动状态的改变。另外，泥水盾构的大量泥浆外排回灌，都会给周围环境带来不良影响。

**2. 对不良土层的影响**

流砂给盾构法施工带来极大的困难，刀盘的切削旋转振动引起饱和砂土或砂质粉土的部分液化。含砂土颗粒的泥水不断沿衬砌管片接缝渗入，引起局部土体坍塌。对于泥水式或者土压平衡式盾构，一旦遇到大石块、短桩等坚硬障碍物，排除过程都可能引起邻近土体较大的下沉。

**3. 周围土体应力状态的变化**

盾构法施工引起周围地层变形的内在原因是土体的初始应力状态发生了变化，使得原状土经历了挤压、剪切、扭曲等复杂的应力路径。由于盾构机前进靠后座千斤顶的推力，因此只有盾构千斤顶有足够的力量克服前进过程所遇到各种阻力，盾构才能前进，同时这些阻力反作用于土体，产生土体附加应力，引起土体变形甚至破坏。盾构掘进施工引起的沉降机理见表8.4所示。

表8.4  盾构掘进施工引起的土体沉降机理

| 沉降类型 | 原　因 | 应力扰动 | 变形机理 |
|---|---|---|---|
| Ⅰ盾构工作面前方土体隆起 | 工作面处施加的土压力过大；上隆（过小：沉降） | 孔隙水压力增大，总应力增大 | 土体压缩产生弹塑性变形 |
| Ⅱ初始沉降 | 土体受挤压而压密 | 孔隙水压力消散，有效应力增大 | 孔隙比减小，土体固结 |
| Ⅲ盾构通过时的沉降 | 土体施工扰动，盾壳与土体间剪错。出土量过多 | 土体应力释放 | 弹塑性变形 |
| Ⅳ盾尾空隙沉降 | 土体失去盾构支撑，因建筑空隙产生地层损失，管片后背注浆不及时 | 土体应力释放 | 弹塑性变形 |
| Ⅴ土体次固结沉降 | 土体后续时效变形（土体后期蠕变） | 土体应力松弛 | 蠕变压缩 |

盾构掘进时地面变形，目前多数采用派克法估算。其基本假定认为施工阶段引起的地面

沉降是在不排水条件下发生的,所以沉降槽的体积与地层损失的体积相等,地层损失在隧道长度方向上均匀分布,横截面上按正态分布进行估算。

地层损失可分为三类:

第一类称为正常地层损失。盾构施工精心操作,没有失误,但由于地质条件和盾构施工必然会引起不可避免的地层损失,一般来说,这种地层损失可以控制在一定限度内,而且这类损失引起的地面沉降比较均匀。

第二类,不正常的地层损失。因盾构施工失误而引起本来可以避免的地层损失,如盾构气压不正常,压浆不及时,开挖面超挖盾构后退等,这种地层损失引起的地面沉降有局部变化的特征。如局部变化不大,一般可认为是允许的。

第三类,灾害性的地层损失。盾构开挖面土体发生流动或崩塌,引起灾害性的地面沉降。这种情况通常是由于地质条件突然变化,局部有未探明的承压力、透水性大的颗粒状透镜体或地层中的贮水洞穴等。所以在盾构施工前及时探明地质条件是十分重要的,以避免这类灾害性破坏发生。

盾构穿越市区,地面有各种各样的建筑物和浅层管线,地层移动对地面环境的影响是十分重要的,地层损失率越高,对地面环境的威胁越大。为了减少盾构施工造成对地面环境的影响,通常采用以下措施:

(1) 精心施工

首先摸清盾构前进路线上的地质条件,编制出不同地质区域的施工方法;严格控制开挖面挖土深度,限制超挖和推进速度;及时安装衬砌,及时注浆等。

(2) 做好必要的环境保护措施

这些措施包括:注浆法加土体;防渗帷幕降低地下水的压力差;采用树根桩或用桩基承托建筑物基础;加固建筑物上部结构等。

(3) 做好环境监测和控制工作,以达到防治的目的

环境监测的内容有:地面变形监测;土体深层变形监测;土体孔隙水应力监测;地面建筑物沉降监测;盾构推力及前方土压力监测;盾构偏位监测等。同时应做好以下方面的工作:

1) 为能防范于未然,及早研究落实几手防治措施。

2) 对不同的环境土体变形、位移允许标准,确切制定各个设计、施工控制指标体系,形成理论依据。

3) 提供更完善的制定地铁隧道红线范围的合理尺度及其有关技术标准与判据。

4) 为减小施工不利影响,提出几种因地、因时制宜的变形控制方法(目前施工时应急采用的三阶段压浆控制法,只是一种施工控制);同时要非常重视设计控制,包括如盾构掘进诸设计、施工参数的实时调整、修正等等,把握其适用范围和选用原则。

5) 为进一步对构造各异的建(构)筑物、基础类别、各种地下管线、不同等级道路路面、路基等分别制定能安全承受不同种类变形位移和差异沉降的诸技术参数,提供理论依据。

当然,进一步研制并开发有关数据采集与视频监控成套设备以及工程施工的计算机管理系统,是具体实现本项研究成果的关键。

(4) 做好信息化施工

及时将监测得到的信息进行处理，分析研究；及时调整施工方法；及时采取应急对策等。要求做到从理论预测→施工中的环境监测与控制→工程师经验→工程完成后的实践验证→（反馈，修正）理论预测。

### 8.3.4 盾构掘进对土体的影响范围

盾构掘进过程可以看成是柱孔扩张过程，如图8.34所示。图中 $a$ 为隧道半径，$R$ 为塑性区外半径，$p$ 为扩张压力。盾构周围土体可以分为两个变形区，即塑性变形区 $D_p$ 和弹性变形区 $D_e$，塑性区的大小（即外半径 $R$）取决于扩张压力 $p$ 和隧道半径 $a$。

盾构掘进对土体的影响范围可根据塑性区与弹性区分界处的应力条件进行求解确定，得到内压力 $p$ 与塑性区外半径 $R$、隧道半径 $a$ 的关系式：

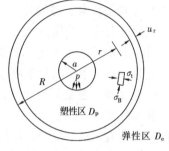

图8.34 柱孔扩张示意图

$$\frac{R}{a} = \left( \frac{p + c_r c \tan\varphi_r}{c_p \cos\varphi_p + c_r c \tan\varphi_r} \right)^{\frac{1+\sin\varphi_r}{2\sin\varphi_r}} \quad (8-36)$$

可以将上式中的 $R$ 看成是盾构掘进过程中对土体的影响范围。

# 8.4 抽汲地下水引起的地面沉降

### 8.4.1 地下水位上升引起的岩土工程问题

**1. 浅基础地基承载力降低**

根据极限荷载理论，对不同类型的砂性土和黏性土地基，以不同的基础形式，分析不同地下水位情况下的地基承载力所得的结果是，无论是砂性土还是黏性土地基，其承载能力都具有随地下水位上升而下降的规律，由于黏性土具有黏聚力的内在作用，故相应承载力的下降率较小些，最大下降率在50%左右，而砂性土的最大下降率可达70%。

**2. 砂土地震液化加剧**

地下水与砂土液化密切相关，没有水，也就没有所谓砂土的液化。经研究发现，随着地下水位上升，砂土抗地震液化能力随之减弱。在上覆土层为3m的情况下，地下水位从埋深6m处上升至地表时，砂土抗液化的能力达74%左右。地下水位埋深在2m处左右，为砂土的敏感影响区。这种浅层降低影响，基本上是随着土体含水量的提高而加大，随着上覆土层的浅化而加剧。

**3. 建筑物震陷加剧**

首先，对饱和疏松的细粉砂土地基土而言，在地震作用下因砂土液化，使得建在其上的建筑物产生附加沉降，即发生所谓的液化震陷。由分析得到地下水位上升的影响为：①对产生液化震陷的地震动荷因素和震陷结果起放大作用。当地下水位从分析单元层中点处开始上升至地表时，地震作用足足被放大了一倍。当地下水位从埋深3m处上升至地表时，6m厚的砂土层所产生的液化震陷值增大倍数的范围为2.9~5。②砂土越疏松或初始剪应力越小，地下水位上升对液化震陷影响越大。

其次，对于大量软弱黏性土而言，地下水位上升既促使其饱和，又扩大其饱和范围。这

159

种饱和黏性土的土粒空隙间充满了不可压缩的水体，本身的静强度较低，故在地震作用下，在瞬间即产生塑性剪切破坏，同时产生大幅度的剪切变形。该结果可使砂土液化震陷值增加4~5倍之多，甚至超过10倍。

海南某地一在细砂地基上的堤防工程，砂层厚4.5m，地下水埋深2m，考虑地下水位上升0.5m或1m时，地基承载力则从320kPa降至310kPa或270kPa，降低率为6.3%或19%。而砂土的液化程度，则从轻微液化变为近乎中等液化或已为中等液化。液化震陷量的增加率达6.9%或14.1%。在地基设计中，必须考虑因地下水位上升引起的这些削弱因素。

**4.土壤沼泽化、盐渍化**

当地下潜水上升接近地表时，由于毛细作用的结果，而使地表过湿呈沼泽化或者由于强烈蒸发浓缩作用，使盐分在上部岩土层中积聚形成盐渍土。这不仅改变岩土原来的物理性质，而且改变了潜水的化学成分。矿化度的增高，增强了岩土及地下水对建筑物的腐蚀性。

**5.岩土体产生变形、滑移、崩塌失稳等不良地质现象**

在河谷阶地、斜坡及岸边地带，地下潜水位或河水上升时，岩土体浸润范围增大，浸润程度加剧，岩土被水饱和、软化，降低了抗剪强度；地表水位下降时，向坡外涌流，可能产生潜蚀作用及流砂、管涌等现象，破坏了岩土体的结构和强度；地下水的升降变化还可能增大动水压力。以上各种因素，促使岩土体产生变形、崩塌、滑移等。因此，在河谷、岸边、斜坡地带修建建筑物时，就要特别重视地下水位的上升、下降变化对斜坡稳定性的影响。

**6.地下水位冻胀作用的影响**

在寒冷地区，地下潜水位升高，地基土中含水量亦增多。由于冻结作用，岩土中水分往往迁移并集中分布，形成冰夹层或冰椎等，使地基土产生冻胀，地面隆起，桩台隆胀等。冻结状态的岩土体具有较高强度和较低压缩性，当温度升高岩土解冻后，其抗压和抗剪强度大大降低。对于含水量很大的岩土体，融化后的黏聚力约为冻胀时1/10，压缩性增高，可使地基产生融沉，易导致建筑物失稳开裂。

**7.对建筑物的影响**

当地下水位在基础底面以下压缩层范围内发生变化时，就能直接影响建筑物的稳定性。若水位在压缩层范围内上升，水浸湿、软化地基土，使其强度降低、压缩性增大，建筑物就可能产生较大的沉降变形。地下水位上升还可能使建筑物基础上浮，使建筑物失稳。

**8.对湿陷性黄土、崩解性岩土、盐渍岩土的影响**

当地下水位上升后，水与岩土相互作用，湿陷性黄土、崩解性岩土、盐渍岩土产生湿陷崩解、软化，其岩土结构破坏，强度降低，压缩性增大。导致岩土体产生不均匀沉降，引起其上部建筑物的倾斜、失稳、开裂，地面或地下管道被拉断等现象，尤其对结构不稳定的湿陷性黄土更为严重。

**9.膨胀性岩土产生胀缩变形**

在膨胀性岩土地区，浅层地下水多为上层滞水或裂隙水，无统一的水位，且地下水位季节性变化显著。地下水位季节性升、降变化或岩土体中水分的增减变化，可促使膨胀性岩土产生不均匀的胀缩变形。当地下水位变化频繁或变化幅度大时，不仅岩土的膨胀收缩变形往复，而且胀缩幅度也大。地下水位的上升还能使坚硬岩土软化、水解、抗剪强度与力学强度降低，产生滑坡（沿裂隙面）、地裂、坍塌等不良地质现象，导致自身强度的降低或消失，引起建筑物的破坏。因此对膨胀性岩土地基的评价应特别注意对场区水文地质条件的分析，预测在自然及人类活动下水文条件的变化趋势。

### 8.4.2 抽汲地下水产生的环境问题

抽汲地下水使地下水位下降往往会引起地表塌陷、地面沉降、海水入侵，地裂缝的产生和复活以及地下水源枯竭、水质恶化等一系列不良地质问题，并将对建筑物产生不良的影响。

**1. 地表塌陷**

塌陷是地下水动力条件改变的产物。水位降深与塌陷有密切的关系。水位降深小，地表塌陷坑的数量少，规模小。当降深保持在基岩面以上且较稳定时，不易产生塌陷；降深增大，水动力条件急剧改变，水对土体的潜蚀能力增强，地表塌陷的数量增多、规模增大。

**2. 地面沉降**

由于地下水不断被抽汲，地下水位下降引起了区域性地面沉降。国内外地面沉降的实例表明，抽汲液体引起液压下降、地层压密是导致地面沉降的普遍和主要原因。国内有些地区，由于大量抽汲地下水，已先后出现了严重的地面沉降。如 1921～1965 年间，上海地区的最大沉降量已达 2.63m；20 世纪 70 年代初到 80 年代 10 年时间内，太原市最大地面沉降已达 1.232m。地下水位不断降低而引发的地面沉降越来越成为一个亟待解决的环境岩土工程问题。

**3. 海（咸）水入侵**

近海地区的潜水或承压水层往往与海水相连，在天然状态下，陆地的地下淡水向海洋排泄，含水层保持较高的水头，淡水与海水保持某种动平衡，因而陆地淡水层能阻止海水的入侵。如果大量开采陆地地下淡水，引起大面积地下水位下降，可导致海水向地下水开采层入侵，使淡水水质变坏，并加强水的腐蚀性。

**4. 地裂缝的复活与产生**

近年来，我国不仅在西安、关中盆地发现地裂缝，而且在山西、河南、江苏、山东等地也发现地裂缝。据分析，地下水位大面积、大幅度下降是发生裂缝的重要诱因之一。

**5. 地下水源枯竭，水质恶化**

盲目开采地下水，当开采量大于补给量时，地下水资源就会逐渐减少，以致枯竭，造成泉水断流，井水枯干，地下水中有害离子量增多，矿化度增高。

**6. 对建筑物的影响**

当地下水位升降变化只在地基基础底面以下某一范围内发生变化时，此时对地基基础的影响不大，地下水位的下降仅稍增加基础的自重；当地下水位在基础底面以下压缩层范围内发生变化时，若水位在压缩层范围内下降时，岩土的自重力增加，可能引起地基基础的附加沉降。如果土质不均匀或地下水位突然下降，也可能使建筑物发生变形、破坏。

**7. 抽汲地下水出现环境问题的现状调查**

随着工业生产规模的扩大，我国城市化的速度越来越快。从 1978 年到 1988 年 6 月，我国城市从 193 个增加到 407 个，城镇也增长一倍多，达到 11 103 个。不少城市超负荷运转，有些城市出现了严重的"城市病"。特别是大量抽汲地下水引起的地面沉降，造成大面积建筑物开裂、地面塌陷、地下管线设施损坏、城市排水系统失效，造成巨大损失。

地面沉降主要是与无计划抽汲地下水有关。图 8.35 表示世界上几个主要城市地下水抽汲量和地面沉降的情况。两者之间具有明显的关系。其中墨西哥城日抽水量为 $103.68 \times 10^4 m^3$，历年来地面沉降量达到9m多，影响范围达 $225km^2$；日本东京地面沉降量虽没有墨西哥城大，但其影响范围也达到3 240km²。

　　1993 年，据我国地矿部通报，由于超量开采地下水，全国有 36 个城市出现地面沉降、地面塌陷和海水入侵等问题。据最新统计（中国日报，2004 年 7 月 23 日）我国已有 50 多个城市由于过量的抽汲地下水造成 48 655km² 的地面沉降。

　　目前，全国有近 200 个城市取用地下水，四分之一的农田靠地下水灌溉。总的趋势是地下水位持续下降，部分城市地下水受到污染。对地下水不合理的开发利用，诱发了一系列环境问题。

　　地面沉降的城市大部分分布在东部地区。苏州、无锡、常州三城市地面沉降大于 200mm 的面积达 1 412.5km²；安徽阜阳市地面沉降累计达 870mm，面积达 360 多

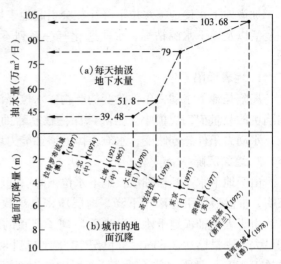

图 8.35　世界若干大城市的日用水量与地面沉降

平方公里；上海自 1921 年至 1965 年，最大沉降量达 2.63m，市区形成了两个沉降洼地，并影响到郊区。地面塌陷主要发生在覆盖型岩湾水源地所在地区，比较严重的有河北秦皇岛，山东枣庄、泰安，安徽淮北，浙江开化、仁山，福建三明，云南昆明等 20 多个城市和地区。

　　沿海岸地下水含水层受到海水入侵的地段主要分布在渤海和黄海沿岸，尤以辽东半岛、山东半岛为重。山东省受到海水入侵面积达 400 多平方公里，年均损失 4～6 亿元。

　　通常采用压缩用水量和回灌地下水等措施来克服上述问题，上海日最高地下水开采量为 $55.6 \times 10^4 m^3$，1965 年开始实行人工回灌地下水的措施，控制回灌量和开采量的比例，一度地面回弹量达 3.2mm，回灌中心区部分地段回升量甚至达到 53mm。但随着时间的推移，人工回灌地下水的作用将会逐渐减弱，所以到目前为止还没有找到一个满意的解决办法。

### 8.4.3　地下水位与地面沉降

**1. 地面沉降及其影响因素**
　　在天然条件和人为因素的影响之下，区域性地面标高的降低，称为地面沉降。导致地面沉降的主要影响因素，可以分为天然影响因素及人为影响因素，其中，地下水位波动对地面沉降具有重要的影响。

　　（1）地表沉降的天然影响因素
　　天然影响因素主要有两类：
　　1）海平面相对上升及土层的天然固结，导致地表沉降；
　　2）地震的冲击作用，引起地面沉降。
　　（2）人类经济活动导致地面沉降的有关因素
　　人为影响因素主要有三类：

1）抽汲地下液体及表层排水导致地面沉降的有关因素：

①水平面的渗透力及覆盖层自重压力，导致地面沉降；

②动荷载的影响，导致地面沉降；

③水温对土层压密的影响，导致地面沉降；

④泥炭地、低洼地的排水疏干，导致地面沉降；

⑤有机质土（层）的氧化及体积压缩变形作用，导致地面沉降。

2）开采地下深处的固体矿藏，也可能引起地面沉降。

3）岩溶地区，塌陷是导致地面沉降的主要影响因素。

关于地面沉降的原因，各国科研人员经过长期的探讨、争论，普遍认为，地壳运动导致的地面沉降有可能存在，但沉降速率很小；地面静、动荷载引起的地面沉降仅在局部地段内存在；抽汲地下液体如油、气、水，引起贮集层的液压降低，从而导致地面沉降。

这里仅论述未固结松散含水层（组）中，抽汲地下水引起地面沉降的机理及其研究方法，介绍代表性的预测井点降水引起地面沉降的计算模型等。

**2. 地面沉降研究现状**

目前，国内外研究的区域性地面沉降问题，主要着重于抽汲地下液体引起的区域性地面沉降。抽汲地下液体造成的地面沉降现象，遍布世界各地。随着人口增长及工农业生产的发展，对石油、天然气及地下水资源的开采和需求量日益增加，导致地面沉降现象日益加剧。最著名的沉降史例是墨西哥城和长滩市的地面沉降，那里的最大地面沉降量达 9.0m 多。为了控制地面沉降，几十年来，各国地质学家、土力学家从不同角度对地面沉降的原因、规律、防治方法等进行了广泛的研究。国内某些地区，由于大量抽汲地下水，也已先后出现了严重的地面沉降，如 1921~1965 年期间，上海地区的最大地面沉降量已达 2.63m；70 年代初到 1982 年，太原市最大地面沉降已达 1.232m。如何合理地开发、利用地下水，控制地面沉降，是亟待解决的重要课题之一。

（1）地面沉降机理分析

许多学者的研究表明，抽水引起地层压密而产生地面沉降，是由于含水层（组）内地下水位下降，土层内孔压降低，有效应力增加的结果。

假设地下某深度 $z$ 处地层总应力为 $P$，有效应力为 $\sigma$，孔隙水压力为 $u_w$，依据太沙基有效应力原理，抽水前应满足下述关系式：

$$P = \sigma + u_w \tag{8-37}$$

抽水过程中，随着水位下降，孔隙水压力随之下降，但由于抽水过程中土层总应力保持不变，故此，下降了的孔隙水压力值，转化为有效应力增量，因此，有下式成立：

$$P = (\sigma + u_w) + (u_w + \Delta u_w) \tag{8-38}$$

从式（8-38）可知，孔隙水压力减少了 $\Delta u_w$，而有效应力增加了 $\Delta u_w$。有效应力的增加，可以归结为两种过程：

1）水位波动改变了土粒间的浮力，水位下降使得浮力减少；

2）由于水头压力的改变，土层中产生水头梯度，由此导致渗透压力的产生。

浮力及渗透压力的变化，导致土层发生压密或膨胀。大多数情况下，压密或膨胀属于一维变形，压密的时间长短应与土层的透水性有关。一般认为，砂层的压密是瞬间发生和完成的，黏性土的压密时间则较长。

（2）地面沉降理论与模型的发展

抽水导致松散含水层（组）骨架发生压密所引起的地面沉降，是土力学范畴内的一种固结压实过程，即饱和土孔隙压力的逐渐消散及在外荷载作用下，土层产生压缩。一般认为，固结由主固结和次固结两部分组成。通常假定，主固结非瞬间完成，它是由于土骨架弹性性质引起的变形过程，伴随着孔隙的黏性渗流，随着超孔隙压力逐渐消散而发生。次固结或蠕变，是指若干种类的土层，如黏土层、泥炭层等，在定荷载作用下的连续变形过程，这是由于土骨架结构的重新调整所引起的。尽管蠕变表示一种黏滞效应，但随着时间的延续，次固结终将达到稳定的极限。根据模型所能反映的土层的固结特征，含水层（组）骨架抽水压密所引起的地面沉降的理论可以分为：经典弹性地面沉降理论，准弹性地面沉降理论，地面沉降的流变学理论等，这方面的介绍可参考有关文献。

### 8.4.4　人工回灌与地面回弹

**1. 回灌对地面沉降的影响**

如前所述，抽汲地下水导致地面沉降，是由于地下水位下降，导致孔隙水压力降低，土中有效应力增加，地层发生压密变形的外在表现。与之相反，对地下含水层（组）进行人工回灌，则有利于稳定地下水位，并促使地下水位回升，使土中孔隙水压力增大，土颗粒间的接触应力减小，土层发生膨胀，从而导致地面回弹地面沉降可初步得到控制。在地下水集中开采地区，如沪东工业区，回灌前 1959 年 10 月至 1965 年 9 月，地面累计下沉 500～1 000mm，回灌后 1965 年 9 月至 1974 年 9 月，地面累计上升 18～36mm；同一时期，沪西工业区回灌前地面累计下沉 430～590mm，回灌后地面累计上升 26～44mm。

**2. 地面回弹模型的建立与求解**

相对于含水层（组）的抽水压密过程而言，人工回灌导致的含水层（组）的回弹（膨胀）过程是完全弹性的，即回灌引起的含水层（组）的竖向膨胀变形过程符合弹性虎克定律：

$$\varepsilon_z^e(t) = a_1 \gamma_w S^e(t) \tag{8-39}$$

式中　$\varepsilon_z^e(t)$——土骨架的竖向膨胀应变；

$S^e(t)$——地下水位回升值。

其余表示意义同前。

类似于地面沉降模型，地面回弹模型的建立应包括两个方面，即回灌渗透流模型与竖向膨胀变形模型的结合。如用框图表示，即为：

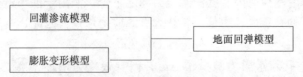

地面回弹模型通常可以通过近似解析解法、严格解析解法或数值法进行求解，获得回灌引起的地下水位回升及相应的地面回弹的计算公式。

## 8.5　采空区地面变形与地面塌陷

由于地下开采强度和广度的扩大，地面变形和地面塌陷的危害不断加剧。单地面塌陷已在我国 23 个省区内发现了 800 多处，塌陷坑超过 3 万个，全国每年因地面塌陷造成的经济损失约 10 多亿元。

采空区根据开采现状可分为老采空区、现采空区和未来采空区三类。老采空区是指建筑物兴建时，历史上已经采空的场地；现采空区是指建筑物兴建时地下正在采掘的场地；未来采空区是指建筑物兴建时，地下贮存有工业价值的煤层或其他矿藏，目前尚未开采，而规划中要开采的地区。

地下煤层开采以后，采空区上方的覆盖岩层和地表失去平衡而发生移动和变形，形成一个凹陷盆地。地表移动盆地一般可分为三个区：

（1）中间区，位于采空区正上方，此处地表下沉均匀，地面平坦，一般不出现裂缝，地表下沉值最大。

（2）内边缘区，位于采空区内侧上方，此处地表下沉不均匀，地面向盆地中心倾斜，呈凹形，土体产生压缩变形。

（3）外边缘区，位于采空区外侧上方，此处地表下沉不均匀，地面向盆地中心倾斜，呈凸形，产生拉伸变形，地表产生张拉裂缝。

采空上方地表反应的强弱，与采深采厚比有关。这一比值用公式表示：

$$K = \frac{H}{m} \qquad\qquad (8-40)$$

式中　$K$——采深采厚比；

　　　$H$——采空区深度；

　　　$m$——采空区厚度。

当 $K$ 值较大时，地表不出现大的裂缝或塌陷坑；$K$ 值较小时，地表有可能出现较大的裂缝和塌陷坑。大量观测资料表明，当 $K$ 大于 30，在无地质构造和采掘正常条件下，地表不出现大的裂缝和塌陷坑，但出现连续有规律的地表移动。当 $K$ 小于 30，或虽大于 30，但地表覆盖层很薄，且采用非正规开采方法或上覆岩层受地质构造破坏时，地表将出现大的裂缝或塌陷坑，易出现非连续性的地表变形。

地表移动是一个连续的时间过程，在地表移动总的时间内可分为三个阶段；起始阶段、活跃阶段和衰退阶段。起始阶段从地表下沉值达到 10mm 起至下沉速度小于 50mm/月止；活跃阶段为下沉速度大于 50mm/月为止；衰退阶段从活跃阶段结束时开始，至六个月内下沉值不超过 30mm 为止。地表移动"稳定"后，实际上还会有少量的残余下沉量，在老采空区上进行建筑时，要充分估计残余下沉量的影响。

建筑物遭受采空区地表移动损坏的程度与建筑物所处的位置和地表变形的性质及其大小有关。经验表明，位于地表移动盆地边缘区的建筑物要比中间区不利得多。地表均匀下沉使建筑物整体下沉，对建筑物本身影响较小，但如果下沉量较大，地下水位又较浅时，会造成地面积水，不但影响使用，而且使地基土长期浸水，强度降低，严重的可使建筑物倒塌。

地表倾斜对高耸建筑物影响较大，使其重心发生偏斜；地表倾斜还会改变排水系统和铁路的坡度，造成污水倒灌。

地表变形曲率对建筑物特别是地下管道影响较大，造成裂缝、悬空和断裂。

目前，国内外评定建筑物受采空区影响的破坏程度所采用的标准，有的用地表变形值，如倾斜、曲率或曲率半径和水平变形，有的采用总变形指标。我国煤炭工业部 1985 年已经颁发了有关规定和标准。此外如枣庄、本溪、峰峰等矿区都已积累了丰富的经验。

## 8.6 城市建设引起地下水化学场变异

城市是建立在一个特定的环境——城市地质环境中。城市是一个不断发展变化的复杂工作体系，是人类活动对地质施加重要作用的场所。目前我国城市的人口达近 7 亿。1987 年我国城市总数为 189 个，而到 1992 年就已达 507 个。城市规模的日益扩大，带来了经济的繁荣，同时也影响着环境的变化。

城市区域的地下水变化是一个复杂的、动态的系统，影响因素众多。概括起来引起地下水化学场变异的因素有以下几类：

**1. $CO_2$ 分压增高**

据资料显示，从 1880 年到 1970 年，空气的 $CO_2$ 含量由 288ppm 增长至 330ppm。至 1980 年已达 350ppm。由图 8.36、图 8.37 可以看出，全球的 $CO_2$ 总量及 $CO_2$ 季节循环都在缓慢增长。$CO_2$ 含量的增加，造成空气中 $CO_2$ 的分压增高，直接后果是引起温室效应，使地球表面温度升高，温度上升使南北极出现暖冬现象，大面积冰层开始消融，海平面上升，图 8.38 显示出全球海平面在逐年上升。海平面上升将出现海水入侵现象，引起淡水体的地下水化学场发生变异。$CO_2$ 分压增高也会直接造成 Ca、Mg 等难溶的碳酸盐矿物发生溶解，使地下水硬度增加等。表 8.5 为某市老城区地下水主要离子成分变化情况。

**表 8.5 某市老城区四采样点主要离子含量平均变化**

| 时间 | 化 学 成 分 | | | | | | | | |
|---|---|---|---|---|---|---|---|---|---|
| | $K^+ + Na^+$ | $Ca^{2+}$ | $Mg^{2+}$ | $Cl^-$ | $SO_4^{2-}$ | $HCO_3^-$ | $NO_3^-$ | $SiO_2$ | $PCO_2$ |
| 单位 | | | | $m\ mol \cdot l^{-1}$ | | $mg \cdot l^{-1} \times 101.325Pa$ | | | |
| 1998 年 | 1.935 | 2.825 | 1.135 | 1.568 | 1.463 | 5.250 | 0.112 | 14.82 | 6.16 |
| 1989 年 | 5.202 | 6.560 | 2.860 | 10.89 | 1.992 | 8.510 | 0.664 | 70.98 | 5.80 |
| 变化值 | 3.267 | 3.735 | 1.725 | 8.590 | 0.529 | 3.260 | 0.552 | 56.16 | 9.64 |

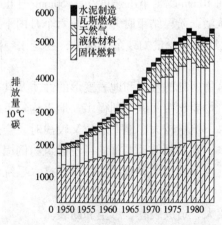

图 8.36 人为排放源产生的 $CO_2$ 排放量

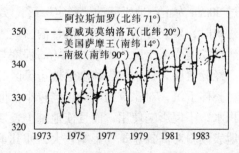

图 8.37 在美国国家海洋与大气管理局气候变化地球物理监测背景点的大气中 $CO_2$ 季节性循环（月平均浓度）

图 8.39 为华北某水源地地下水 $CO_2$ 分压与方解石饱和度及 $Ca^{2+}$ 浓度的关系图。

由表 8.5、图 8.39 可以看出，$CO_2$ 分压增高使地下水化学成分发生变化，引起地下水化学组分变异。

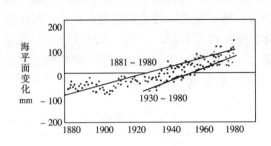

图 8.38　估计的"全球"海平面变化

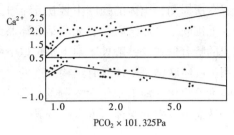

图 8.39　某水源地地下水中 $CO_2$ 分压与方解石饱和 $Ca^{2+}$ 浓度的关系

### 2．$H^+$、$SO_4^{2-}$ 等离子浓度增高

据资料显示，近年随着工业的发展，全球酸雨污染问题已相当突出。近 20 多年来，我国的污染问题已相当严重。如图 8.40、图 8.41 所示。

现仅以浙江省为例，"六五"期间全省降水 pH 值均在 5.0 以上，酸雨频率小于 35%；"七五"期间全省酸雨覆盖面积达 95%，降水 pH 值均在 4.7 以下，酸雨频率达 63.3%。

酸雨使地下水中的 $H^+$、$SO_4^{2-}$、$NO_3^-$ 离子增高，酸性水溶液促进了土中方解石、白云石等矿物质的溶解，使地下水中的 $Ca^{2+}$、$Mg^{2+}$ 等离子含量逐渐增加。

### 3．地下水的污染与过度开采

据统计，中国城市每年产生的生活垃圾 6 000 万 t，粪便 3 000 万 t，废水 300 亿 t，垃圾处理困难是城市特有现象。另外农业上大量使用化肥、农药，使污染源进一步扩大。污染液渗透、扩散，大面积污染地下水、大气和生态环境。过度开采地下水则易形成大范围降落漏斗，其结果是使污水及废弃物更容易进入地下水体，使地下水化学组分发生变异。

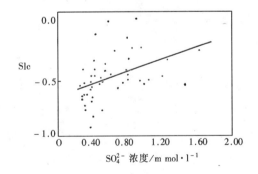

图 8.40　某水源地地下水中 $SO_4^{2-}$ 浓度与 Slc 关系

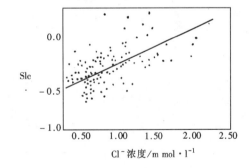

图 8.41　某水源地地下水中 $Cl^-$ 浓度与 Slc 关系

### 4．三水循环的破坏

城市建设的大量工程，覆盖了大量的混凝土路面，人为阻断了三水循环（大气降水、地表水、地下水三种形式的循环），破坏了水均衡，改变了地下水动力场，使原生为氧化环境的水文地球化学环境衍生为还原环境。另外人为抽取地下水造成的地下水位下降，改变了含

水层漏斗部分的氧化还原条件，促使土体中有机质成分分解，致使 $CO_2$ 分压增大，引起地下水变异。

众所周知，土体的强度主要决定于土颗粒间结构联结。粒间联结的主要形式有水胶联结、毛细联结、胶结联结、无联结和冰联结等等。无联结是无黏性土的表现形式，冰联结是冻土的特有形式。一般处于地下水位以下的土体，毛细联结将消失，而水胶联结也不起决定作用，胶结联结是土体具有结构强度的主要因素之一。胶结物质的变化将直接影响到土体结构强度的变化。地下水化学成分的变异将直接影响到胶结物质的变化及土体矿物成分的变化，从而最终引起土体强度发生变异。

# 9　大环境岩土工程问题

大环境岩土工程主要是指人与自然之间的共同作用问题。多年来，我们用岩土工程的方法来抵御自然灾变对人类造成的危害，已经积累了丰富的经验。我国是一个历史悠久的文明古国，在抵抗自然灾害的斗争中，也做出了很多光辉的业绩。

## 9.1　洪水泛滥

江河切割山谷在大地上奔流，包括整个流域内的大小支流，构成一套水流的排放系统。河流的水系是由气候、地形、岩石和土壤等条件构成的一种很微妙的平衡体系。河流又是一个泥沙搬运系统，从上游和各条支流夹带的泥沙会在下游河床内沉积下来。河床两侧及其泛滥区称为流域环境。如果上游或支流流域内的森林植被遭到破坏，引起大量水土流失，河床淤积，贮水量减少，洪水发生时，水灾就不可避免，给人类的生命财产造成严重的损失。美国从 1937～1973 年之间，平均每年在洪水灾害中丧生大约 80 人，财产损失平均 2.5 亿美元；亚洲地区统计表明，每年大约有 15.4 万人死于洪水灾害。

大多数河流洪水与总降雨量的大小、分布以及流域内渗入岩石、土壤中的速度有关。特别是随着建筑业的发展，地面被大量建筑物、道路和公园等所覆盖，雨水渗入量大大减少，洪水的淹没高度相对增加，因此城市防洪就显得特别重要。见图 9.1 所示。

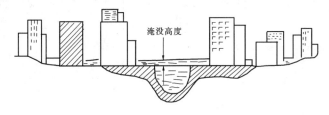

图 9.1　淹没高度增加[17]

大城市通常位于重要河流沿岸，由于城市建设的需要，河道通常被限制在一定范围内，增加了排洪的困难。为了防止洪水发生，往往在河道两侧修筑很高的防洪墙，但反过来又会影响上游的排洪。图 9.2 是 1973 年人造卫星拍摄的密苏里河与密西西比河洪水期的照片示意图。A 点是两条河流的汇合处，河流通过城区的河道狭窄，城市防洪措施加强后，反过来又影响上游，箭头所示 C 部位广大地区被洪水淹没。

根据河流的流域环境以及洪水的流量，在河流的不同区段编制出洪水可能影响的范围，如图 9.3 所示。对于重要的城市还应该进一步绘制出洪水影响的环境图，如图 9.4 所示。有了这些资料，就可以帮助我们进行合理的建筑规划，加强洪灾预报，减少人员伤亡和财产损失。

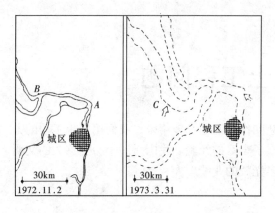

图9.2　密苏里河与密西西比河洪水卫星摄影图

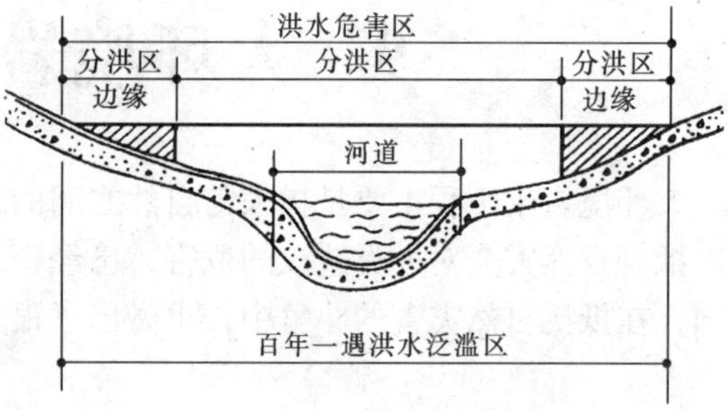

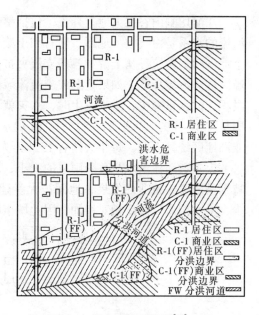

图9.3　洪水危害影响范围

　　洪水治理是一项综合性的环境工程，为了减少这一灾变现象对人类的威胁，至少应考虑以下几方面的问题：

　　（1）流域环境的整治

　　①保护森林草原，减少水土流失；

　　②整治河床，清除淤积泥沙；

　　③合理开拓河床断面。

　　（2）完善洪水调解系统

　　①合理修建水库，加强洪水的贮存和排放管理；

　　②修建调节水闸；

　　③必要的分洪系统。

　　（3）加强监督和警报系统

　　①气象监督；

　　②水文监督。

图9.4　洪水影响环境图[17]

# 9.2　区域性滑坡与泥石流

　　由土和岩石构成的边坡，表面似乎是静止稳定的，实际上它是一个不断运动着的逐渐演变体系。边坡上的物质以某一速度向下移动，其速度可以从难于察觉的蠕动质变到以惊人的速度突然崩塌，见图9.5所示。图9.5a表示蠕动速率与安全度的关系。图9.5b表示在自然和人为营力作用下边坡失去平衡。

　　滑坡及其相关的现象如：泥流、泥石流、雪崩和松散堆积物的崩落等等。这些现象的规模也有大有小；少则几十方土，大则成千上百万方土坍滑。大规模土体滑动具有灾难性的破坏作用，它所造成的生命财产损失是惊人的。

　　滑坡发生的原因是多方面的，而且是综合性的。边坡本身就有一个向下滑动的倾向，在自然或人为因素的作用下而失去平衡。这些因素归纳起来有：

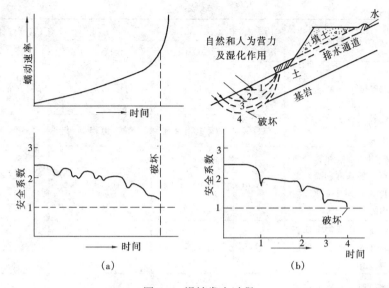

图 9.5　滑坡发生过程

(a) 蠕动开展过程；(b) 湿化过程

(1) 自然营力

①风化；

②暴雨；

③地震；

④海浪。

(2) 人为作用

①植被破坏；

②不合理挖方和填方；

③不合理施工影响，如施工用水浸湿坡脚、打桩、爆破振动等等。

滑坡及其有关现象，属于大环境的一部分。首先它不仅是一种工程现象，更多的是一种自然现象（基坑边坡除外）；其次，它对环境的影响非常剧烈，对人类造成的威胁十分严重，某些区域性的滑坡是一种难于抗拒的灾难。小规模的滑坡虽然影响小，但常阻塞交通，损坏建筑物，而且发生的频率很高，特别在雨季，造成很多的麻烦。表 9.1 列出了美国一部分滑坡多发性地区小型滑坡造成的损失和人员死亡统计。这些数字仅说明直接损失的费用，已是十分可观了。

表 9.1　美国几种滑坡类型及其发生的频率

| 滑坡类型 | 主要地区 | 历史上滑坡次数 | 频　率 | | 估计财产损失（百万美元） | 死亡人数 |
| --- | --- | --- | --- | --- | --- | --- |
| | | | 每 260（km²） | 每 104 000（km²） | | |
| 岩石滑坡岩块坍落 | 阿巴拉契山脉高原，烟晶岩白色的蓝色山脊 | 数百 | — | 每 10 年 1 起 | 30 | 42 |
| 岩层突然坍落和岩石崩塌 | 中部和西部广大地区，柯罗拉多高原，怀俄明山区，加利福尼亚南部，华盛顿和俄勒岗山区 | 数千 | 山区平均每年 10 起，高原地区每年 1 起 | 山区每年 100 起，高原地区每年 10 起 | 325 | 188 |

续表

| 滑坡类型 | 主要地区 | 历史上滑坡次数 | 频率 | | 估计财产损失（百万美元） | 死亡人数 |
| --- | --- | --- | --- | --- | --- | --- |
| | | | 每260（km²） | 每104 000（km²） | | |
| 岩层突然坍落和岩石崩塌 | 阿巴拉契高原 | 数千 | 每10年1起 | 每年70起 | 350（主要是公路，铁路） | 20 |
| | 加利福尼亚沿海和北部山区 | 数百 | 每10年1起 | 每年10起 | 30 | — |
| 突发性滑坡 | 缅因州，康涅狄格州河谷，赫狄森山谷，芝加哥红河，阿拉斯加南部山区 | 约70 | 每100年1起 | 每年1起 | 140 | 103 |
| | 长岛阿拉斯加中部谷地、怀俄明州、南部柯罗拉多山区 | 数百 | 每50年1起 | 每年1起 | 30（主要是公路，铁路） | — |
| | 密西西比和密苏里谷地，华盛顿州东部和爱达华州南部 | 数百 | 每10年1起 | 每年1起 | 2 | — |
| | 阿巴拉契山麓 | 约100 | — | 每年1起 | <1 | — |
| 松散堆积物流动和泥石流 | 阿巴拉契山区 | 数百 | 北卡罗来纳每100年发生1群（每群10起） | 每15年发生1群 | 100 | 89 |

来源：Disater Preparedness, Office Emergency Preparedness, 1972。

区域性的大滑坡给人类带来的灾难不亚于地震。1967年1月22日晚，巴西发生一起可怕的滑坡灾难，大暴雨持续了3.5h以后，194km²范围内大量滑坡和土的流动造成1 700人丧生，损坏了公路，影响了生产，被泥石流洗劫过的土地堆积物达4m厚。1970年，美国弗吉尼亚州山区，松散堆积物坍滑，引起地震连锁反应，大量泥沙从3 660m处呼啸而下，以超过300km/h速度冲向山脚下居民区，造成20 000人丧生。

滑坡发生的原因是综合性的。首先是不利的地质条件，包括具有张开的裂隙和洞穴的软质石灰岩和黏土夹层，岩层向水库倾斜，地形非常陡峭；第二是水库蓄水，山谷岩层中水压力增加，地下水回流、浸润，使土的抗剪强度降低；第三，连续暴雨，滑坡体自重增加，滑动面就是软岩的边界面。

区域性的自然滑坡及泥石流是一种严重的灾害，要阻止这种灾害的发生是十分困难的。从环境岩土工程的观点来看，要减少此类的危害和损失，必须注重具体工程和环境治理相结合，既要考虑到局部稳定又要考虑到区域性稳定。目前常用的处理边坡稳定性概念和方法仍是有效的手段，但特别强调：①加强区域性气象条件的研究，掌握暴雨的强度、洪水发生的频率等资料；②加强区域性的绿化、造林，改良土壤、减少水土流失；③当有局部滑坡发生时，要及时整治，防止扩大酿成区域性的滑动；④加强监测和预警工作，虽然这类灾害有时很难抗拒，但区域性滑坡发生之前，或多或少都会有一定的预兆，及时报警可减少生命和财产的损失；⑤加强对岩土和工程地质的勘察工作。美国洛杉矶对山前建筑物遭滑坡灾害的调查表明，1952年以前没有进行有关岩土工程技术工作，遭损坏的建筑物达10%；1952年以后对岩土工程技术工作提出一定要求后，遭损坏的建筑物降至1.3%；从1963～1969年，对岩土工程技术工作作了详细要求，遭损坏的建筑降至0.15%。

## 9.3 地震灾害

地震是一种危害性很大的自然灾害。地球是一个不停运动着的体系。岩圈的外层形成几个大的和许多小的板块，板块之间相对移动；由于挤压、滑动和摩擦，在岩层内部会形成惊人的应力，当应力超过岩层强度时，岩层发生破坏，遇有地震，岩层内能量得到大量释放。岩层在应力作用下发生改变，沿着薄弱带破碎形成断层。岩层破碎过程中沿着断层移动产生地震波，这就是记录到的地震。这些波在地层中传播（主波和次波），与此同时，主波和次波混合并沿地表传播，称为面波。面波对建筑物破坏作用最大。

地震的危害包括一次影响和二次影响两部分。一次影响直接是由地震引起的。如由地裂引起猛烈的地面运动，有可能产生很大的永久位移。1960年美国旧金山地震产生达5m的水平位移。猛烈的运动使地面的加速度突然增加，大树被折断或连根拔起，建筑物、大坝、桥梁、隧道、管线等被剪断。

二次影响如砂土的液化、滑坡、火灾、海啸、洪水、区域性地面下沉或隆起以及地下水位变化等。1970年，秘鲁地震造成7 000人丧生，其中2 000人死于滑坡和塌方。地震造成的煤气管道破裂、电线断裂引起火灾，由于供水和交通系统损坏，地震火灾很难控制。1960年旧金山地震80%的损失是因火灾造成的。1923年，日本关东大地震，造成14.3万人死亡，其中40%死于火灾。1960年5月22日，智利发生8.5级大地震，造成的损失主要是由于海啸引起的。海啸横扫太平洋，巨浪直驱日本，将大船掀上陆地的房顶，$25 \times 10^4 km^2$ 范围内发生地面变形，变形带长达1 000km，宽210km，海底隆起达10m，陆地沉陷了2.4m。

地震及其伴随的灾害对人类的危害是相当严重的。特别是一些大地震，生命财产的损失非常惊人。16世纪发生在我国的一次大地震，造成85万人丧生。1976年7月28日3时42分在我国唐山发生的7.8级大地震，相当于400枚广岛原子弹在距地面16km处的地壳中猛烈爆炸，一座百万人口的工业城市被夷为平地，死亡人数达242 769人，重伤164 851人；全市682 267栋建筑物中倒塌了656 138间，震波影响到大洋彼岸，美国阿拉斯加州大地上下跳动了大约1/8英寸。

1995年1月17日5时46分发生在日本的7.2级神户大地震，震中在大阪湾的淡路岛，影响遍及半个日本，顷刻之间，神户与大阪两座现代化大城市陷于瘫痪。阪神高速公路高架桥倾倒，交通中断，神户市内浓烟滚滚，火光冲天，地震引起崩塌和地面陷落，人员伤亡和财产损失难于估量。

地震对于人类是一种可怕的自然灾害，许多科学工作者正致力于研究如何来预测地震和减少由此造成的损失。目前大致有以下几方面的工作：

（1）研究地层的构造，特别是断层的特性以及断层的活动状态。通过这一研究来预估地震区的范围以及发生地震大小的可能性。

（2）研究表层岩性对地震的反应。当地震波从震源传播至地面，表层土的性质不同对地震反应也不同，如图 9.6 所示。如果表层土是很坚硬的岩石，地震反应比一般的土层弱得多。如果表层是饱和且密实度不高的粉细砂，在地震波作用下很容易发生液化。根据不同的反应情况划分成许多地震小区，供建筑场地选择和上部结构设计时参考。

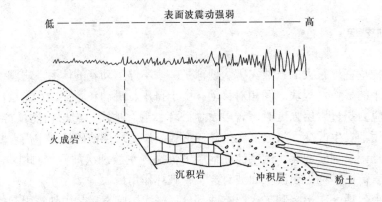

图 9.6　地表覆盖层岩性与震动反应的关系[17]

（3）研究地震的监测和地震的预报。美国、日本、中国等许多优秀的科学家都相信，人类最终一定能够作出长期（几个小时或几天）的地震预报，准确的地震预报可以大大地减少人员伤亡和财产的损失。

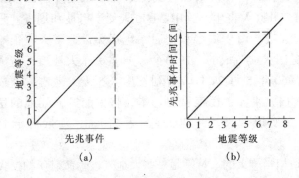

图 9.7　先兆事件与地震等级关系

地震预测主要根据：前期地震频率及其模式，岩层中贮存应变的变化异常，地磁的变化，岩层竖向和水平向的移动，岩层波速的变化，断层活动时的裂缝，土电阻变化，地下水中氢气含量的变化等等。此外还有如气候反常、动物异常反应等，这些迹象都可以作为地震信息，也称为先兆事件。根据历史上地震的经验，归纳总结如图 9.7 所示，先兆事件的强度、时间区间等越剧烈，则即将发生的地震等级越高。

我国是地震多发的国家，历年来已经积累了丰富的地震先兆经验，自 1966 年 3 月 8 日邢台发生 6.8 级强烈地震后，多年来总结得到了以下经验：

（1）小震密集→平衡→大震；小震后平衡时间越长，地震震级越高；

（2）六级以上大地震的震中区，震前一至三年半时间内往往是旱区，旱后第三年发震时，震级要比旱后第一年内发震大半级，这一现象称为"旱震关系"。

（3）监视小震活动、地应变测量、重力测量、水氡观测、地磁和海平面变化以及动物反应等进行综合分析。

我国科学家根据上述经验，成功预报了 1975 年 2 月 4 日地震，辽宁南部 100 多万人撤离了他们的住宅和工作地点，仅仅在两个半小时之后，即 7 时 36 分海城被 7.3 级强烈地震击中。在六个市、十个县的震区，房屋毁坏 $508 \times 10^4 \mathrm{m}^2$，农村民房塌坍 86.7 万间，但死亡人数仅占全区人口的 0.16%，成为人类地震史上的奇迹。

## 9.4 火山

火山活动也是一种灾害性自然现象，火山爆发在人口稠密地区附近就可能是一场大灾难。引起火山活动的原因通常是地壳的构造运动，大部分活动性的火山都处在地壳板块构造接合部，在这些地方岩浆因岩圈板块相互作用发生蔓延或下沉。活动性火山80%集中在太平洋火山环周围，见表9.2。

**表9.2　世界上活动性火山分布**

| 地　　区 | 活动性火山的百分比 | 地区 | 活动性火山的百分比 |
|---|---|---|---|
| 太平洋 | 79 | 印度洋群岛 | 1 |
| 西太平洋 | 45 | 大西洋 | 13 |
| 北美和南美 | 17 | 地中海、小亚细亚 | 4 |
| 印度尼西亚群岛 | 14 | 其他 | 3/100 |
| 中太平洋群岛（夏威夷，萨摩亚群岛） | 3 | | |

来源：A. Ritten, Disten Preparedness, office of Emergence Preparedness. 1962。

火山通常分成三种类型：隐藏型（死火山）、混合型和穹顶型（活动型）火山。

隐藏型火山数量最多，它的特性是不活动的，地层是由二氧化硅（$SiO_2$）含量比较低（约50%）的岩浆构成的，大部分分布在夏威夷群岛，部分分布在西太平洋和冰岛。

混合型火山，这类火山通常有一美丽的圆锥外形，岩层组成中 $SiO_2$ 含量中等，约为60%。火山活动的特点是爆发时有混合物和岩浆流。这类火山是危险的。

穹顶型火山，它的特点是具有 $SiO_2$ 含量很高的黏滞岩浆，爆发时构成一个火山穹顶，具有很大的危险性。

虽然火山活动是比较稀少的，但从历史上看，它所造成的危害也是非常严重的。公元79年，意大利维苏威火山爆发，庞贝古城被火山灰埋葬，直到1595年重新被发现。

火山活动的影响主要由两部分造成，首先是火山爆发时喷出的熔岩流和火山屑的烟雾云；其次是二次灾害如泥石流和火灾。

熔岩流：

地下熔岩上升，从火山口流出。二氧化硅含量低的熔岩流，通常不是喷发性的，只是从火山口溢出；而二氧化硅含量高的熔岩流，则会爆炸性喷出。有些熔岩流的流动速度很快，但大多数溶岩流具有黏滞性，移动很慢。流动缓慢的熔岩流，居民很容易就能躲避。

熔岩流具有两种压力类型：一种是岩浆具有垂直压力差；另一种是由流动冲量造成的压力。因此，提出了三种方法来引导熔岩流，使它不致于任意毁坏住房和有关设施。这三种方法是：①构筑导墙；②水力冷却；③投掷炸弹。

导墙是用石块堆成的墙，可根据地形设置，通常高约3m，可以阻止熔岩奔越而过；其次它可以改变熔岩流动的方向。这种方法在夏威夷和意大利都取得了成功的经验。

水力冷却的办法主要是促使熔岩凝结。但使用这一方法时，必须仔细地计划，制定控制的时间和程序。

投掷炸弹的方法主要是用来破坏熔岩流边缘凝结成块，这样可以更有效地控制它的流向。

火山碎屑：

火山爆发时，大量的喷出物进入大气。喷出有两种形式：一种称为火山灰喷出，含有大量岩块、天然玻璃屑和气体，从火山口喷入高空；第二种形式是火山灰流，喷出物从火山口急速地流出。火山喷出物对人类的影响表现在四个方面：第一，毁坏植被；第二，污染地面水，使水的酸度增加；第三，建筑物屋顶超载而毁坏；第四，影响人的身体健康，引起呼吸系统和眼睛发炎。

火山灰流的速度很大，可达 100km/h，而且温度很高，若流过人口稠密区会导致大灾难。例如，1902 年 5 月 8 日马提尼的 Mt. Pelee 火山爆发，火山灰流呼啸着流过西印第斯镇，瞬间造成 3 万人丧生。

泥石流和火灾：

泥石流和火灾是火山活动的次生灾害，由于火山喷出物温度极高，常会导致山顶冰川和积雪融化，伴随着产生洪水和泥石流。炽热的火山灰使建筑物燃烧，其破坏程度取决于火山活动的程度和规模。

## 9.5　水土整治

由于人口的增长以及工业化的发展，在全球范围内水土的整治是一个极其重要的环境工程问题。特别在我国，生态赤字给民族生存带来了威胁。《中国资源、生态环境预警研究》报告指出："中国是一个典型的低收入大国，正处在有史以来基数最大、幅度最高、增长最快的人口倍增台阶的中点，为改变农业大国和广大农村的落后局面，急剧推进它的工业化，因而同时产生了大规模的生态破坏与十分严重的环境污染问题。治理能力远远赶不上破坏的速度"。水土流失是中国生态环境最突出的问题之一，上游流失，下游淤积。解放初，我国水土流失面积为 $116 \times 10^4 km^2$。1992 年 11 月 19 日《中国环境报》报道，应用遥感技术普查全国水土流失最新资料表明，全国水土流失、水力侵蚀和风力侵蚀面积已达 $367 \times 10^4 km^2$，为解放初的 3.1 倍。

中国是个少林国家，可每年森林经济损失却非常严重。1980 年以来，我国森林病虫害的发生面积每年都在 1 亿亩以上，其中死亡 500 多万亩，林木生长量损失上千万立方米。据统计，因森林火灾、森林病虫害和乱砍滥伐，森林资源遭受的损失，每年高达 115 亿元。

我国草原同样存在着严重的危机。我国 62.2 亿亩草原，曾有"风吹草低见牛羊"的绝妙意境，由于长期过度放牧、重用轻养、盲目开垦，现在正被滚滚黄沙以每年 7 400 万亩的速度侵蚀为沙漠化，累计已达 $13 \times 10^4 km^2$，占可利用草场的三分之一。

我国北方沙漠、戈壁及沙漠化等面积已达 $149 \times 10^4 km^2$，其中沙漠 $59.3 \times 10^4 km^2$，戈壁 $56.9 \times 10^4 km^2$，沙漠化 $32.8 \times 10^4 km^2$，占国土总面积的 15.5%。据《1992 年中国环境状况公报》所载资料表明，自 20 世纪 80 年代以来，我国沙漠化扩展面积每年达 2 100 $km^2$；西北、华北、东北等 11 个省区已经形成长达万里的风沙危害线。每年直接经济损失达 45 亿元。我国已是世界上沙漠化受害最深的国家之一。

沙漠化（荒漠化）是一个世界性环境问题，全球有四分之一的陆地受沙漠化的影响，经济损失高达 420 亿美元，亚洲受害最严重，每年损失 210 亿美元。1993 年 5 月，联合国环境规划署在肯尼亚首都内罗毕开始了《防治荒漠化和干旱国际公约》的起草工作，并把每年 6 月 17 日定为"防治荒漠化和干旱国际日"。

1. 沙漠化的治理

沙漠化主要是由于风力的搬迁作用造成的。图 9.8 表示沙丘在风力作用下向前移动的方式。移动的速度与风力的大小和风向有关。沙丘移动常常威胁着公路、铁路、农田和城镇。

图 9.8  沙丘的移动

例如，美国内华达州 95 号公路，经常遭受到沙丘的侵入。

与沙相比，细颗粒的粉土，在狂风作用下会发生尘暴，可在 500～600km 范围内刮起几亿吨的尘土，瞬时堆起直径 3km 的土丘。1993 年 5 月 5 日傍晚 8 时许，我国西北部四省区 18 个地市 72 个县方圆 $110 \times 10^4 km^2$ 范围内发生了一场大沙暴，一团团蘑菇云席卷而来，昏天黑地，飞沙走石，犹如原子弹爆炸。沙暴夺走了 85 人生命，致使 31 人失踪，264 人受伤，造成直接经济损失 5.4 亿元。发生沙暴的原因是人类自己造成的。据调查，该地区原有 4.5 亿亩天然草场，如今其中 80% 已退化和沙化，5 000 万亩天然森林仅剩下 700 万亩，失去植被屏障的土地既成了沙暴的牺牲品，又为沙暴提供了大量沙源。专家调查结果表明，凡植被覆盖度在 0.3m 以上、防护林网占农田总面积 10% 以上、地表含水量超过 15% 的地区，在这场沙暴中均无风蚀，无沙害现象。

抗沙漠化的措施，目前主要有：

1）植物固沙。研究植物固沙生态原理和绿色防护体系技术措施；

2）化学固沙。在极端干旱区，植物固沙难于奏效时，利用高分子聚合物固定流沙；

3）沙化喷灌。引水灌溉，改良土壤；

4）工程固沙。构筑防沙挡墙、挡板等，阻止沙丘移动，这种方法奏效快，如果与植物固沙的方法结合起来，效果会更好。

多年来，我国在沙漠治理方面，特别是在应用植物固沙的研究方面已取得显著的效果。1990 年以来，为适应塔克拉玛干沙漠腹地石油勘探的需要，成功地在沙流移动无常的塔北至塔中修建了 219.2km 的沙漠公路，解决了世界上在流动沙漠中筑路的难题。

2. 水土流失

水土流失是世界范围内的一个严重问题。水土流失主要与整个流域范围内的土壤、岩石的性质、气候条件、地形地貌和植被破坏等环境因素有关。图 9.9 说明在有效流域内水土流失与降雨量和时间的关系。土地裸露程度越严重，水土流失量越多，土地的能力大量损失，造成恶性循环。上游水土流失，下游就发生泥沙大量淤积、航道阻塞、滨海淤积、河床抬高，酿成洪水泛滥。表 9.3 列出了世界上著名河流泥沙沉积的情况。从表中可看出，斯里兰卡金河的年泥沙沉积量相当于尼罗河的 193.5 倍，此外，还可以看出，泥沙的淤积量与流域面积之间有一定关系，流域面积越大，泥沙沉积量越小。图 9.10 表示人类在土地开发利用过程中由于环境条件的改变，对土壤流失和沉积影响的模式。水土流失及侵蚀的量和强度都是和土地利用、地面水的控制（如人工排水系统、拦洪设施、开挖池塘、筑坝以及城市建设）等活动有关。100 多年前，美国土地开发规模很小，国土大部分被森林覆盖，排水河道很稳定，泥沙沉积（土壤侵蚀）很少；19世纪中叶以及20世纪50年代以前，森林遭到破坏，部分变成农田，水土流失量增加，水道系统局部发生淤积；20世纪60年代，建设规模开始扩大，水土流失，泥沙沉积量大幅度增加；随后物质文明提高，人们开始重视环境保护，水土流失很快得到控制。

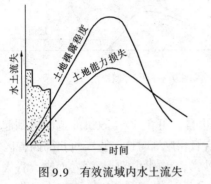

图9.9　有效流域内水土流失
与降雨量和时间的关系

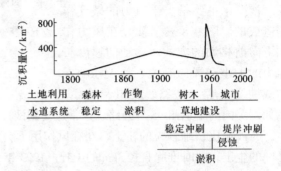

图9.10　土地开发对沉积的影响[17]

表9.3　世界上著名河流泥沙沉积情况

| 河流 | 流域面积（100km²） | 年沉积量（t/km²） | 河流 | 流域面积（100km²） | 年沉积量（t/km²） |
|---|---|---|---|---|---|
| 亚马逊河 | 5 776 | 63 | 恒河 | 956 | 1 518 |
| 密西西比河 | 3 222 | 97 | 黄河 | 673 | 2 804 |
| 尼罗河 | 2 978 | 37 | 柯罗拉多河 | 637 | 212 |
| 长江 | 1 942 | 257 | 伊洛瓦底江 | 430 | 695 |
| 密苏里河 | 1 370 | 159 | 红河 | 119 | 1 092 |
| 印度河 | 969 | 449 | 金河 | 57 | 7 158 |

我国目前水土流失的情况也日趋严重，就长江干流而言，宜昌以上涉及西藏、青海、云南、贵州、四川、甘肃、陕西、湖北等8个省、自治区，水土流失面积100.5×10⁴km²，占总土地面积的35%；黄土高原沙化面积从1961年的282万亩扩大到1983年的803万亩，水土流失面积已达26 000多平方公里，流失量高达5 000t/km²。水土流失是个长期演变的过程，短期内不易被人察觉，但一旦被发现，就成为一个很难处理的问题。

# 9.6　盐渍土及土壤盐渍化

岩石在风化过程中分离出一部分易溶盐，如硫酸盐、碳酸盐、氯盐等。这些盐类根据环境条件，有的直接残留在土壤中，有的被水流带至江河、湖泊、洼地或渗入地下溶于地下水中，使地下水的矿化度增高。易溶盐的分子经毛细水搬运至地表，经蒸发作用这些盐分分离积聚在表层土壤中。当土壤中的含盐量达到并超过生物和建筑工程所能允许的程度时，这类土就称为盐渍土或盐渍化土。

随着工业的发展，燃料燃烧排出的废气中常含有大量二氧化硫等，形成酸雨后又被带入土壤使土壤酸化而成为盐渍化土。

178

盐渍土和土壤的盐碱化对人类的危害是十分严重的，已成为世界性的研究课题。它的危害性反映在以下几个方面：

(1) 对农业的危害

在盐渍土的田地使农作物受到极大的威胁，在重盐渍的情况下甚至一片荒芜，寸草不生。

(2) 破坏生态环境

土壤中的含盐量变化会造成酸碱度失调，使得某些动物难于生存。据荷兰科学家研究发现，蜗牛在酸化的土壤里根本无法生存，由于缺乏鸟类爱食的蜗牛壳，断绝了它们食物中钙质的主要来源，导致鸟类产卵缺钙从而影响了鸟类的繁衍。在盐渍土地区，地下水中含盐量高，地下水变成苦水，造成动物和人类饮水困难。

(3) 对交通的影响

盐渍土中，低价阳离子（$Na^+$）的含量很高，只要一下雨，道路变得泥泞不堪，容易翻浆冒泥。

(4) 土壤的腐蚀性

盐渍土是一种腐蚀性的土，它的腐蚀破坏作用表现在两大方面：

① 对于硫酸盐为主的盐渍土，主要表现为对混凝土的腐蚀作用，造成混凝土的强度降低、裂缝和剥离。

②对于含氯盐为主的盐渍土，主要表现为对金属材料的腐蚀作用，造成地下管道的穿孔破坏、钢结构厂房和机械设备的锈蚀等。

## 9.7 海岸灾害及岸坡保护

海岸灾害包括热带风暴、海啸以及冲刷等营力作用造成的对海岸的破坏。当今世界上，人口密集、经济繁荣的地区都集中在沿海地区，一旦发生海岸灾害，常常会造成巨大的生命和财产损失。

1970 年 11 月，孟加拉海湾北部，热带旋风引起 6m 高的海浪，造成 30 万人死亡，摧毁了 60% 的捕鱼能力，直接财产损失 6.3 亿美元。美国从 1915 年到 1970 年海岸灾害中，平均每年丧生 107 人，估计财产损失 14.2 亿美元。

岸坡冲刷造成的损失相对比较低。然而，海岸冲刷是连续不断发生的，综和起来也是十分可观的。

海滨的沙滩不是静止的，在波浪长期作用下，拍浪区和冲击区的沙粒不断地搬移，由于波浪的切割作用，逐渐造成岸坡的坍塌，从而引起一系列的灾害问题。例如在美国得克萨斯海岸的一些特殊区域，最近 100 年海岸向后移动，冲刷速率为有史以来的 30% ~ 40%；据英国报道，1994 年 6 月初，东北部沿海城市斯卡伯勒市海岸发生严重塌方，一幢海滨旅馆陷落海中。在克罗默，几个世纪以来，已有 7 个村庄沉入海底。据调查，英国沿海地区，海水侵蚀的速度为每年 1~6m，每年被海水吞噬的土地多达 3km²。

图 9.11 是目前常用的一些工程措施，用来保护海岸环境、改善航道以及阻止岸坡的冲刷破坏。这些措施包括：海塘、不渗透棱体、近岸防浪堤、混凝土或碎石护坡以及海岸警戒棚等。这些措施的优缺点也列于图中，供参考。

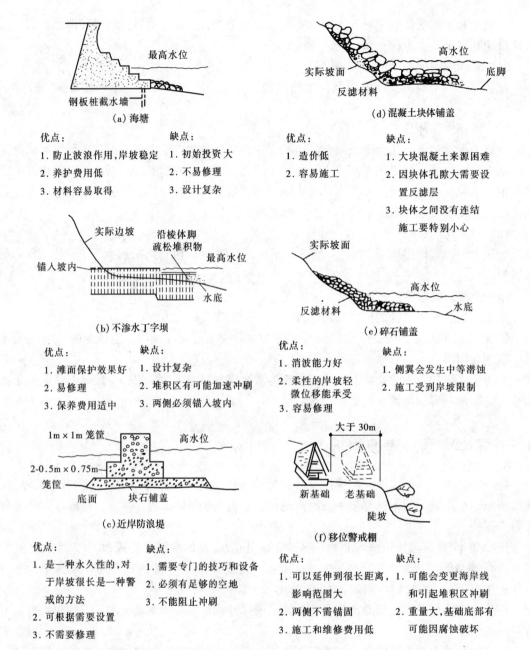

（a）海塘

优点：
1. 防止波浪作用，岸坡稳定
2. 养护费用低
3. 材料容易取得

缺点：
1. 初始投资大
2. 不易修理
3. 设计复杂

（d）混凝土块体铺盖

优点：
1. 造价低
2. 容易施工

缺点：
1. 大块混凝土来源困难
2. 因块体孔隙大需要设置反滤层
3. 块体之间没有连结施工要特别小心

（b）不渗水丁字坝

优点：
1. 滩面保护效果好
2. 易修理
3. 保养费用适中

缺点：
1. 设计复杂
2. 堆积区有可能加速冲刷
3. 两侧必须锚入坡内

（e）碎石铺盖

优点：
1. 消波能力好
2. 柔性的岸坡轻微位移能承受
3. 容易修理

缺点：
1. 侧翼会发生中等潜蚀
2. 施工受到岸坡限制

（c）近岸防浪堤

优点：
1. 是一种永久性的，对于岸坡很长是一种警戒的方法
2. 可根据需要设置
3. 不需要修理

缺点：
1. 需要专门的技巧和设备
2. 必须有足够的空地
3. 不能阻止冲刷

（f）移位警戒棚

优点：
1. 可以延伸到很长距离影响范围大
2. 两侧不需锚固
3. 施工和维修费用低

缺点：
1. 可能会变更海岸线和引起堆积区冲刷
2. 重量大，基础底部有可能因腐蚀破坏

图9.11　岸坡保护的工程措施[17]

# 9.8　海平面上升引起的环境岩土工程问题

已有的观测资料表明，自19世纪末至今的100多年间全球地表气温上升了0.3～0.6℃，最近几年是1860年以来最暖的年份。随着气温上升，海水热膨胀以及山岳、极地冰川融化，使得过去100年中全球海平面上升了10.20cm。政府间气候变化委员会（IPCC）预测：至2100年气温仍将再上升1～3.5℃，海平面还可能上升50mm左右，其范围在15～95cm之间。

引起全球气候变暖、海平面上升的因素十分复杂，有的学者认为是由于地质气候进入温暖期的缘故，但由于人类滥伐森林、大量燃烧化学燃料所引起的温室效应增强，对其无疑起了推波助澜的作用。研究海水上升对沿海地基土的影响，是有关未来社会、经济发展前景的紧迫课题。

## 9.8.1 地基土的渗透破坏加重

地下水除了对地基土产生浮力作用外，还对岩土体骨架具有渗透力。渗透力大小与上下游水头差成正比，水位抬高，势必增大地下水的渗透力。渗透力对建筑物有两方面不利影响：其一，渗透力在基底处产生竖直向上的扬应力，扬应力减少了建筑物自重作用在基底上的附加有效应力，从而降低了建筑物的抗滑稳定性；其二，当水力坡度达到土体相应的临界水力坡度，亦即渗透力达到土体的抗渗强度时，将出现渗透破坏，即局部土体有效应力降低为零，表面隆起、浮动或某一颗料群同时运动发生流土现象，或土体中的细颗粒在孔隙孔道中移动并被带至土体以外发生管涌现象，以及介于流土管涌之间的过渡型渗透破坏。

## 9.8.2 浅基础地基承载力降低

地下水位上升造成浅基础地基承载力降低，黄土、膨胀土、盐渍土等特殊土层由于土结构遇水发生崩解。地下水位上升使得由毛细水和弱结合水形成的表观黏聚力丧失，这种现象几乎在所有土层中都存在，但对表观黏聚力丧失引起的地基承载力降低规律，目前研究尚不充分，大多数学者往往忽略这种因素的影响，认为应主要考虑由于水位上升后地基土有效重度降低的因素。

根据普朗特尔—雷斯诺极限荷载理论，应用泰勒修正公式，对含水量 5% ~ 100%、内摩擦角 $\varphi = 10° ~ 40°$ 的砂性土地基，及内摩擦角 $\varphi = 10° ~ 30°$、黏聚力 $c = 10 ~ 4kPa$ 的黏性土地基，进行了不同地下水埋深情况下的承载力计算，计算结果表明：①无论地基是砂性还是黏性土，承载力都将随着地下水位上升而降低，砂性土的最大降低率为 70% 左右，黏性土由于黏聚力的作用，下降幅度小于砂性土，一般为 50% 左右。②砂性土地基基底埋深 $D = 1m$，地下水位上升上界在基底面以下时，地基承载力单位深度（地下水位上升幅度折算为 1m 考虑）降低率为 15.1%，地下水上升起始位置在基底面以上时，地基承载力单位深度降低率为 44.7%。可见地下水位在基底面以上上升时，对地基承载力的削弱影响远大于水位上升未超过基底面的情况，这种规律在黏性土地基中亦有同样的表现。③无论从承载力现场试验观测结果来看，还是从理论计算的地基承载力及其由水位变动引起的下降幅度、单位深度降低率来看，皆可看出：一般情况下，基础愈深埋，其地基承载力愈大，并且受地下水位上升的削弱影响亦愈小。

## 9.8.3 可液化地层抗地震液化能力降低

地下水是土层液化的必要条件。表征抗液化能力大小的物理量是土层抗液化强度 $\tau_d$ 与等效地震剪应力 $\tau_{eq}$ 的比值 $\tau_d/\tau_{eq}$，$\tau_d/_{eq}$ 称为液化强度，其值越大则抗液化能力越强。对于砂性土，根据 Seed-Idriss 砂土液化判别理论可知，液化强度与地下水埋深的关系是：

$$\frac{\tau_d}{\tau_{eq}} = \frac{C_r D_r [\sigma_{ad}/2\sigma_3]_{50}}{32.5(\alpha_{max}/g)} \cdot \frac{h_w + \beta(h_s - h_w)}{h_w + \alpha(h_s - h_w)} \qquad (9-1)$$

式中　　$C_r$——修正系数；

$\qquad$ $D_r$——砂土相对密度；

$[\sigma_{ad}/2\sigma_3]_{50}$——试样相对密度为 50% 时的液化应力比；

$\qquad$ $\alpha_{max}$——地面最大水平地震加速度；

$\qquad$ $g$——重力加速度；

$\qquad$ $h_w$——地下水埋深；

$\qquad$ $h_s$——液化计算单元层埋深；

$\qquad$ $\alpha$——$\gamma_{sat}/\gamma$，$\beta = \gamma_1/\gamma_2$；

$\qquad$ $\gamma_{sat}$——饱和重度；

$\qquad$ $\gamma_1$——天然重度；

$\qquad$ $\gamma_2$——有效重度。

$\tau_d/\tau_{eq}$ 对 $h_w$ 求偏导可得：

$$\frac{\partial(\tau_d/\tau_{eq})}{\partial h_w} = \frac{C_r D_r [\sigma_{ad}/2\sigma_3]_{50}}{32.5(\alpha_{max}/g)} \cdot \frac{(\alpha - \beta)h_s}{[h_w + \alpha(h_s - h_w)]^2} \qquad (9-2)$$

$$\because \gamma_{sat} > \gamma_1 > \gamma_2, \quad \alpha > 1 > \beta$$

$$\therefore \frac{\partial(\tau_d/\tau_{eq})}{\partial h_w} > 0 \qquad (9-3)$$

由式（9-3）知：地下水位上升（$h_w$ 减少）时，液化强度比 $\tau_d/\tau_{eq}$ 减小，即砂土抗液化能力减小，并且减小率随相对密度增大、水位浅埋而增大。

理论分析与试验研究，以及唐山、阪神地震液化统计资料皆表明，地下水位变化对土层液化影响的一般规律是：①随着地下水位上升，液化强度比显著下降。对于埋深 3m 的可液化砂土单元层，当地下水位由 6m 埋深上升至地表时，在不同的平均粒径、相对密度、地震烈度组合情况下，液化强度比降幅可达 73.6%，但这种降低幅度随着可液化砂土单元层埋深增加而减少。②地下水位埋深影响砂土地震液化的敏感区是地下 2m 左右，即地下水位在 2m 左右波动时，对砂土抗液化能力的削弱最为明显。③地下水位上升，将提高土层含水量，扩大饱和土层范围，加速地震时孔隙水压力上升速度，并使液化产生的高孔隙水压力区容易发展至地表附近，增加了对浅基础建筑物的危害。

### 9.8.4　软土地基建筑物震陷增加

震陷是指地基土层动荷载作用下产生的附加沉降，由不排水剪切变形和固结变形两部分组成，以软黏土和饱和砂性土地基发生震陷现象最为明显。不排水剪切变形在地震结束的瞬时就完成，固结变形是地震期间积累的超静孔隙水压力，在震后随时间消散所引起的再固结沉降。地下水位上升对震量有放大作用，地下水位上升既放大了地震动荷载因子，又扩大了地基震陷土层范围。

从地震期间超静孔隙水压力上升规律来看，Seed 及徐志英的孔隙水上升公式分别如式（9-4）、式（9-5）

$$\frac{u}{\sigma'}\left(\frac{2}{\pi}\right)\arcsin\left(\frac{N}{N_1}\right)^{0.5q} \tag{9-4}$$

$$\frac{u}{\sigma'}\left(1 - \frac{m\tau}{\sigma'}\right)\left(\frac{N}{N_1}\right) \tag{9-5}$$

式中　$u$——地震作用积累的超静孔隙水压力；

$\sigma'$、$\tau$——计算土单元层的有效上覆压力和初始水平剪应力；

　　$N$——振动周数；

　　$N_1$——液化周数；

$q$、$m$——试验参数。

地下水位上升，必然使得有效上覆压力减小，地震积累的超静孔隙水压力增大。超静孔隙水压力大，则其消散形成的再固结沉降量，即震陷必然增大。

通过对地下水位上升影响震陷进行简化分析，计算结果表明：①地下水位上升对震陷量起增大作用是必然趋势。对于砂性土，地下水位处于地表时的震陷，是水位埋深 5m 的 1.2 倍，是水位埋深 7.25m 的 4.1 倍。②地震作用越大，地下水位上升对震陷的影响越大。初始剪力比 $a = 0.2$，相对密度 $D_r = 50\%$，地下水位埋深由 3m 上升至地表时，8 度地震烈度的震陷值比 7 度的增大了 7 倍之多。③土层越疏松，地下水位上升对震陷量的影响越大。8 度地震烈度，$a = 0.2$，地下水位埋深由 3m 上升至地表，$D_r = 50\%$ 的震陷值比 $D_r = 70\%$ 的增加了 67%。④初始剪应力比越小，地下水位上升对震陷量的影响越大。同一算例，初始剪应力 $\alpha$ 由 0.3 减小到 0.0 时，震陷增加 49%。

### 9.8.5　寒冷地区的地基土冻胀性增强

我国冻胀土分布范围相当广泛，遍布整个长江流域以北，仅冻结深度超过 0.5m 的季节冻土区，就占国土总面积的 68.6%。长江口以北的沿海城市，都普遍存在地基土冬季冻结、春季消融的现象。

冻结作用促使地基土体中的自由水、毛细水甚至结合水移动、集中而形成冰夹层或冰锥，出现地基土受冻膨胀、地面隆起、柱台隆起膨胀等现象。土冻结时，土颗粒被冰晶胶结成整体，强度及压缩模量都将大为提高，不过这种冻土强度增高以达到冰的强度为极限，而且冻土在荷载作用下具有流变性，即在固定荷载作用下出现蠕变现象，或在固定应变时出现应力松弛现象。冻土力学性质的不稳定性更主要地表现在：温度上升后，强度及压缩模量降低率颇大，含水量很大的土层冻融后内黏聚力仅为冻结时的 1/10，强度降低且压缩性增高，必将导致地基产生融陷、建筑物失稳或开裂。

一般土层的冻胀率及溶沉系数随着地下水上升或土层含水量增加成指数关系增加。所以海水上升导致沿海城市的地下水位壅高，地基土的含水量增多，地基冻胀、融陷破坏程度将变得颇为严重。

### 9.8.6　对一些特殊土层的影响

受水文条件变化影响比较敏感的特殊土层有湿陷性黄土、膨胀性岩土、盐渍土等，这些土层的共同特点是：遇水结构崩解、承载力大为降低、压缩性增强。黄土有两类，即第四纪风积形成的原生黄土与原生黄土经水动力搬运形成的次生黄土，其孔隙比大、盐质胶结，天然状况下具有较好的自立性能，但遇水结构崩解，在自重或建筑物附加荷载作用下发生湿陷。世界上的黄土主要分布于黄河中游、美洲大陆内陆，在沿海地区分布很少。沿海地区的"水敏感性岩土体"主要是膨胀性岩土及盐渍土。

膨胀性岩土体内含有大量亲水矿物，如蒙脱石、伊利石、高岭土等，一般强度较高、压缩性低，容易误认为是较好的地基，但是膨胀性岩土体吸水后急剧膨胀软化、失水后收缩开裂、并且水文条件频繁变化时会反复胀缩变形，对于轻型建筑物危害颇大。膨胀性地基土的胀缩变形量是膨胀上升量与收缩下沉量之和，按式（9－6）计算

$$S = \psi \sum_{i=1}^{n} (\delta_i + \lambda_i \Delta\omega_i) h_i \qquad (9-6)$$

式中 $\psi$ 为修正系数，$\delta_i$、$\lambda_i$、$\Delta\omega_i$、$h_i$ 分别为第 $i$ 层土的膨胀率、收缩系数、含水量和变化量厚度。海平面上升引起地下水位上升是长远趋势，伴随这一过程的是海平面及地下水位频繁上下波动，且波动幅度加大。由式（9－6）可知，地下水位变化幅度增大，会使 $\Delta\omega_i$ 增大、计算土层范围增大，亦即，膨胀性地基土的胀缩变形量随地下水位变化幅度增长而增长。

滨海地区受海水入侵影响，水中盐分增加，经蒸发作用后，盐分凝聚于地表或地表附近，当土层中易溶盐（石膏、硝硝、硫酸盐、氯化盐等）的含量达到 0.5%，就形成滨海盐渍土。我国滨海盐渍土主要分布在长江以北地区，一般厚度为 2～4m，含盐量小于 5%，与内陆盐渍土相比 $Cl^-/SO_4^{2-}$ 比值偏大，$Na^+/(Mg^{2+}$ 或 $Ca^{2+})$ 比值偏小。海平面上升对于盐渍土的影响，首先是海水入侵范围增大使得盐渍土面积及厚度增大；其次盐渍土在地下水位上升或降雨浸水时，溶陷破坏的范围及程度增大；其三，由于地下水位上升，盐渍的毛细水上界上升达到基底甚至地表。引起基础部分被腐蚀、次生盐渍化、地基强度降低、盐胀、冻胀等不良地质现象。

### 9.8.7 地下水水质变化

海水上升使得咸水体向陆地淡水区推进，以致海水入侵范围扩大。海水入侵范围是海水至咸水分界面之间的区域，该区地下水是咸水与淡水的混合，混合水中 $Ca^{2+}$ 浓度比淡水和海水中的都高，这是由于混合水与周围岩土体有阳离子交换作用的缘故。海水将大量的 $Na^+$、$Mg^{2+}$ 带入混合水中，这些 $Na^+$、$Mg^{2+}$ 比 $Ca^{2+}$ 更易被岩土体颗粒吸附，海水入侵过程中的水与岩土体阳离子交换作用以 $Na^+ \sim Ca^{2+}$ 交换为主，其次是 $Mg^{2+} \sim Ca^{2+}$ 交换。咸淡混合水中高浓度的 $Na^+$、$Mg^{2+}$ 将岩土体原先吸附的 $Ca^{2+}$ 替换下来，从而使得海水入侵范围内地下水 $Ca^{2+}$ 富集，硬度发生变化。

此外，海水入侵使得地下水含盐量增大、化学性质改变，必将影响岩土体的胶结状况和力学性质，更为明显的不利影响是地下水的腐蚀性增加，使得地下构筑物及地下管线遭受腐蚀破坏的危险性增加。

全球暖化引起海水、地表水及地下水都有相应的水位抬高趋势，在这一抬高过程中，三种水位变动都将频度增加而幅度放大。由此对沿海地基土产生的主要影响是：挡水建筑物地基土渗透破坏的危害性增加，其增加程度与上下游水位差成正比；浅基础地基承载力降低，地下水位在基底面以上变动时，水位升高单位高度的承载力降低率，要比水位在基底面以下上升的降低率大得多；地下水位上升既扩大了液化及震陷土层范围，亦放大了地震动荷载因

184

子，使得地基液化及震陷程度提高；特殊的膨胀性土及盐渍土，在水位上升及频繁变动时，其强度及压缩性极不稳定，建于这些地基土层上的建筑物容易大面积地遭受破坏；海水入侵淡水区域，并与岩土体介质进行阳离子交换，使地下水水质发生变化，腐蚀性增加。

针对目前沿海城市同时面临海平面上升及地面沉降的问题，应从工程防护和环境保护这两方面予以解决。具体措施是：加强对地下水位的监测及水位变动对岩土体工程性质影响规律的研究，针对某些关键性的课题立项研究，为未来城市规划及工程建设提供更为可靠、经济的设计方案和施工方法，提高工程的抗灾能力；加固已有挡潮、防洪工程，提高其抗灾能力；工程建设中，提高地基土抗渗强度，减轻渗透破坏作用；规划设计中，考虑地下水位上升扩大地震液化与震陷的影响；通过建立节水型城市用水体系，避免过量开采深层地下水，建造拦蓄工程和地下水库，对于缺水严重的沿海城市可考虑使用建造跨流域调水工程等方法来减少地面沉降量，防止海水入侵。

# 10　固体废物利用研究

## 10.1　概述

相对于自然资源来说，固体废物属于"二次资源"或"再生资源"范畴，它们虽然一般不再具有原使用价值，但是通过回收、加工等途径，可以获得新的使用价值。

从资源开发过程看，再生资源和原生资源相比，可以节省开矿、采掘、选矿、富集等一系列复杂程序，保护和延长原生资源寿命，弥补资源不足，保证资源永续，且节约大量的投资，降低成本，减少环境污染，保持生态平衡，具有显著的社会效益。

### 10.1.1　废物利用的必要性

自然资源中，有些是不可再生资源。像一些金属和非金属矿物那样，并非取之不尽，用之不竭。近30年来，世界资源正以惊人的速度被开发和消耗，有些资源已经濒于枯竭。根据推算，世界石油资源按已探明的储量和消耗量的增长，只需五六十年，将耗去全部储量的80%；世界煤炭资源按已探明的储量和消耗量推算，到公元2350年，也将耗去储量的80%左右。我国资源形势也十分严峻。虽然我国资源总量丰富，但人均占有量非常低，从世界45种主要矿产储量总计来看，我国居第3位，但人均占有量仅为世界人均水平的1/2。

据有关资料报道，在国民经济周转中，社会需要的最终产品仅占原材料的20%～30%，即70%～80%变成了废物。这种粗放式的经营致使资源利用率很低，浪费严重，很大一部分资源没有发挥效益，成为了废物。

现在，人们已经认识到对固体废物再也不能像过去那样消极处理或处置了。尤其是上世纪70年代出现的能源危机，更增加了人们对固体废物综合利用的紧迫感。欧洲国家把固体废物综合利用作为解决固体废物污染和能源紧张的方式之一，将其列入国民经济政策的一部分，投入巨资进行开发。日本由于资源贫乏，将固体废物综合利用列为国家的重要政策，当作紧迫课题进行研究。美国把固体废物列入资源范畴，将固体废物综合利用作为废物处理的替代方案。我国固体废物综合利用率很低，以工业固体废物为例，1991年的利用率仅为18.6%，还不到国际先进水平的一半。

### 10.1.2　废物利用的途径

同利用自然资源进行生产相比，固体废物综合利用有许多优点：第一，环境效益高。固体废物综合利用可以从环境中除去某些潜在的危险废物，减少废物堆置场地和废物堆存量。例如，用六价铬渣代替铬铁矿生产啤酒瓶，可以永久性地消除六价铬对环境的危害。第二，生产成本低。如用废铝炼铝，其生产成本仅为用铝土炼铝的4%。第三，生产效率高。例如用铁矿石炼1t钢需要8个工时，而用废钢炼钢只需2～3个工时。第四，能耗低。例如用废钢炼钢比用铁矿石炼钢节约能耗74%，前者能耗仅为后者的1/4。因此，各国都积极开展固体废物的综合利用。

固体废物综合利用的途径很多，主要有这五个方面：①生产建筑材料；②提取有用金属和制备化学品；③代替某些工业原料；④制备农用肥料；⑤利用固体废物作为能源。

对固体废物进行综合利用，无论选择哪一条途径，都要遵循下述几条原则：①综合利用的技术可行；②综合利用的经济效益较大；③尽可能在固体废物的产生地或就近进行利用；④综合利用的产品应具有较强的竞争能力。

## 10.2　粉煤灰的利用

燃煤电厂将煤磨细成直径为 $100\mu m$ 以下的细粉，用预热空气喷入炉膛悬浮燃烧，产生高温烟气，经由捕尘装置捕集，就得到粉煤灰，也叫飞灰；少量煤粉粒子在燃烧过程中由于碰撞而集结成块，沉积于炉底，称为底灰。飞灰约占灰渣总量 80% ~ 90%，底灰约占 10% ~ 20%。

煤粉粒子在炉膛内燃烧时，温度高达 1 300℃以上，呈熔融液滴状，受湍流作用，悬浮在气流中，又受烟气中多种气体成分的作用，迅速膨胀，当其随烟气运动至低温段时，外界气压从四面八方均匀地压向这些液滴，使其表面以最大张力来承受，形成球状。小液滴冷却速度快，形成玻璃体；大液滴冷却速度慢，在内部可形成晶体。有些液滴，受气体夹裹，形成具有不同壁厚的空心球体，当冷却过快时，薄壁空心球体会破裂成碎片。最后形成的粉煤灰是外观相近，颗粒较细但并不均匀的多相混合物。

粉煤灰收集包括烟气除尘和底灰除渣两个系统。粉煤灰的排输分湿法和干法两种方法。湿排是使粉煤灰通过管道和灰浆泵组成的排灰系统，用高压水力输送到贮灰场或江、河、湖、海。湿排又分灰渣分排和灰渣混排。目前，国内大部分电厂均采用湿法排输。干排是将收集到的飞灰直接输入灰仓。

粉煤灰是一种工程应用潜力很大，在我国尚待进一步充分利用的建筑材料。早在 20 世纪 50 年代，英美等国家就对粉煤灰填筑路堤进行了研究。英国为了确定粉煤灰路堤的压实参数和施工方法，修筑了一系列的粉煤灰试验路堤工程，至 20 世纪 60 年代中期，已取得了令人鼓舞的成果。最终，粉煤灰纳入了大不列颠整个快速干道施工计划。进入 70 年代后，美国及一些欧洲国家相继在高速公路工程中推广应用。欧、美各国都非常重视粉煤灰的综合利用，大量用于结构回填材料。在美国，1991 年的粉煤灰利用量已经超过 2 000 多万吨，80% 粉煤灰用于填筑路基，填高可达到 8 ~ 9m。近 30 年成功应用的历史，在英、美、法等国家较好地解决了粉煤灰运输、贮存和使用过程中对环境污染的问题。

早期，我国粉煤灰的利用率很低，多数是用于生产建筑材料和水泥混凝土及砂浆中的掺合料，以节省水泥。在 20 世纪 80 年代初期，我国在高等级公路建设中，开始逐步开发利用粉煤灰，但当时主要还是用于路面基层，如各种二灰结构，对于以灰代土填筑公路路基尚为数不多。但也正是在 80 年代之后，我国公路部门开展了粉煤灰路堤的试验研究，西安坝桥、天津新港疏港公路、沪嘉、莘淞、沪嘉东延伸段、沪宁（上海段）和沪杭（上海段）等试验路堤的研究，获得了不少粉煤灰填筑路堤的有益经验。1988 年通车的上海沪嘉高速公路利用粉煤灰填筑路基，开始了在高速公路上大量使用粉煤灰、以灰代土填筑路堤的先河，铺筑路堤共计使用粉煤灰 10 多万吨。特别是用于该公路沿线软土地基，取得了明显效果。1989

年在山东济青高速公路中也圆满完成了用粉煤灰填筑高速公路路堤的试点工作。之后的莘淞高速公路、沪宁高速公路的灰渣用量分别达到42万t和1 000多万吨。近年来，河北省石家庄至安阳高速公路建设中，粉煤灰用量达到1 180万t，粉煤灰路堤填筑高度达到10.67m，使得其粉煤灰总量、单项工程用灰量和填筑高度三项指标居全国之首。

我国燃煤电厂排放的粉煤灰已由1989年的7 000多万吨，增加至2 000年的9 000多万吨。因此，粉煤灰的利用不仅是能源和资源再利用的需要，同时也是解决环境污染的需要。我国7大电网中，华东电网的粉煤灰利用率已达到58.4%，但东北电网的利用率仅仅为17.9%，最差省份和地区的粉煤灰利用率尚在10%以下。就整体粉煤灰利用率而言，相对欧美发达国家，我国的粉煤灰利用尚有差距，有待充分开发。我国综合利用粉煤灰最好的城市是上海市，粉煤灰利用率已达到85%以上，达到国际先进水平。

1990年，粉煤灰的综合利用和推广被列为国家重点推广项目和交通部十大推广项目之一。江苏省交通厅公路局和交通科研所为此进行了高等级公路粉煤灰路堤的试验研究，取得了成功的经验。东南大学交通学院也曾先后结合沪宁高速公路建设进行了粉煤灰路基模型试验研究（1994）和粉煤灰应用于加筋土工程特性的研究（1999）。现有的研究和工程实践均证明用粉煤灰作为路基轻质填料是可行的。根据填筑路堤用灰量大、投资少的特点，以及沿海地区电厂多、排灰量大的情况，推广粉煤灰筑路技术、扩大粉煤灰筑路的应用范围和规模，也是粉煤灰综合利用的有效途径。粉煤灰用作路堤轻质填料的不利因素在于：粉煤灰为粉性材料，渗透性大，易为雨水冲淋流失。但这种不利因素可以通过合理设置路堤结构形式加以克服。

实践证明：在高速公路上用粉煤灰填筑路堤是完全可行的。为了进一步在路基工程中推广使用粉煤灰，交通部于1993年12月颁布了《公路粉煤灰路堤设计与施工技术规范》（JTJ 016—93），以规范和推广这项工作。基于同样的原因，上海市制定了《粉煤灰路堤设计与施工规范》（DBJ 08—24—91）。有关文件及标准的完善，进一步推进了粉煤灰在公路路堤工程中的应用。

美国电力部门很早就提出了大量利用和直接利用，同时兼顾精细利用的指导原则。在技术类别上，粉煤灰的利用可以分为高技术、中技术、低技术三大类。即：低技术利用：主要包括筑路、回填、地基处理及土的改性等方面的应用。其中公路工程筑路建设中最主要的应用包括了路基填筑和路面结构层下基层混合料稳定等方面。中等技术利用：主要用于土木工程建设用混凝土及其他建筑材料，同时可用于水泥生产、化雪剂及路面防滑剂等领域。其中，在混凝土应用中，替代水泥的比例达到20%～60%。高技术的利用：主要集中在合金制造、塑料、橡胶、油漆等领域。本节将主要阐述关于粉煤灰低技术类的工程应用，尤其是利用粉煤灰在填筑和改性方面的工程应用。

### 10.2.1 粉煤灰的组成

#### 1. 粉煤灰的化学组成

粉煤灰的化学组成类似于黏土的化学组成，主要包括 $SiO_2$、$Al_2O_3$、$Fe_2O_3$、$CaO$ 和未燃尽炭。由于煤的品种和燃烧条件不同，各地粉煤灰的化学成分波动范围比较大，这方面的统计资料只能供参考。所以，有些国家，提出所谓"典型粉煤灰"的化学成分。表10.1列出我国粉煤灰化学成分的一般变化范围和美国全国粉煤灰抽样实例化学成分的最大、最小值，以及美国粉煤灰公司发表的典型粉煤灰化学成分。

表 10.1　粉煤灰化学成分的变化范围及典型粉煤灰的化学成分

| 化学成分 | 我国粉煤灰化学成分的一般变化范围（%） | 美国粉煤灰化学成分的变化范围（%） | 典型粉煤灰的化学成分（%） | |
| --- | --- | --- | --- | --- |
| | | | 低钙灰粉煤灰（F 级灰） | 高钙灰粉煤灰（C 级灰） |
| $SiO_2$ | 40 ~ 60 | 10 ~ 70 | 54.9 | 39.9 |
| $Al_2O_3$ | 17 ~ 35 | 8 ~ 38 | 25.8 | 16.7 |
| $Fe_2O_3$ | 2 ~ 15 | 2 ~ 50 | 6.9 | 5.8 |
| CaO | 1 ~ 10 | 0.5 ~ 30 | 8.7 | 24.3 |
| MgO | 0.5 ~ 2 | 0.3 ~ 8 | 1.8 | 4.6 |
| $SO_3$ | 0.1 ~ 2 | 0.1 ~ 3 | 0.6 | 3.3 |
| $Na_2O$ 及 $K_2O$ | 0.5 ~ 4 | 0.4 ~ 16 | 0.6 | 1.3 |
| 烧失量 | 1 ~ 26 | 0.3 ~ 30 | — | — |

　　粉煤灰的化学成分被认为是评价粉煤灰质量高低的重要技术参数。例如，在研究工作和实际应用中常根据粉煤灰中 CaO 的含量高低，将其区分为高钙灰和低钙灰。CaO 含量在 20% 以上的称为高钙灰，其质量优于低钙灰。又如粉煤灰的烧失量可以反映锅炉燃烧状况，烧失量越高，粉煤灰质量越差。再如，粉煤灰中 $SiO_2$、$Al_2O_3$、$Fe_2O_3$ 的含量直接关系到它用作建材原料的优劣。美国粉煤灰标准（ASTM〈618〉）规定，用于水泥和混凝土的低钙粉煤灰（F 级灰）中，$SiO_2 + Al_2O_3 + Fe_2O_3$ 的含量必须占化学成分总量的 70% 以上；高钙粉煤灰（C 级灰）中，三者含量必须占 50% 以上。粉煤灰中的 MgO 和 $SO_3$ 对水泥和混凝土来说，是有害成分，故应用中需对其含量有一定限额要求。显然，一旦某种来源的粉煤灰的化学成分有了显著变化，就应当重新评价其质量。

　　我国燃煤电厂基本上是燃用烟煤，粉煤灰中 CaO 含量偏低，属低钙灰，但 $Al_2O_3$ 含量一般比较高，烧失量也较高，这是其特点。此外，我国有少数电厂用褐煤发电或为了脱硫而喷烧石灰石、白云石产生的灰，CaO 含量都在 30% 以上。目前开发中的神木煤就是优质褐煤，烧成的灰就属高钙灰。

**2. 粉煤灰的矿物组成**

　　粉煤灰中的矿物来源于母煤，母煤中含有铝硅酸盐类黏土矿和氧化硅、黄铁矿、赤铁矿、磁铁矿、碳酸盐、硫酸盐、磷酸盐、氯化物等矿物，而以铝硅酸盐类黏土矿和氧化硅为主．其中铝硅酸盐类矿物主要是高岭土矿和页岩矿。这两种矿物在煅烧中先形成偏高岭土（$Al_2O_3 \cdot 2SiO_2$）矿物，后期由于受热温度高，偏高岭土会逐渐消失。

　　粉煤灰的矿物组分十分复杂，主要可分成无定形相和结晶相两大类。无定形相主要为玻璃体，约占粉煤灰总量的 50% ~ 80%，是粉煤灰的主要矿物成分，蕴含有较高的化学内能，具有良好的化学活性。此外，含有的未燃尽碳粒也属无定形相。粉煤灰的结晶相主要有莫来石、石英、云母、长石、磁铁矿、赤铁矿和少量钙长石、方镁石、硫酸盐矿物、石膏、游离石灰、金红石、方解石等。这些结晶相大多是在燃烧区形成，又往往被玻璃相包裹。但有些粉煤灰的颗粒表面又粘附有细小的晶体。因此，在粉煤灰中，单独存在的结晶体极为少见，而单独从粉煤灰中提纯结晶矿物相也十分困难。

粉煤灰的矿物组分对粉煤灰的性质和应用具有重要意义。低钙粉煤灰的活性主要取决于无定形玻璃相矿物，而不取决于结晶相矿物。这一点与水泥不同。水泥的化学活性主要取决于结晶的熟料矿物。低钙粉煤灰的玻璃体矿物中夹裹的结晶矿物，常温下呈惰性。所以，从矿物组分来说，低钙灰的玻璃体含量越高，粉煤灰的化学活性越好。高钙粉煤灰中富钙玻璃体含量多，且又有较多的氧化钙结晶和水泥熟料的一些矿物结晶组分，而高钙粉煤灰的化学活性均高于低钙灰，这表明，高钙灰的性质既与其玻璃相有关，又与其结晶相有关。

### 10.2.2 粉煤灰的基本性质

粉煤灰的物理性指标，随着各电厂使用的原煤来源不同而有较大差异，所以各地的粉煤灰性质不完全相同，也影响到其路用性能。这在一定程度上影响了粉煤灰的工程应用。粉煤灰物理性质的差异主要表现在以下多个方面：

（1）粒度成分：粉煤灰颗粒尺寸一般在 $\phi 0.001 \sim 0.25mm$ 变化之间，小于 $\phi 0.075mm$ 的颗粒含量在 $60\% \sim 98\%$ 之间，比表面积一般分布在 $2\,000 \sim 3\,500cm^2/g$ 之间。粉煤灰粒径大小与其路用性质有密切关系，粗颗粒含量较多者，其比表面积偏小，会影响到其物理化学作用的效应。例如，在路面基层中的二灰结构 7d 强度偏低，早期强度增长较慢。因此，国内外有关粉煤灰标准中对细粒含量均有一定要求。当然利用粉煤灰做路基填料，主要是利用它的机械强度。对粉煤灰的粒度本无严格要求。但从压实的角度考虑，当粉煤灰中粗颗粒较多时，粗粒易被压碎，造成压实成型困难，所以，在以灰代土填筑路基中也应控制细粒的含量。

（2）化学成分：我国电厂排放的粉煤灰的化学成分主要以硅铝氧化物为主的硅铝型低钙。《公路粉煤灰路堤设计与施工技术规范》（JTJ 016—93）中规定的路用粉煤灰，也就是这种硅铝型低钙粉煤灰。此外，有些地区用褐煤燃烧而形成的粉煤灰则为硫钙型高钙粉煤灰，但因目前对此类粉煤灰尚无工程实践经验，故暂不宜使用。一般粉煤灰的主要化学成分是 $SiO_2$、$Al_2O_3$ 和 $Fe_2O_3$，以及少量的 $CaO$。

（3）粉煤灰活性：粉煤灰由于含有活性 $SiO_2$ 和 $Al_2O_3$，在石灰（或水泥）存在条件下，水化生成胶凝物质——水化硅酸钙和水化硅酸铝，能够硬化，这一过程称之为粉煤灰活性（或火山灰反应性）。显然，$SiO_2$ 和 $Al_2O_3$ 含量高，粉煤灰的活性愈好，粉煤灰中 $CaO$ 含量对活性是有利的。一般粉煤灰中 $SiO_2$ 和 $Al_2O_3$ 含量愈高，粒度成分愈细，活性愈高。同时，$CaO$ 含量愈高，粉煤灰自硬性愈好。

表 10.2　F、C 级灰（ASTM 618—85）质量标准

| 指标 | | F 级灰 | C 级灰 |
|---|---|---|---|
| $SiO_2 + Al_2O_3 + Fe_2O_3$（%） | 不小于 | 70 | 50 |
| $SO_3$（%） | 不小于 | 5 | |
| 含湿量（%） | 不大于 | 3 | |
| 烧失量（%） | 不大于 | 6 | |
| 45μm 筛失量（%） | 不大于 | 34 | |
| 需水量比（%） | 不大于 | 105 | |
| 火山灰活性/水泥，28d（%） | 不低于 | 75 | |
| 火山灰活性/石灰，7d（$1/in^2$） | 不低于/Psi | 800 | |
| 均匀度、相对密度偏差（%） | 不大于 | 5 | |
| 细度偏差（%） | 不大于 | 5 | |
| 水泥/碱反应，砂浆膨胀量（%） | 不大于 | 0.020 | |

（4）粉煤灰中未燃碳对粉煤灰的质量是有害的，一般可以采用烧失量加以描述。《公路粉煤灰路堤设计与施工技术规范》中，规定粉煤灰烧失量上限值不超过 12%。《公路路面基层施工技术规范》和《粉煤灰路堤设计与施工规范》（上海市标准 DBJ 08—24—91）同样规定了烧失量上限要求。美国粉煤灰质量标准（ASTM 618—85）中关于 F 级灰和 C 级灰的烧失量标准为 6%，参见表 10.2。

### 10.2.3　粉煤灰用作建筑材料

目前，我国粉煤灰的大宗利用途径是生产建筑材料和回填，在建筑材料方面的利用，主要是自制粉煤灰水泥、粉煤灰混凝土和生产粉煤灰烧结砖、粉煤灰蒸养砖、粉煤灰砌块、粉煤灰陶粒等。

**1. 粉煤灰水泥**

我国从 20 世纪 50 年代开始用粉煤灰生产水泥，在 1979 年第一次将粉煤灰水泥列为水泥五大品种之一。今天，粉煤灰水泥在品种、数量、应用范围等方面都有了很大的发展。粉煤灰水泥也叫粉煤灰硅酸盐水泥，其定义为：凡由硅酸盐水泥熟料和粉煤灰，加入适量石膏磨细制成的水硬胶凝材料，称为粉煤灰水泥。所谓"硅酸盐水泥熟料"就是通常所说的"硅酸盐水泥"。

用粉煤灰生产水泥，主要是用作水泥的混合掺料，其质量必须符合相关要求。由于掺灰量不同，掺配成的水泥具有不同的名称和性能。①用粉煤灰生产的"普通硅酸盐水泥"。是以硅酸盐水泥熟料为主，掺入≤15%粉煤灰磨制而成，其性能与用等量的其他混合料掺配成的"普通硅酸盐水泥"无大差异，统称普通硅酸盐水泥。此种水泥生产技术成熟，质量较好，是较为畅销的水泥品种。②用粉煤灰生产的"矿渣硅酸盐水泥"。矿渣硅酸盐水泥是用硅酸盐水泥熟料与高炉水淬渣按一定配比掺配磨制而成。其中，高炉水淬渣的掺配率可高达50%以上。在配制这种水泥时，可以掺入不大于 15%的粉煤灰，以代替部分高炉水淬渣，成品性能与原矿渣水泥没有差异，仍称矿渣硅酸盐水泥，也是畅销的水泥品种。③粉煤灰硅酸盐水泥。这种水泥是以水泥熟料为主，加入 20%～40%粉煤灰和少量石膏磨制而成，其中也允许加入一定量的高炉水淬渣，但混合材料（粉煤灰和水淬渣）的掺入量不得超过 50%，水泥标号有 225、275、325、425、525 号 5 个。

粉煤灰硅酸盐水泥特性为：对硫酸盐侵蚀和水侵蚀具有抵抗能力，对碱-集料反应能起一定抑制作用，水化热低，干缩性好。粉煤灰硅酸盐水泥的早期强度不高，但其后期强度不断增加。粉煤灰硅酸盐水泥适用于一般民用和工业建筑工程、大体积工程、水工混凝土工程、地下和水下混凝土构筑等方面。

**2. 粉煤灰混凝土**

混凝土是以硅酸盐水泥为胶结料，砂、石等为集料，加水拌和而成的构筑材料。粉煤灰混凝土是用粉煤灰取代部分水泥拌和而成的混凝土。粉煤灰在混凝土中的作用归结为三种效应：形态效应、活性效应和微集料效应。

粉煤灰的基本效应对混凝土的性能产生多方面的影响。①和易性：混凝土的和易性是指混凝土拌合物在拌和、运输、浇筑、振捣等过程中保证质地均匀、各组分不离析并适于施工工艺要求的综合性能。粉煤灰中的光滑颗粒均匀地分散在水泥、砂、石之间，能有效地减少吸水性和内摩擦；由于粉煤灰密度较小，加入后使混凝土中胶凝物质含量增加，浆骨比随之增大，因而流动性好，有利于泵送。②强度：粉煤灰混凝土早期强度低，是其缺点，但可以通过磨细使早期强度提高。③水化热：粉煤灰混凝土中，水泥熟料内水化速度最快、放热量最大的铝酸三钙和硅酸三钙因掺入粉煤灰的量相应减少，从而降低了粉煤灰混凝土的水化热。④耐久性：粉煤灰混凝土在自然环境中，具有良好的抵抗水的渗透、侵蚀能力，但抗冻性能差，在寒冷地区施工，可加入少量外加剂加以改善。⑤干缩率：粉煤灰混凝土的干缩率较小，抗拉强度较高，故可提高制品的干缩抗裂性能。⑥"碳化作用"：混凝土在硬化过程中析出的 $Ca(OH)_2$，受大气中的 $CO_2$ 长期作用，能转变成 $CaCO_3$，称混凝土"碳化"，这种作用不断向深部发展能破坏钢筋表面的钝化膜。掺有粉煤灰的混凝土更易于发生碳化作用，故需要严格控制掺灰量。

### 10.2.4　粉煤灰作为路基填筑材料

**1. 粉煤灰路堤填料的利与弊**

通过国内各地的试验、研究表明：粉煤灰和一般细粒土相比，具有自重轻、强度高、压缩性小、透水性能良好等特点，这对于提高路堤的稳定性是有利的。但粉煤灰黏聚力小、毛细水作用影响较大，雨水或内部渗流时易流失，对路堤与边坡的稳定性产生一定影响。因此，只有采取相应措施以发挥其优势，避免其不利之处，才能达到满意的效果。粉煤灰是目前我国道路工程中研究和应用最多的轻质填料。它是电厂粉煤所排出的灰色粉末灰渣，粉煤灰压实干密度为 $10.7 \sim 11.0kN/m^3$，比土轻 1/3 到 1/5，属于轻质材料。同等条件下可减小地基沉降约 30%。另外，室内试验表明，许多粉煤灰的抗剪强度参数完全满足公路路堤的要求，一些具有自硬性的粉煤灰，抗剪强度随着时间的发展，还可超过土的抗剪强度。故用粉煤灰代替土填筑路堤，可减轻路堤重量，在减小路堤沉降的同时可满足路堤稳定性的要求。国内外软基路堤工程实践也证明，粉煤灰是一种可行的减轻路堤重量的轻质填料。

以上情况，说明粉煤灰用作路堤填料在技术上是可行的，而在经济上不论是用于路堤填料，还是用于路面基层，粉煤灰的应用均有明显效益。在路用性质方面其具有如下特点：

(1) 自重轻。粉煤灰最大干密度约为 $0.9 \sim 1.2g/cm^3$，均小于一般细颗粒土 20% 以上，因而非常适用于地基强度不高的软弱地层上填筑土工结构。由于其质轻，可以减少路堤沉降和不均匀沉降，保证地基的承载力稳定，或降低地基处理的费用。此外，在相同条件下还可以提高软土地基的路堤极限高度等。例如在京津塘高速公路军粮城一段的中等软弱地基，以 3m 高路堤为例，可减少沉降量 18.6%，而在地基更为软弱的塘沽新港则可减少 21.2%，从而显示出在软弱地层路堤筑填粉煤灰的优越性。

(2) 强度较高。粉煤灰的工程性质随压实性能而变化。粉煤灰因其颗粒组成类似于细粒土，所以也具有液、塑限、最佳含水量、最大干密度等，可以采用土工指标对粉煤灰的强度进行评价。按重型击实标准在饱和条件和不饱和水条件下，其内摩擦角分别为 $18° \sim 33°$ 和 $30° \sim 42°$，均高于土质填料，这对于路堤的强度和稳定性都是非常有利的。再从粉煤灰路堤填料的 CBR 值来衡量，也大大高于土质填料。据山东粉煤灰试验资料介绍，在重型击实标准试验压实度达到 95% 条件下，粉煤灰在饱和条件下，CBR 值可达 23.5，相对而言，中液限粉质黏土的 CBR 值只有 17.9，粉煤灰高出约 30%。

(3) 压缩性小。据有关单位试验结果得知，在采用重型击实标准压实度为 100% 时，土与粉煤灰比较，土的压缩系数 $\alpha_{1-2} = 0.24MPa^{-1}$，而粉煤灰的压缩系数 $\alpha_{1-2} = 0.15MPa^{-1}$，土的压缩系数高出约 40% ~ 50%。因此，在相同密实度条件下，粉煤灰路堤的压缩变形明显低于土质路堤。

（4）击实特性良好。击实特性是研究路堤压实工艺不可缺少的指标。粉煤灰的最佳含水量和最大干密度与击实的关系与土类似，即随着击实能量的增加，最大干密度提高，最佳含水量降低。一般情况下击实试验中，粉煤灰的含水量与干密度的关系趋于相对较平缓，表明适宜压实所需含水量的变化范围大，幅度可达到 20%，容易压实，参见图 10.1。一般按重型标准压实度 $K = 90\%$ 要求，粉煤灰的施工碾压控制含水量分布在 30% ~ 50%。粉煤

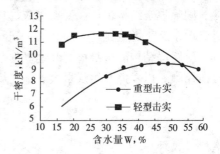

图 10.1　粉煤灰的击实曲线

灰具有持水率高，含水量变化范围大，特别是在未达到最大干密度之前更为突出，即使是最佳含水量相差一半，干密度仍可以达到最佳值的 80%。粉煤灰施工含水量较易控制的特性，给路基施工带来方便，更有利于雨季施工。

（5）良好渗透性。粉煤灰具有较大渗透性，在粉煤灰堆场中，堆高后很容易沥干。在填筑路堤时，雨后 12d，水分渗出后就可以碾压，这对路堤施工是十分有利的。相对而言，黏性土则需要 5 ~ 7d 或更长的时间。粉煤灰压实后渗透系数有所降低，但同等压实度条件下，粉煤灰的渗透系数（$10^{-5}$ 量级）是粉质黏土（$10^{-7}$ 量级）的 400 ~ 500 倍。显然，这一特性对雨季路基施工十分有利。

作为路用粉煤灰，其主要问题在于粉煤灰压实后基本无塑性，类似于粉土、粉细砂。粉煤灰干燥时呈粉末状，易产生扬尘现象，须及时洒水保持湿润，只有在一定含水量条件下才能成型，但干后会消散成粉末，易受冲刷，所以粉煤灰路堤边坡很难保持形状。为防止路堤边坡受自然和人为因素破坏，提高边坡稳定性，可以采用陆地两侧边坡培土（黏性土包边，一般采用液限 $W_L > 38\%$ 黏性土，厚度一般 1 000 ~ 1 500mm），或采用植草皮、沥青封闭等方法加以防护。其次，粉煤灰毛细水作用影响较大，一般可以达到 1.0 ~ 1.2m，宜导致地下水位升高。实际工程中可以采用黏土隔断、或碎石垫层隔离等措施。同时，粉煤灰填筑结构的隔热性能良好，但是解冻后具有较显著的冻敏性，将其置于正常冰冻深度以下，或采用小剂量石灰稳定技术，即可消除其影响。

**2. 粉煤灰路堤的填筑**

根据近年来的工程实践，粉煤灰填筑路堤主要采取两种形式，即全部采用粉煤灰（纯灰）填筑和部分采用粉煤灰（灰土间隔）填筑。所谓纯灰填筑也并非完全使用粉煤灰，而是用粉煤灰填芯，外包以黏性土封层，即"包心法"。灰、土间隔布置形式，一般采用一层粉煤灰加铺一层土，相间填筑，即"分层法"。这两种方法在技术控制、质量要求上基本相同，在施工工艺上也基本相似。粉煤灰典型路堤的结构如图 10.2 所示。

根据公路工程的需要，两种方法都要设置土质路拱、封顶层、土质护坡或土质护肩和排水沟，其尺寸和要求在《公路粉煤灰路堤设计与施工设计规范》（JTJ 061—93）中均有具体规定。粉煤灰路堤边坡坡度视路堤高度而定，5m 以下的路堤采用 1:1.5，5m 以上的路堤，上部 5m 取 1:1.5 坡度，而下部则取为 1:1.75。但从实践经验来看，粉煤灰路堤边坡宜再稍缓些为好，如下部边坡可采用 1:2，上部边坡可采用 1:1.75。

灰土间隔路堤中的粉煤灰层透水性好，在路堤中形成侧向水平排水通道，这对于采用含水量较大的过湿土填筑路堤十分有利。这类填筑常见的有一层土一层灰或二层土一层灰。但是，间隔填筑结构也往往受粉煤灰材料含水量偏高的影响，给土方施工、碾压带来困难，尤其在雨季施工影响尤甚。而且灰土间隔路堤的强度低于纯灰土路堤，路堤自重亦高于纯灰路堤，对路堤结构的自身稳定和地基的承载力均不利。因此，在灰源充足的条件下，推荐使用纯灰路堤，以发挥其用灰量大、施工简便、受雨季影响小的优势。

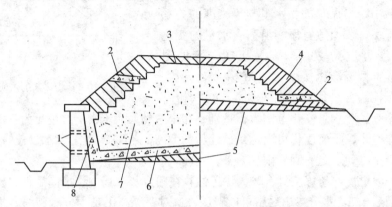

图 10.2　粉煤灰典型路堤的结构示意图

1—泻水孔；2—盲沟；3—封顶层；4—土质护坡；

5—土质路拱；6—粒料隔离层；7—粉煤灰；8—反滤层

在路面基层填筑材料中，利用粉煤灰的活性，尤其是与水泥、石灰混合后，在加入水，则与水泥水化时相似，能生成水化硅酸钙、水化铝酸钙和水化硅铝酸钙等水化合物。利用粉煤灰的这种活性，使其与一定的石灰和水泥混合就形成无机结合料，利用这种无机结合料稳定碎石、砂砾等粗集料，或砂、土等细集料，可以作为公路路面结构基层或底基层填筑材料。这一材料与柔性材料相比，具有一定的抗拉强度、抗压强度和相对高得多的回弹模量，但是其刚度小于水泥混凝土，因此称之为半刚性基层。鉴于粉煤灰作为结合料稳定碎石等方面的研究已很完善，且有较多的参考文献，本节对此问题不再赘述。

**3. 设计注意事项**

（1）在粉煤灰路堤施工中，用于护肩、护坡、路拱等部位的土质填料，应选用具有一定塑性的黏性土，其塑性指数不应低于 6。土质护坡厚度应根据使用土质和自然条件而定，但水平方向厚度应保持不小于 1m，并和粉煤灰同时分层填筑、同时碾压以防止地表径向流水冲刷坡面。土质封顶层厚度应有 20～30cm，也可以与路面结构层相结合，采用石灰土、二灰土等路面底基层材料替代，但应保证达到高速公路上路床要求的密实度。

（2）粉煤灰路堤应采取措施加强排水，严禁长期积水浸泡路堤，引发基底、边坡和路面变形破坏。除防止地表水对路堤的冲刷外，还应充分认识粉煤灰的毛细现象（粉煤灰中毛细水上升高度一般为 40～60cm，是一般黏性土的 2 倍以上），粉煤灰路堤底部距地下水位或地表积水位应超过 50cm，或在基底加设厚度不小于 30cm 的粒料隔离层，以阻断毛细水通道。

（3）在前面"路基压实"一节中曾提到，在潮湿地区土方因含水量偏大，难以采用重型压实标准问题，而对于粉煤灰路堤则可降低这一要求。由于粉煤灰孔隙率大、渗透系数比黏性土大得多，透水性好，施工季节影响较小，故在雨季施工，其优越性更能得到体现。所以

194

在我国多雨潮湿地区，宜优先考虑采用粉煤灰路堤。

### 10.2.5　粉煤灰在基础工程中应用

**1.CFG桩的使用**

水泥粉煤灰碎石桩简称CFG桩，是在碎石桩基础上加进一些石屑、粉煤灰和少量水泥，加水拌和制成的一种具有一定黏结强度的桩，也是近年来新开发的一种地基处理技术。通过调整水泥掺量及配比，可使桩体强度等级在C5～C20之间变化。这种地基加固方法吸取了振冲碎石桩和水泥搅拌桩的优点。第一，施工工艺与普通振动沉管灌注桩一样，工艺简单，与振冲碎石桩相比，无场地污染，振动影响也较小。第二，所用材料仅需少量水泥，便于就地取材，基础工程不会与上部结构争"三材"，这也是比水泥搅拌桩优越之处。第三，受力特性与水泥搅拌桩类似。

CFG桩在受力特性方面介于碎石桩和钢筋混凝土桩之间。与碎石桩相比，CFG桩桩身具有一定的刚度，不属于散体材料桩，其桩体承载力取决于桩侧摩阻力和桩端端承力之和或桩体材料强度。当桩间土不能提供较大侧限力时，CFG桩复合地基承载力高于碎石桩复合地基。与钢筋混凝土桩相比，桩体强度和刚度比一般混凝土小得多，这样有利于充分发挥桩体材料的潜力，降低地基处理费用。

**2．粉煤灰水泥浆材灌浆**

灌浆法是指利用液压、气压或电化学原理，通过注浆管把浆液均匀地注入地层中，浆液以填充、渗透和挤密等方式，赶走土颗粒间或岩石裂隙中的水分和空气后占据其位置，经人工控制一定时间后，浆液将原来松散的土粒或裂隙胶结成一个整体，形成一个结构新、强度大、防水性能好和化学稳定性良好的"结石体"。

粉煤灰水泥浆材粉是将煤灰掺入普通水泥中作为灌浆材料使用，其主要作用在于节约水泥、降低成本和消化三废材料，具有较大的经济效益和社会意义。近几年这类浆材已在国内一些大型工程中使用并获得成功。对水工建筑物来说，粉煤灰水泥浆材的突出优点还在于粉煤灰能使浆液中的酸性氧化物（$Al_2O_3$和$SiO_2$等）含量增加，它们能与水泥水化析出的部分氢氧化钙发生二次反应而生成水化硅酸钙和水化铝酸钙等较稳定的低钙水化物，从而使浆液结石的抗溶蚀能力和防渗帷幕的耐久性提高。

灌浆法在我国煤炭、冶金、水电、建筑、交通和铁道等部门都进行了广泛使用，并取得了良好的效果。其加固目的有这几方面：①增加地基土的不透水性。防止流沙、钢板桩渗水、坝基漏水和隧道开挖时涌水，以及改善地下工程的开挖条件；②防止桥墩和边坡护岸的冲刷；③整治明方滑坡，处理路基病害；④提高地基土的承载力，减少地基的沉降和不均匀沉降；⑤采用托换技术，对古建筑的地基和各矿区采空区加固。

### 10.2.6　粉煤灰在农业中应用

粉煤灰农用包括改良土壤和制备化肥。

**1．粉煤灰的改土与增产作用**

（1）粉煤灰的孔隙度与土壤性能的关系。作物生长的土壤需有一定的孔隙度，而适合植物根部正常呼吸作用的土壤孔隙度下限量是12%～15%。低于此值，将导致作物减产。粉煤灰中的硅酸盐矿物和炭粒具有多孔性，是土壤本身的硅酸盐类矿物所不具备的。此外，粉煤灰粒子之间的孔隙度，一般也大于黏结了的土壤的孔隙度。

粉煤灰施入土壤，除其粒子中、粒子间的孔隙外，粉煤灰同土壤粒子还可以连成无数"羊肠小道"，为植物根系吸收提供新的途径，构成输送营养物质的交通网络。粉煤灰粒子内部的孔隙则可作为气体、水分和营养物质的"储存库"。

植物生长过程所需要的营养物质，主要是通过根部从土壤中获得，并且是以水溶液的形式提供的。土壤中溶液的含量及其扩散运动都与土壤内部各个粒子之间或粒子内部孔隙的毛细管半径有关。毛细管半径越小，吸引溶液或水分的力越大，反之亦然。这种作用，使土壤含湿量得到调节。如果将粉煤灰施入土壤，能进一步改善土壤的这种毛细管作用和溶液在土壤内的扩散，从而调节了土壤的含湿量，有利于植物根部加速对营养物质的吸收和分泌物的排出，促进植物正常生长。

(2) 施灰对土壤机械组成的影响。黏性土壤掺入粉煤灰，可变得疏松，黏粒减少，砂粒增加。盐碱土掺入粉煤灰，除变得疏松外，还可起到抑碱作用。例如某盐碱土壤，春播前相对密度为 1.26，每亩施粉煤灰 $2 \times 10^4$ kg，秋后降到 1.01，与肥沃土壤容重相近。

(3) 粉煤灰对土层温度的影响。粉煤灰所具有的灰黑色利于其吸收热量，施入土壤，一般可使土层提高温度 1～2℃。据报道，每亩施灰 1 250kg，地表温度 16℃，每亩施灰 $5 \times 10^3$ kg，地表温度 17℃。土层温度提高，有利于微生物活动、养分转化和种子萌发。

(4) 粉煤灰的增产作用。一些试验和生产实践表明，不同土壤合理施用符合农用标准的粉煤灰都有增产作用。一般一亩地施 $5 \times 10^4$ kg 增产效果较好。不过，砂质土壤施灰，增产不明显，生荒地施灰增产明显，黏地增产最明显。作物品种不同，增产效果也不同：蔬菜增产效果最好，粮食作物增产比较好，其他经济作物也有增产作用，但不十分稳定。

**2. 粉煤灰肥料**

目前，用粉煤灰制备的化肥品种较多，主要有硅铮肥、硅钙、铮肥、粉煤灰磁化肥、粉煤灰磷肥等。

## 10.3  煤矸石的利用

煤矸石是与煤伴存的岩石。在煤的采掘和煤的洗选过程中，都有煤矸石排出。在煤矿的上、中、底层的页岩，挖掘煤层之间的巷道时排出的砂岩、石灰岩以及其他岩类都属煤矸石之列。

煤矸石是含碳岩石和其他岩石的混合物，随着煤层地质年代、地区、成矿条件、开采条件的不同，煤矸石的矿物成分、化学成分各不相同，其组分复杂，但主要属于沉积岩。煤矸石大致可分三类：

页岩类：如油页岩、炭质页岩、泥质页岩和砂质页岩等；

泥岩类：如泥岩、炭质泥岩、粉砂质泥岩和泥灰岩等；

砂岩类：如泥质粉砂岩、砂岩。

炭质页岩呈黑褐色，层状结构，油脂光泽，较易粉碎。根据岩相分析煤矸石除含有较低的炭外，其主要矿物成分是伊利石、高岭石等黏土矿物以及石英、云母、长石及少量的碳酸盐和硫铁矿等。煤矸石从总体上说，仍应属于黏土质原料，具备了工程应用的基本条件。

近几年来，在我国公路工程中开始进行了煤矸石的应用试验，取得了较好的成果。我国山东省 205 国道张博段全长 40km，1997 年修建时由于土源短缺，价格昂贵，而沿线附近有多处矸石山，经试验采用煤矸石作为筑路材料。试验表明煤矸石底基层强度比 12% 石灰土底基层强度略高，完全满足公路整体强度要求，该段路至今运营情况良好。另外，在该路段附近兴隆庄洗煤矿厂进行了煤矸石作路基填料的试验路，试验表明煤矸石路基强度远高于土路基，煤矸石铺筑厚度在 2m 以上的路段煤矸石的回弹模量可达 100MPa 以上，具有良好的力学性能。

1997 年河南省焦作市丰收路改造扩建工程，全部采用煤矸石作为路面基层材料，经过两年多的行车检验，路面坚实平整稳定，未发现拥包、推挤、沉降变形及松散现象，取得了较好的经济、社会效益。1995 年徐州市公路处在修建省道 239 公路上跨庞庄煤矿专用铁路的庞庄立交桥引道工程中，采用煤矸石两灰作为加筋土挡墙的填料，使用效果良好，节省了工程造价。徐贾公路大黄山段也采用煤矸石填筑路基，现使用状况良好。

京福国道主干线山东省境内曲张段采用煤矸石填筑路堤，1998 年 9 月在 K135 + 8 060 ～ K136 + 600 修筑了试验路段，取得了初步成功，后在 10 多千米路段中推广使用，现已建成通车，已有测试成果表明应用效果良好。

我省徐州地区对煤矸石的工程应用也进行了试验研究，并取得了初步成功，在绕城路建设中采用煤矸石作为底基层，现已运营多年。徐州矿务局权台煤矿 1996 年前后采用煤矸石回填地基进行强夯处理，完成建房 144 幢，现使用状况良好。

煤矸石依其所含矿物组分可分为碳质页岩、泥质页岩和砂质页岩；依其来源可分为掘进矸石、开采矸石和洗选矸石。煤矸石堆放过程，由于其中的可燃组分缓慢氧化、自燃，故又有自燃矸石与未燃矸石的区分。

由于煤的品种和产地不同，各地煤矸石的排出率不同，平均约占煤炭开采量的 20%。目前，我国煤矸石利用率不到 20%，大部分堆积贮存，形成大大小小的矸石山，侵占农田、山沟、坡地，急待开发利用。

我国各地煤矸石的含碳量差别比较大，其热值范围波动在 837 ～ 4 187kJ/kg 之间。为了合理利用煤矸石资源，我国煤炭与建材工业按热值划分煤矸石的合理用途（表 10.3）。就我国目前利用情况看，技术成熟、利用量比较大的途径是生产建筑材料，主要是制水泥和烧结（内燃）砖。

**表 10.3　煤矸石的合理利用途径**

| 热值（kJ/kg） | 合理利用途径 | 说　明 |
|---|---|---|
| 2 090 | 回填、修路、造地、制集料 | 制集料以砂岩未燃矸石为宜 |
| 2 090 ～ 4 180 | 烧内燃砖 | CaO 含量低于 5% |
| 4 180 ～ 6 270 | 烧石灰 | 渣可作混合材、集料 |
| 6 270 ～ 8 360 | 烧混合材、制集料、代土节煤烧水泥 | 用于小型沸腾炉供热产气 |
| 8 360 ～ 1 0450 | 烧混合材、制集料、代土节煤烧水泥 | 用于小型沸腾炉供热发电 |

### 10.3.1　煤矸石的组成

**1. 未燃煤矸石的化学成分和矿物组成**

煤矸石的化学成分随成煤地质年代、环境、地壳运动状况和开采加工方式不同而有较大的波动范围。但同一矿区的同一煤层，煤矸石的化学成分，一般相对稳定。我国部分煤矿所排矸石（未燃）的化学成分测定表明，各种矸石化学成分本质上有相似处，即 $SiO_2$、$Al_2O_3$ 和 $Fe_2O_3$ 含量都比较高，特别是前两者含量很高。分析表明，未燃煤矸石具有硬质黏土类矿物和水云母类矿物的组成。此外，未燃煤矸石中还含少量石英碎屑、黄铁矿、碳酸钙、长石、铁白云母、金红石等。

**2. 自燃煤矸石的化学成分和矿物组成**

煤矸石经过自燃，可燃物大大减少，而 $SiO_2$ 和 $Al_2O_3$ 含量相对增加，与火山灰相比，化学成分相似。

对于自燃煤矸石来说，由于矸石种类和自燃温度等方面的差异，燃烧后的矿物组成也不相同。如果自燃温度比较高，燃烧比较充分，矿物中便不再有高岭石、水云母存在，而主要是一些性质稳定的晶体：石英、赤铁矿、莫来石等。但一般自燃温度都偏低，部分矸石燃烧不完全，矿物中还残存有高岭石、水云母，并有少量赤铁矿。不过，作为主要矿物组分的高岭石、水云母，已大部由于失去结晶水而晶格破坏，形成了玻璃体类物质。

### 10.3.2　煤矸石的基本性质

**1. 煤矸石的工程特性**

（1）颗粒组成

姜振泉等人在煤炭科学基金的资助下，对徐州、大屯、淮北、淮南及兖州等矿区煤矸石的颗粒级配进行了研究。研究表明，煤矸石的粒度分布范围较大，从几十厘米的块石至 0.1mm 以下的细小颗粒，普遍含有胶体成分。煤矸石的粒度分布的级配一般较差，大粒径的矸石块占有相当高的比例，存在以下级配缺陷：①粗大颗粒含量过高而细小颗粒含量过低，粒径大于 5mm 的颗粒含量普遍在 60% 以上，而粒径小于 0.1mm 的颗粒累积含量大都在 5% 以下，粒度分布极为不均匀；②不同程度存在某些粒组的分布不连续问题，其中 0.5~2mm 范围的粒组分布不连续比较明显。

（2）膨胀性及崩解性

岩土体的膨胀通常分成两种，一种是黏粒含量较高的土体，遇水后黏粒结合水膜增厚而引起的，称为粒间膨胀；另一种是岩土体中含有的黏土矿物遇水后，水进入到矿物的结晶格子层间而引起的，称为内部膨胀。对煤矸石来说，其多为碎石状、角砾状，粒径小于 0.5mm 的颗粒一般在 10% 以下，所以它发生粒间膨胀的可能性很小，而内部膨胀则是煤矸石膨胀性研究的关键所在。

煤矸石自然组成比较复杂，按岩性分：一般以泥岩、炭质页岩为主，也包括砂岩、玄武岩、花岗岩、凝灰岩等。泥岩、碳质页岩遇水软化，发生崩解；其他几种煤矸石由成因和成分决定了其不具备发生第二种膨胀的可能性。马平等人对泥岩和炭质页岩煤矸石的膨胀性进行了研究。

通过对炭质页岩、泥岩煤矸石粉样、岩块的自由膨胀率、无荷膨胀率、膨胀力试验，得到炭质页岩、泥岩煤矸石属弱膨胀性的结论。对两种无裂隙煤矸石样，放入水中浸泡，计算崩解量。两种煤矸石在水中浸泡 30d，崩解量达到 30% 以上，有较强崩解性。

（3）压缩性

压密固结程度对煤矸石工程性质的稳定性有直接影响，煤矸石的水稳性可通过充分的压密得到改善。所以，煤矸石工程利用对压密程度要求相对较高，不但要求结构性的压实，而且对防渗防风化也有一定要求，德国、英国、荷兰及美国等一些煤矸石工程利用程度较高的国家，在这方面大都制订有相应的技术标准。

粒度成分是影响煤矸石压密性的重要因素，根据国外一些学者用不同类型煤矸石所作的现场模拟压密试验结果，煤矸石可压密程度与粒度分布特点密切相关。Michalski 等[51]对比分析了不同压密条件下煤矸石的粒度分布特点与压密程度之间的关系后发现，煤矸石的可压密度与矸石粒度分布特征参数 $Cu$（不均匀系数）之间在量值上表现有很强的关联性，$Cu$ 越大，矸石的可压密的程度就越高。

在 Michalski 等研究基础上，姜振泉等用不同粒度级配的矸石进行了压密和渗透试验，试验结果表明，影响煤矸石固结性的主要级配缺陷不是粒度分布的均匀程度，而在于细小颗粒的含量，如果适当提高矸石中的细小颗粒的含量比例，其固结特性就可以得到明显改善。

（4）渗透性

煤矸石的渗透性与压密程度有关，充分的压密能大大减小煤矸石的渗透性，干相对密度大于 2.0 时，其渗透系数接近黏土渗透系数。在煤矸石中添加一定比例的细颗粒含量有助于矸石压密性的改善与渗透性的降低。

（5）煤矸石的水稳性

根据粒度分布特点，煤矸石属于一种碎石类土，但在工程性质的稳定性上，煤矸石和一般的碎石类土相比要差，存在水稳性较差的特点，主要反映在其强度条件和变形性对于含水量的变化有较强的敏感性。

（6）煤矸石的剪切强度

国内曾模拟现场的直剪试验条件和不同含水条件，对煤矸石进行了室内模拟直剪试验，在相同含水量条件下，煤矸石的内摩擦角 $\varphi$ 随密实程度的增大而增大，而内聚力 $c$ 却基本不变。

**2. 煤矸石的活性**

煤矸石受热矿物相发生变化，是产生活性的根本原因。

（1）高岭石的变化

高岭石在 500 ~ 600℃ 时脱水，晶格破坏，形成无定形的偏高岭石土，具有火山灰活性。在 900 ~ 1 000℃ 时偏高岭石土又发生重结晶，形成非活性物质。

（2）水云母矿的变化

水云母矿（$K_2O \cdot 5Al_2O_3 \cdot 14SiO_2 \cdot 4H_2O$）在 100 ~ 200℃ 时脱去层间水；450 ~ 600℃ 时失去分子结晶水，但仍保持原晶体结构；在 600℃ 以上才逐渐分解，晶体逐渐破坏，开始出现具有活性的无定形物质，达到 900 ~ 1 000℃ 时，分解完毕，具有较高的活性；而在 1 000 ~ 1 200℃ 时又出现重结晶，向晶质转变，活性降低。

（3）石英的变化

一般石英矿物在升温和降温过程，其结晶态呈可逆反应，而在成分复杂的煤矸石中，石英的含量随温度升高而降低。这种变化，可能产生这样一种效应：①生成无定型 $SiO_2$，提高煤矸石烧渣的火山灰活性；②生成石英变体，仍属非活性物质；③生成莫来石晶体，活性降低。

作为煤矸石主要矿物成分的黏土矿物和云母类矿物受热分解与玻璃化是煤矸石活性的主

要来源。

### 10.3.3 煤矸石做建筑材料

煤矸石的建材品种较多，主要有水泥、混凝土、砖、砌块、陶粒等。

**1. 煤矸石制水泥**

煤矸石水泥品种有煤矸石硅酸盐水泥、煤矸石少熟料水泥和煤矸石无熟料水泥等。①煤矸石硅酸盐水泥：它是以煤矸石代替黏土配制水泥生料烧制而成的胶凝材料。②煤矸石少熟料水泥：此种水泥也称为煤矸石砌筑水泥，是近年才列入国家标准的水泥新品种。生产方法一般是用 67% 的符合质量要求的自燃煤矸石、30% 的水泥熟料和 3% 的石膏，原料不经煅烧，直接磨制而成。产品标号可达 150 号，能符合配制砌筑砂浆的要求。③煤矸石无熟料水泥：此种水泥是直接把具有一定活性的沸腾炉渣与激发剂石灰按一定比例混合、磨细而成。这种水泥的抗压强度可达 $30 \sim 40MPa/cm^2$，其水化热只相当于普通水泥的 1/4 左右，适用在大体积混凝土工程上。这种水泥早期强度不高，凝结硬化缓慢，不宜用在时间要求紧和强度要求高的混凝土工程方面。使用此种水泥的关键在于加强养护，特别是早期养护。只要保持适当的潮湿环境，原料中的有效成分就能够较好地溶解、吸收和水化，水泥的强度就会增高。

**2. 煤矸石生产烧结砖**

煤矸石烧结砖是以煤矸石为原料，替代部分或全部黏土，采用适当工艺烧制而成。

### 10.3.4 煤矸石在高速公路中应用

以徐州地区的煤矸石为例进行重点探讨。徐州地区的煤矸石的堆存量达到 1 000 万 t，徐州的贾汪区及铜山县煤矸石山到处可见，侵占大量的农田，煤矸石山附近的农田基本上都是黑色的碎石土。从徐州北部五矿煤矸石矿物成分分析结果来看，其煤矸石原生矿物以石英、方解石、长石为主，含量约为 50% 左右，次生矿物以高岭石、水云母、绿泥石等黏土矿物为主，含量约 30% ~ 40%。徐州地区煤矸石不含有高膨胀性的蒙脱石黏土矿物，但含有水云母、高岭石、绿泥石黏土矿物，因此，煤矸石遇水后不会出现较大的膨胀。

徐州五矿煤矸石根据粒径来划分，属于粗粒土中的砾，根据级配情况，又可分为级配良好与级配不良好。图 10.3 为徐州煤矿煤矸石的最大干密度、最佳含水量与粗粒料成分的关

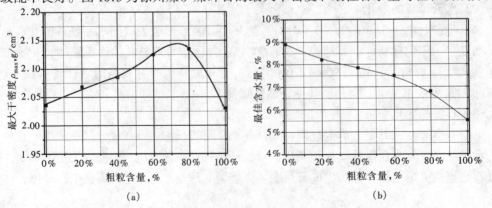

图 10.3 煤矸石的最大干密度、最佳含水量与粗粒料成分的关系曲线

系曲线，图 10.4 为徐州煤矸石击实能量与干密度关系曲线。研究表明煤矸石散粒料具有分形结构特征，散粒材料的粒度级配特征参数——不均匀系数 $Cu = 6^{1/(3-D)}$、曲率系数 $Cc = 1.5_{1/(3-D)}$，同时研究了煤矸石的击实特性和强度特性与分维特征的关系，图 10.5 为徐州煤矸石的最大干密度、最佳含水量与分维的关系图。

通过对徐州地区煤矸石室内试验、现场填筑试验、现场测试研究和理论计算分析研究，同时进行实际工程的填筑试验，研究结果表明：

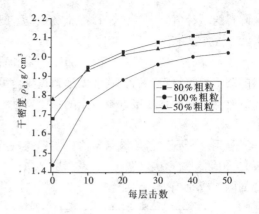

图 10.4　煤矸石击实能量与干密度关系曲线

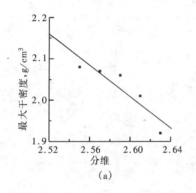 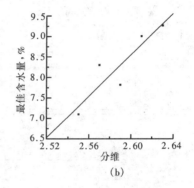

图 10.5　煤矸石的最大干密度、最佳含水量与分维的关系

（1）徐州地区煤矸石的化学成分分析表明，权台新、权台老、大黄山、青山泉矿的活性成分（$SiO_2 + Fe_2O_3 + Al_2O_3$）含量均超过 70%，经粉碎后具有一定塑性，其中硫酸盐含量不超过石灰稳定土对硫酸盐含量低于 0.8% 的要求。

（2）矿物成分分析表明，徐州地区的煤矸石不含有膨胀性矿物成分，自由膨胀率测试的结果也表明该地区的煤矸石是弱膨胀性的或无膨胀性的，因此煤矸石的使用就不存在崩解性的现象，有利于它的工程应用。

（3）徐州地区煤矸石的起级配良好，细粒成分含量较高。

（4）强度试验表明徐州地区的煤矸石的抗剪强度较高,并随着压实度的增加而增加。由于徐州地区的煤矸石的颗粒不均匀,颗粒的磨圆度又差,直剪试样的密度较高,因此剪切时颗粒间的咬合力较大,而这种咬合力又体现在凝聚力中,所以表现为煤矸石的抗剪强度偏高。

（5）徐州地区的煤矸石的渗透系数较小，因此其隔水性也比较好，与黏土的渗透系数接近。随着压实度的增加，渗透系数越小，隔水性能越强，这一性能表明煤矸石能够用作筑路材料。粗颗粒的煤矸石样饱水后长期浸水强度减小很小，短期浸水试验表明权台新、权台老、大黄山、青山泉矿的煤矸石具有较好的水稳性，有利于用作筑路材料。

（6）煤矸石样在反复浸水、冻融条件下粗颗粒易破碎，随着粗颗粒减小，破碎的速率减缓。压碎值指标和承载比指标显示徐州地区的煤矸石具有较好的路用性能指标。徐州地区的煤矸石的压碎值＜30％，煤矸石的 CBR 值均大于 40％，高于高速公路填筑材料的 CBR 值要求大于 8％的标准。

(7) 煤矸石现场填筑试验、测试结果和理论分析计算表明，煤矸石完全可以用作高速公路的路基填筑材料，而且其强度远超过规范要求。现场直剪试验测得的强度指标较室内强度指标要低，它的强度接近粗粒土的强度特性，强度比较高，因此填筑路基能够满足稳定性要求。

利用煤矸石进行填筑路基可借鉴粉煤灰路堤的经验，煤矸石路堤由路堤主体部分（煤矸石）、护坡和封顶层（灰土）、隔离层（灰土）、排水系统等部分组成。粉煤灰路堤结构示意图如图 10.6 所示。

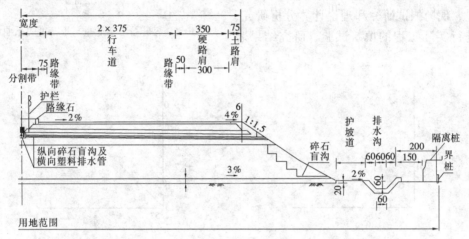

图 10.6　煤矸石路堤结构示意图

1—泄水孔；2—盲沟；3—封顶层；4—土质护坡；5—土质路拱；6—隔离层；7—煤矸石；8—反滤层

煤矸石路堤的边坡和路肩采取土质护坡主要起到保护措施。护坡土料宜采用塑性指数不低于 6 的黏质土。土质护坡厚度应根据道路等级、地理环境、自然条件、土质、施工条件等因素而定，土质护坡水平方向厚度应保证不小于 1.5m。如果护坡土的塑性较低，可适当加宽护坡宽度并采取坡面防护措施，防止地表径流水冲刷坡面。根据施工季节或当地降雨量大小，决定是否在土质护坡中设置排水盲沟。盲沟断面尺寸宜为 40cm×50cm，水平间距 10～15m。盲沟设在路堤底部隔离层上，并应采取措施防止盲沟淤塞。

煤矸石路堤路面结构层以下 0～80cm（即路床）可作为煤矸石路堤封顶层。为隔离毛细水的影响，煤矸石路堤底部应离开地下水位或地表长期积水位 50cm 以上，并设置隔离层。隔离层采用 5％灰土填筑。隔离层厚度不宜小于 30cm，如地基软弱应根据计算沉降量留足备沉土质路拱，防止倒拱和离地下水位高度不足。隔离层横坡不宜小于 3％，以利排水。煤矸石路堤边坡率应视路堤高度而定。5m 以下的路堤，边坡率应为 1:1.5，5m 以上的路堤，上部边坡率应为 1:1.5，下部边坡率应为 1:1.75。如受用地限制，下部可做路肩挡墙，视具体条件可适当减小边坡率。煤矸石路堤的挡墙结构，应按有关规范设计，但应注意，墙体泄水孔进水口处应设置反滤层，以防止粉煤灰淋溶流失。下层泄水孔须高出墙面积水位 30cm 以上，防止水流倒灌。

煤矸石用作路基填筑材料既解决了高速公路的土方紧缺的难题，又减小了矿区的污染，具有深远的社会效益。同时又解决了因煤矸石占用耕地的矛盾，降低了高速公路用土征地的各种补偿费，减少高速公路的工程投资费用，具有很大的直接或间接的经济效益。

## 10.4 炉渣的利用

利用工业固体废物生产建筑材料是解决建材资源短缺的一条有效途径，这对保护环境和加速经济建设具有十分重要的意义。利用工业固体废物生产建材的优点是：①原材料省，生产效率高。例如，利用高炉渣和钢渣生产水泥可节约 1/3 石灰石和 1/2 燃料，生产效率提高一倍；②耗能低。例如，用矿渣代替水泥熟料生产水泥，每吨原料的燃料消耗可减少 80％；③综合利用的产品品种多，可满足多方面的需要。例如，用固体废物可生产水泥、集料、砖、玻璃和陶瓷等多种建筑材料；④综合利用的产品数量大，可满足市场的部分需要。例如，假如我国每年利用 4 000 万 t 的工业固体废物生产水泥或作混凝土掺合料，则可弥补目前一年 800 万 t 的水泥缺口；⑤环境效益高，可最大限度地减少需处置的固体废物数量，在生产过程中，一般不产生二次污染。例如，生产一亿块砖可吃掉 10～22 万 t 粉煤灰。

工业废渣作建筑材料是综合利用工业废渣数量最大、种类最多、历史较久的领域。其中，利用较多的有高炉渣、钢渣、粉煤灰、煤矸石和其他废渣等。生产品种包括水泥、集料、砖、玻璃、铸石、石棉和陶瓷等。我国对冶金工业和煤炭工业所产生的固体废物研究较多，如高炉渣的应用已有几十年的历史，在生产建筑材料方面取得了一定的成就，积累了宝贵的经验。

### 10.4.1 高炉渣

高炉渣是冶炼生铁时从高炉中排出的一种废渣。在冶炼生铁时，加入高炉的原料，除了铁矿石和燃料（焦炭）外，还有助熔剂。当炉内温度达到 1 300～1 500℃时，炉料变成液相，在液相中浮在铁水上面的熔渣称为高炉渣，其主要成分是由 $CaO$、$MgO$、$Al_2O_3$、$SiO_2$ 等组成的硅酸盐和铝酸盐。

高炉渣的产生数量与铁矿石的品位及冶炼方法有关，一般每生产 1t 生铁大约产生 0.3～0.9t 的高炉渣。根据我国目前生产水平，每生产 1t 生铁平均产生大约 0.7t 的高炉渣。高炉渣的产生系数在冶金行业称为渣铁比。工业发达国家的渣铁比比较低，一般为 0.27～0.3t。由于近代选矿和炼铁技术的提高，我国渣铁比已经大大下降。

**1. 高炉渣的组成**

（1）高炉渣的化学组成及其碱度

高炉渣含有 15 种以上化学成分，但主要是四种，即 $CaO$、$MgO$、$SiO_2$、$Al_2O_3$，它们约占高炉渣总重的 95％。$SiO_2$ 和 $Al_2O_3$ 来自矿石中的脉石和焦炭中的灰分，$CaO$ 和 $MgO$ 主要来自熔剂，高炉渣主要就是由这四种氧化物组成的硅酸盐和铝酸盐。由于矿石品位和冶炼生铁的品种不同，高炉渣的化学成分波动范围较大，生产过程中的控制分析，一般包括 7 项，它们为 $SiO_2$、$Al_2O_3$、$CaO$、$MgO$、$FeO$、$MnO_2$ 和 S。对一些特殊的高炉渣还须分析 $TiO_2$、$V_2O_5$、$Na_2O$、$BaO$、$P_2O_5$、$Cr_2O_3$、$Ni_2O_3$ 等。在冶炼炉料固定和冶炼正常时，高炉渣的化学成分变化不大，对综合利用有利。

高炉渣的碱度是指矿渣主要成分中的碱性氧化物和酸性氧化物的含量比。冶炼炼钢生铁和铸造生铁，当炉渣中 $Al_2O_3$ 和 MgO 含量变化不大（一般 $Al_2O_3$ 为 8%～14%，MgO 为 7%～11%）时，炉渣碱度用 $\dfrac{CaO}{SiO_2}$ 之比值表示，比值大于 1 为碱性渣，小于 1 为酸性渣，等于 1 为中性渣。有时也用总碱度 $\dfrac{CaO + MgO}{SiO_2}$ 表示。

（2）高炉渣的矿物组成

高炉渣中，单是 $SiO_2$、$Al_2O_3$、CaO 三种成分含量就大约占 90% 左右，故可将其视为 $CaO$-$Al_2O_3$-$SiO_2$ 的三元体系。根据岩相分析，高炉渣的矿物组分包括：甲型硅灰石（$2CaO \cdot SiO_2$）、硅钙石（$3CaO \cdot SiO_2$）、假硅灰石（$CaO \cdot SiO_2$）、钙镁橄榄石（$CaO \cdot MgO \cdot SiO_2$）、尖晶石（$MgO \cdot Al_2O_3$）、镁蔷薇辉石（$3CaO \cdot MgO \cdot SiO_2$）、镁方柱石（$2CaO \cdot MgO \cdot 2SiO_2$）、铝方柱石（$2CaO \cdot Al_2O_3 \cdot SiO_2$）、斜顶灰石（$MgO \cdot SiO_2$）、透辉石（$CaO \cdot MgO \cdot 2SiO_2$）等。

在碱性高炉渣中，最常见的矿物晶相是硅酸二钙（$2CaO \cdot SiO_2$）和钙黄长石（$2CaO \cdot Al_2O_3 \cdot SiO_2$）。后者是钙长石（$CaO \cdot Al_2O_3 \cdot 2SiO_2$）和钙镁黄长石（$2CaO \cdot MgO \cdot SiO_2$）所组成的复杂固溶体。此外，也还有镁橄榄石（$MgO \cdot SiO_2$）、硅钙石、硅灰石和尖晶石。在酸性高炉渣中，主要矿物相是甲型硅灰石和钙长石。

**2. 高炉渣处理利用**

高炉渣的综合利用同高炉渣的处理加工工艺有关。高炉渣的处理加工方法一般分为急冷处理（水淬或风淬）、慢冷处理（空气中自然冷却）和半急冷却处理（加入少量水并在机械设备作用下冷却）等三种。在利用高炉渣之前，需要进行加工处理。其用途不同，加工处理的方法也不相同。我国通常是把高炉渣加工成水淬渣、矿渣碎石、膨胀矿渣和膨胀矿渣珠等形式加以利用。

（1）水渣制建材

我国高炉水渣主要用于生产水泥和混凝土。

矿渣硅酸盐水泥，此种水泥是将水泥熟料、水渣和 3%～5%的石膏混合磨制而成。其中，水渣的掺量，视所生产的水泥标号而定，一般为 30%～70%。目前，我国大多数水泥厂采用 1t 水渣与 1t 水泥熟料和适量石膏配合生产 400 号以上矿渣水泥。其硬化过程，主要包括一些矿物组分的水化和硬化。

矿渣混凝土，是以水渣为原料，配入激发剂（水泥熟料、石灰、石膏），放入轮碾机中加水碾磨与集料拌和而成。矿渣混凝土的各种物理力学性能都与普通混凝土相似。由于其具有良好的抗水渗透性，可用做不透水的防水混凝土，还由于其具有良好的耐热性，故宜用在工作温度 600℃以下的热工工程中。我国于 1954 年开始采用矿渣混凝土，1959 年推广，目前，实际应用的矿渣混凝土包括 C20～C45 号多种标号，经过长期使用考验，大部分质量良好。

（2）重矿渣作集料

安定性好的重矿渣，经破碎、分级，可以代替碎石用作集料和路材。

重矿渣作集料，矿渣碎石混凝土除具有与普通混凝土相当的基本力学性能外，还具有良好的保温隔热和抗渗性能。目前，我国已将矿渣碎石混凝土用在 C45 以下各种混凝土和防水工程上，包括有承重要求的部位以及有抗渗、耐热、抗振动等特殊要求的部位。从我国主要钢铁厂的矿渣碎石质量看，绝大部分属密实和一般带孔的结晶矿物，松散密度在 1100kg/m³ 以上，且很少有玻璃状矿物。因此，我国矿渣碎石都可在工程上使用。我国矿渣的含硫量不高，一般在 2%以下，这种矿渣也不会腐蚀钢筋。

（3）矿渣碎石在地基工程中的应用

矿渣碎石的强度一般与天然岩石的强度大体相同，虽然有些蜂窝状多孔体的块体强度较低，但经过碾压可使这些块体的性能得以改善，因此矿渣碎石的颗粒强度完全能满足地基的要求。矿渣碎石在地基工程中主要是用来处理软弱地基。利用矿渣碎石所建造的人工地基的性能指标与碎石垫层相当，有的比砂垫层还要好。

利用矿渣碎石建造地基在我国已有几十年的历史，目前已成功地用于 175t 桥式吊车的重型工作厂房柱基础、工业炉基础、大型设备基础的地基中以及挡土墙的回填等方面。

（4）矿渣碎石在道路工程中的应用

矿渣碎石具有缓慢的水硬性，对光线的漫射性能好，摩擦系数大，非常适宜用来修筑道路。利用矿渣碎石可修筑多种道路路面，如沥青矿渣碎石路面、沥青矿渣混凝土路面、水泥矿渣碎石路面、水泥矿渣混凝土路面等。利用矿渣碎石作基料修筑的沥青路面既明亮，防滑性能又好，还具有良好的耐磨性能。矿渣碎石还比普通碎石具有更高的耐热性能，更适用于喷气式飞机的跑道上。

矿渣碎石作路材。我国矿渣碎石用在钢铁企业的铁道线上作道碴，已有数十年的历史，用在沥青碎石道路和混凝土道路工程上，已经收到较好的经济技术效果。

（5）矿渣碎石在铁路道碴上的利用

矿渣碎石还可以用来铺设铁路，可适当吸收列车行走时产生的振动和噪声。

我国的矿渣碎石一般均能满足企业专用铁路线对道碴的技术要求，大多数可满足国家铁路道碴的技术要求。目前矿渣碎石道碴在我国钢铁企业专用铁路线上应用的比较普通。在国家一级铁路干线上的试用也初见成效。鞍钢的矿渣道碴使用范围较广，使用的比例逐年增加。目前，鞍钢每年新建和大修铁路各 30～40km，几乎全部采用矿渣道碴。1967 年鞍钢矿渣首次在哈尔滨—大连的一级铁路干线上试用，经过 30 多年的考验，效果良好。

（6）膨胀矿渣及膨珠的用途

膨胀矿渣主要是用作混凝土轻集料，也用作防火隔热材料，用膨胀矿渣制成的轻质混凝土，不仅可以用于建筑物的围护结构，而且可以用于承重结构。

膨珠可以用于轻混凝土制品及结构，如用于制作砌块、楼板、预制墙板及其他轻质混凝土制品。由于膨珠内孔隙封闭，吸水少，混凝土干燥时产生的收缩就很小，这是膨胀页岩或天然碎石等轻集料所不及的。

生产膨胀矿渣和膨珠与生产黏土陶粒、粉煤灰陶粒等相比较，具有工艺简单，不用燃料，成本低廉等优点。

高炉矿渣还可以用来生产一些用量不大，而产品价值高，又有特殊性能的高炉渣产品，如矿渣棉及其制品、热铸矿渣、矿渣铸石及微晶玻璃、硅钙肥等。此外，一些国家还用高炉渣作为玻璃和陶瓷的原料，生产的玻璃或陶瓷可制成不同规格的管材、地面砖、路面砖、卫生器具、耐磨耐蚀保护层、空心或实心砌块等。

## 10.4.2 钢渣

钢渣是炼钢过程中产生的固体废物。炼钢的基本原理和炼铁相反，是以氧化的方法除去铁中过多的碳素和杂质，氧和杂质作用生成的氧化物就是钢渣。钢渣的生产数量与生铁的杂质含量及冶炼方法有关，约占钢产量的 20%。

### 1. 钢渣的化学成分和矿物组成

(1) 钢渣的化学成分

钢渣是由钙、铁、硅、镁、铝、锰、磷等氧化物所组成，有时还含有钒和铁等氧化物，其中钙、铁、硅氧化物占绝大部分。各种成分的含量依炉型、钢种不同而异，有时相差悬殊。以氧化钙为例，一般平炉熔化时的前期渣中含量在 20% 左右；精炼和出钢时的渣中含量达 40% 以上；转炉渣中的含量常在 50% 左右；电炉钢渣中约含 40% ~ 50%。

(2) 钢渣的矿物组成

钢渣的主要矿物组成为硅酸三钙（$3CaO \cdot SiO_2$）、硅酸二钙（$2CaO \cdot SiO_2$）、钙镁橄榄石（$CaO \cdot MgO \cdot SiO_2$）、钙镁蔷薇辉石（$3CaO \cdot RO \cdot 2SiO_2$）、铁酸二钙（$2CaO \cdot Fe_2O_3$ 和 $CaO.Fe_2O_3$）、RO（R 代表 $Mg^{2+}$、$Fe^{2+}$、$Mn^{2+}$，RO 则为这些金属氧化物的连续固熔体）、游离石灰（fCaO）等，此外含磷多的钢渣中还含有纳盖斯密特石（$7CaO \cdot P_2O_5 2SiO_2$）。钢渣的矿物组成主要决定于其化学成分，特别与其碱度（$CaO/SiO_2 + P_2O_5$）有关。炼钢过程中需要不断加入石灰，随着石灰加入量增加，渣的矿物组成随之变化。炼钢初期，渣的主要成分为钙镁橄榄石（$CaO \cdot MgO \cdot SiO_2$），其中的镁可被铁和锰所代替。当碱度提高时，橄榄石吸收氧化钙（CaO）变成蔷薇辉石，同时放出 RO 相。再进一步增加石灰含量，则生成硅酸二钙（$2CaO \cdot SiO_2$）和硅酸三钙（$3CaO \cdot SiO_2$）。

### 2. 钢渣的利用

(1) 钢渣返回冶金再用

钢渣返回冶金再用，包括返回烧结、返回高炉和返回炼钢炉。其中返回烧结具有较高价值，如钢渣作为烧结溶剂、作为高炉溶剂、作为化铁炉溶剂返回炼钢炉。

(2) 钢渣做水泥

钢渣水泥全称为"钢渣矿渣水泥"。我国 1982 年将其列入国家标准《钢渣矿渣水泥》（GB 164—82）。此种水泥是指以平炉、转炉钢渣为主要组分，加入一定量粒化高炉矿渣和适量石膏，磨细制成的水硬性胶凝材料。钢渣的最少掺量以重量计不少于 35%，必要时，可掺入重量不超过 20% 的硅酸盐水泥。

我国目前生产的钢渣水泥有两种。一种是以石膏作激发剂，其配合比（重量比）为钢渣 40% ~ 45%、高炉水渣 40% ~ 45%、石膏 8% ~ 12%，标号达 275 ~ 325。此种水泥也叫无熟料钢渣水泥。由于此种水泥早期强度低，仅用于砌筑砂浆、墙体材料、预制混凝土构件和农田水利工程等方面。另一种是以水泥熟料作激发剂，其配合比为钢渣 35% ~ 45%、高炉水渣 35% ~ 45%、水泥熟料 10% ~ 15%、石膏 3% ~ 5%、标号在 325 以上。此种水泥叫少熟料钢渣水泥，由于其中掺有水泥熟料，所以，它比无熟料钢渣水泥的早期和后期强度都高。

应用钢渣水泥可浇注 C20 ~ C35 的混凝土，分别用于民用建筑的梁、板、楼梯、抹面、砌筑砂浆、砌块等方面；也可以浇注 C20 ~ C35 的混凝土，用于工业建筑的设备基础、吊车梁、屋面板等方面。钢渣水泥具有微膨胀性能和抗渗性能，所以，又被广泛地用在防水混凝土工程方面。

(3) 钢渣代碎石作集料和路材

钢渣碎石具有表观密度大、强度高、表面粗糙、稳定性好、不滑移、耐蚀、耐久性好、与沥青结合牢固等优良性能，因而特别适于在铁路、公路、工程回填、修筑堤坝、填海造地等方面代替天然碎石使用。钢渣碎石作公路路基，用材量大、道路的掺水和排水性能好，对保证道路质量和消纳钢渣具有重要意义。钢渣碎石作沥青混凝土路面，既耐磨，又防滑。钢渣作铁路道碴，除了前述优良性能外，还具有导电性小，不会干扰铁路系统的电信工作，路床不生杂草，干净稳定，不易被雨水冲刷，不会因铁路使用过程的衡冲力而滑移等优点。但钢渣代替碎石的一个重要技术问题是其体积稳定性问题。由于钢渣中的 f - CaO 的分解，会导致钢渣碎石体膨胀，出现碎裂、粉化，所以，严禁将钢渣碎石用作混凝土的集料。

(4) 钢渣作磷肥

目前，我国用钢渣生产的磷肥品种有钢渣磷肥和钙镁磷肥，而以钢渣磷肥为主。

# 参 考 文 献

1 Daniel, D.E. Landfill and impoundments, Geotechnical practice for waste disposal. Edited by David E. Daniel, Chapman & Hall, 1993

2 钱学德，郭志平等．现代卫生填埋场的设计与施工．北京：中国建筑工业出版社，2001

3 钱学德，郭志平．美国的现代卫生填埋场工程．水利水电科技进展，1995，15（5，6），pp.8 – 12，pp. 27 – 31

4 钱学德，郭志平．填埋场最终覆盖．封顶系统 水利水电科技进展，1997，17（3）

5 Daniel, D. E.(1990)Summary Review of Construction Quality Control for Compacted Soil Liners, Waste Containment System 2 Construction, Regulation, and Performance, ASCE, R.Bonaparte, ed., New York, NY

6 Daniel, D.E and BenSOIl, c.H., （1990）Water Content – Density Criteria for Compacted Soil Liners, Journal of Geotechnical Engineering, ASCE, Volume 116, No.12, pp.1811 – 1830

7 Daniel, D.E.and Wh Y. – K., （1993）Compacted Clay Liners and Covers for Arid Sites, Journal of Geotechnical Engineering, ASCE, Volume 119, No.2, pp.223 – 237

8 周健等．环境与岩土工程．北京：中国建筑工业出版社，2001

9 孙钧．钱家欢岩土工程学术讲座论文集（第一讲）．南京：1999

10 孙钧．地下工程设计理论与实践．上海：上海科学技术出版社，1996

11 宋妙发等．核环境学基础．北京：原子能出版社，1999

12 Boynton, S.S.and Daniel, D.E.（1985）Hydraulic Conductivity Test on Compacted Clay, Journal Engineering, Vol.111, No.4, pp.465 – 478

13 L.C.Peltier Reproduced by Permission from Annals of the Association of American Geographars Vol.40, 1950

14 Chamberlain, E.J., Iskander, I., and Hurlsiker, S.E. （1990）Permeability and Macrostructure of Soils, Proc., Int. Symp. on Frozen Soil Impacts on Agriculture, Range, and Forest Lands, Spokane, Washington, pp.145 – 155

15 Daniel, D.E., （1984）Predicting Hydraulic Conductivity of Clay Liners, Journal of Geotechnical Engineering, ASCE, Volume 110, No.4, pp.285 – 300

16 Daniel, D.E. and Wu Y. – K., （1993）Compacted Clay Liners and Covers for Arid Sites, Journal of Geotechnical Engineering, ASCE, Volume 119, No.2, pp.223 – 237

17 王红旗等．城市环境氮污染模拟与防治．北京：北京师范大学出版社，1998

18 胡中雄．土力学与环境土工学．上海：同济大学出版社，1997

19 穆如发．连云港市水土流失加剧的成因及其防治对策初探．水土保持研究，1997，4（1）

20 中国城乡建设环境保护部主编．建设抗震设计规范（GBJ1189）．北京：中国计划出版社，1990

21 Shelley, T.L.and Daniel, D.E.（1993）Effect of Gravel on Hydraulic Conductivity of Compacted Soil Liners, Journal of Geotechnical Engineering, ASCE, Volume 119, No.1, pp.54 – 68

22 Taylor, G.S.and Luthin, J.N.（1978）A Model for Coupled Heat and Moisture Transfer during Soil Freezing, Canadian Geotechnical Journal, Vol, 15, No, 4, pp.548 – 555

23 钱学德，郭志平（1997）．填埋场黏土衬垫的设计与施工．水利水电科技进展，Vol – 17，No.4，pp. 55 – 59

24 钱学德，郭志平（1998）．城市固体废弃物（MSW）的工程性质．岩土工程学报，Vol – 20，No.5

25 黄婉荣，郭志平（2000）．填埋场压实黏土衬垫防干裂试验研究．河海大学学报，Vol – 28，No.6，2000

26 钱学德，郭志平．（1997），填埋场复合衬垫系统．水利水电科技进展，Vol – 17，No.5，pp.64 – 68

27 Daniel, D.E., Shan, H. – y., and Anderson, J.D.（1993）Effects of partial wetting on the performance of the

Bentonite component of a geosynthetic clay liner. Proceedings of geosynthetics93, Vol.3, Vancouver, March, pp. 1483 – 1496

28　Giroud, J. P. and Bonaparte, R. (1989b) Leakage through Liners Constructed with Geomembranes Part E. Composite Liners, Geotextiles and Geomembranes, Vol – 8, Elsevier Science Publishers Ltd. England, pp. 71 – 111

29　Giroud, J.P., khatamU A., and Badu – Tweneboatl, K., (1989) Evaluation of Leakage through Compos – ite Liners, Geotextiles and Geomembranes, Vol – 8, Elsevier Science Publishers Ltd., England, pp. 337, 340

30　Koerner, R. M. and Hwu, B. – L., (1991) Stability and Tension Considerations Regarding Cover Soils on Geomembrane Lined Slopes, Geotextiles and Geomembranes, Elsevier Science Publishers Ltd., England, pp.335 – 355

31　杭州市建筑业管理局，杭州市土木建筑学会. 深基坑支护工程实例. 北京：中国建筑工业出版社，1996

32　魏汝龙. 开挖卸荷与被动土压力. 岩土工程学报，N0.6，1991

33　孙钧. 市区地下连续墙基坑开挖对环境的病害的预测与防治. 中国土木工程学会第 6 届年会论文集. 北京：中国建筑工业出版社，1993

34　刘国彬，侯学渊. 软土的卸荷模量. 岩土工程学报，N0.6，1996

35　刘祖德，孔宫瑞. 平面应变条件下膨胀土卸荷变形试验研究. 岩土工程学报，N02，1993

36　Fassett, J.B., Leonards, G.A., and Repetto, P.C. (1994) Geotechnical Properties of Municipal Solid Wastes and Their Use in Landfill Design," Waste TechF94, Landfill Technology, Technical Proceedings, Charleston, Sc, January 13 to 14.

37　Howland, J.D. and Landva, A. O., (1992) Stability Analysis of A Municipal Solid Waste Landfill, Proceedings of ASCE Specialty Conference on Stability and Performance of Slope and Embankments – Ⅱ, Berkeley, CA, June 28 – July 1, pp.1216 – 1231

38　Kavazanjian, S, Jr., Matasovi, N., Bonaparte, R., and Schmertmarnn, G.R., (1995) Evaluation of MSW Properties for Seismic Analysis, Proceedings of GeoEnvironment 2000, Geotechnical Special Publication No.46, ASCE, New Orleans, LA, February 24to26

39　Landva, A. O., Clark, J.I., Weiner W.R., and Burwash, W.J., (1984) Geotechnical Engineering and Refuse Landfills, Sixth National Conference on Waste Management in Canada, Vancouver, Bc

40　Mitehell, R.A.and Mitchel1, J.K, (1992) Stability Evaluation of Waste Landfills, Proceedings of ASCE Specialty Conference on Stability and Performance of Slope and Embankments – E, Berkeley, CA, June 28 – July 1, pp. 1152 – 1187

41　Oweis, L S., Smith, D. A., Allwood, R. B., and Greene, D. S., (1990) Hydraulic Characteristics of Municipal Refuse, Journal of Geotechnical Engineering, ASCE, Vol – 116, No.4, pp.539 – 553

42　孙钧. 市区基坑开挖施工的环境土工问题. 地下空间，1999 (4)

43　孙钧. 盾构隧道施工的土体扰动及其环境稳定与控制. 第四届海峡两岸都市公共工程学术暨务实研讨会论文集. 上海市土木工程学会，1999：pp. 314 – 333

44　张在明. 地下水与建筑基础工程. 北京：中国建筑工业出版社，2001

45　朱学愚，谢春红. 地下水运移模型. 北京：中国建筑工业出版社，1990

46　张咸恭等. 中国工程地质学. 北京：科学出版社，2000

47　方晓阳. 21 世纪环境岩土工程展望. 岩土工程学报，N0.1，2000

48　刘洁译. 环境岩土工程学（方晓阳著）（一）、（二）、（三）. 地下空间，No.2，3，4，1996

49　侯学渊等主编. 软土工程施工新技术. 合肥：安徽科学技术出版社，1999

50　屠洪权，周健. 地下水位上升引起的液化势变化分析. 工程抗震，1994 年第 3 期

51　林业部西北林业调查规划设计院. 全国沙漠、戈壁和沙化土地普查. 1996

52 朱震达. 中国北方沙漠化现状及发展趋势. 中国沙漠, 1985, 5 (3): 3~11

53 Attwell, R B. Soil movement induced by tunneling and their effects or pipelines and structures. BlacMe, Chapman and Hall 1986

54 Chapman, T. C., (1980) Modeling Groundwater Flow over Sloping Beds, Water Resources Research, Vol-16, No.6, pp.1114-1118

55 McEnroe, B. M., (1989) Steady Drainage of Landfill covers and Bottom Liners, Journal of Environmental Engineering, ASCE, Vol-115, December, No.6, pp.1114-1122

56 McEnroe, B. M., (1993) Maximum Saturated Depth over Landfill Liner, Journaly of Environmental Engineering, ASCE, Vol-119, March/April, No.2, pp.262-270

57 Bjarngard, A.B. and Edgers, L. (1990) Settlement of Municipal Solid Waste Landfills, Proceedings of the 13th Annual Madison Waste Conference, University of Wisconsin, Madison, Wisconsin, September, pp.192-205

58 Dodt, M. E, Swatman, M.B., and Bergstrom, W.R. (1987) Field Measurements of Landfill Surface Settlements, Geotechnical Practice for Waste Disposal, ASCE, Ann Arbor, Michigan, pp.406-417

59 Edgers, L., Noble, J.J., and Williams E, (1992) A Biologic Model for Long Term Settlement in Landfills, Environmental Geotechnology, Proceedings of the Mediterranean Conference on Environmental Geotechnology, A.A. Balkema Publishers, pp.177-184

60 侯学渊, 杨敏. 软土地基变形控制设计理论和工程实践. 基坑支护结构的变形控制设计. 上海: 同济大学出版社, 1996

61 缪林昌, 刘松玉. 煤矸石在高速公路工程中的应用研究. 南京: 东南大学科研报告, 2000

62 缪林昌, 邱钰, 刘松玉. 煤矸石散粒料的分形特征研究. 东南大学学报, 2003, Vol.33, No.1

63 邱钰, 缪林昌, 刘松玉. 煤矸石在高速公路中的应用综述, 公路交通科技, 2002, No.2

64 权白露, 陈牧等. 资源（垃圾）电厂大有可为. 广西电力工程, 1999, (4): 18-23

65 孟伟, 郝英臣. 固体废物安全填埋场环境影响评价技术. 北京: 海洋出版社, 2002

66 郝立勤. 垃圾开发利用与整治对策. 云南环境科学, 1995, (140): 42-44

67 史如平. 土木工程地质学. 北京: 高等教育出版社, 1996

68 Yen, B.C. and Scanlon, B. Sanitary landfill settlement rates. Journal of geotechnical engineering, ASCE. Vol. 101, No.5, pp. 475-487

69 张云, 殷宗泽. 地下隧道软土地层变形研究综述. 水利水电科技进展, 1999, 19 (2): 25-28

70 陈沉江, 潘长良等. 矿山开采中的岩土环境负效应及防治对策. 黄金, 1999, (11): 43-46

71 杜培军. "3S"技术在城市环境管理中的应用. 环境保护, 1999, (3): 3-4

72 廖书忠, 瞿国万. GPS技术在隧道工程测量中的应用. 广东公路交通, 2000, (66): 232-236

73 陈锁忠. 苏锡常地区GIS与地下水开采集地面沉降模拟模型系统集成分析. 江苏地质, 1999, 23 (1): 40~44

74 毕振明, 高忠爱等. 固体废物的处理与处置. 北京: 高等教育出版社, 1993

75 徐建平, 周健, 许朝阳. 沉桩挤土效应的数值模拟. 工业建筑, 2000, No.7

76 周健, 徐建平, 许朝阳. 群桩挤土效应的数值模拟. 同济大学学报, 2000, No.6

77 郭永海, 王驹等. 高放废物深地质处置及国内研究进展. 工程地质学报, 2000, No.8, pp.63-67

78 李永盛, 高广运主编. 环境岩土工程理论与实践. 上海: 同济大学出版社, 2002

79 刘松玉. 试论卫生填埋场设计的地基基础问题. 地基基础新技术的理论与实践, 1996

80 朱天益. 美国粉煤灰应用. 粉煤灰综合利用, 1994. No.3, 51-58

81 魏正义, 张宏军, 白军华. 粉煤灰在高速公路路堤工程中的应用技术, 《粉煤灰综合利用》, 1999, No.4, 1-10

82 《公路粉煤灰路堤设计与施工技术规范》(JTJ 016-93), 交通部标准

83　方纳新．粉煤灰路用性能的试验研究．粉煤灰综合利用，2002，No.4，30 – 31

84　赵晶，戴成雷，彭永恒等．粉煤灰的形状及其对路用性能的影响，东北公路，Vol.20. No.3，47 – 50

85　姜振泉，赵道辉等．煤矸石固结压密性与颗粒级配缺陷关系研究 ［J］．中国矿业大学学报，1999，28 （3）：212 – 216

86　Michalski P., Skarzynska K. M. Compactability of coal mining wastes as a fill material ［A］. In: Treatment and utilization of coal mining wastes ［C］. Symposium on the Reclamation, Durham, England, 1984

87　马平，施东来．煤矸石膨胀性研究 ［J］．长春科技大学学报 ［J］，1999，29 （3）：68

88　何上军．煤矸石作路面基层材料的探讨 ［J］．铁道工程学报，1999，61 （1）：114 – 117

89　Kaluarached et al. Finitr element model of nitrogen species transformation distribution and transtort in the unsaturated zone. Journal of Hydrogy, 1988, 103, P. 103 – 124

90　Tim U S et al. Modeling transport of a degradable chemical and its metabolites in the unsaturated zone. Groundwater, 1989, 27 （5）